普通高等院校规划教材

# 食品仪器分析实验指导

**主编** 高义霞 周向军

**参编**（按姓氏汉语拼音排序）

焦成瑾 王倩宁

U0347560

西南交通大学出版社

·成 都·

## 内容简介

本书是在总结我校仪器分析理论和实验教学的基础上，以国家标准为主线，参考近年来国内外仪器分析理论和实验技术的最新进展，并结合部分老师的科研成果编写而成。

全书分为基本理论、仪器分析实验及仪器操作规程三部分。基本理论包括光谱分析、电分析化学、色谱分析、质谱分析、热分析、流动注射分析和微流控技术。实验部分包括 13 个基础实验、16 个综合实验和 15 个设计实验题目。仪器操作规程部分包括 11 种常见大型仪器的操作方法。

本书可作为高等学校食品质量与安全、生物科学、药学及农学等相关专业的仪器分析实验教材或教学参考书，亦可供相关研究人员参考。

**图书在版编目（C I P）数据**

食品仪器分析实验指导／高义霞，周向军主编. —
成都：西南交通大学出版社，2016.4
普通高等院校规划教材
ISBN 978-7-5643-4669-0

Ⅰ. ①食… Ⅱ. ①高… ②周… Ⅲ. ①食品分析－仪
器分析－实验－高等学校－教材 Ⅳ. ①TS207.3-33

中国版本图书馆 CIP 数据核字（2016）第 089726 号

普通高等院校规划教材
食品仪器分析实验指导
主编　高义霞　周向军

| | | |
|---|---|---|
| 责 任 编 辑 | 牛　君 | |
| 封 面 设 计 | 何东琳设计工作室 | |
| 出 版 发 行 | 西南交通大学出版社<br>（四川省成都市二环路北一段 111 号<br>西南交通大学创新大厦 21 楼） | |
| 发 行 部 电 话 | 028-87600564　　028-87600533 | |
| 邮 政 编 码 | 610031 | |
| 印　　　　刷 | 四川森林印务有限责任公司 | |
| 成 品 尺 寸 | 185 mm×260 mm | |
| 印　　　　张 | 17.5 | |
| 字　　　　数 | 429 千 | |
| 版　　　　次 | 2016 年 4 月第 1 版 | |
| 印　　　　次 | 2016 年 4 月第 1 次 | |
| 书　　　　号 | ISBN 978-7-5643-4669-0 | |
| 定　　　　价 | 39.80 元 | |

# 前　言

近年来，随各种新的仪器、分析方法和分析技术的不断出现，以光谱分析、电分析化学、色谱分析及其他分析方法为核心的现代仪器分析，已成为解决化学化工、生命科学、医学、药学、材料、环境及刑侦等领域众多问题的重要手段。在高校相关专业开设仪器分析理论及实验课程，对于学生加深理解仪器分析原理，培养分析和解决问题的能力，形成科学思维和创新精神等都具有不可替代的作用。

仪器分析理论及实验课在生物、食品、药学、地理及农林科学等非化学专业已被陆续列为必修专业基础课之一。我校自 2013 年开始在食品质量与安全专业开设仪器分析理论和实验课程，为配合该课程的理论和实验教学，根据我校仪器设备的客观条件编写而成本教材。为了使该教材适应食品质量与安全等专业的需要，便于学生学习，本书简要介绍了各种仪器分析方法的基本理论、实验及仪器操作规程。本书分为三部分，第一部分为基本理论，简要介绍了仪器的基本原理，仪器构造及定性、定量测定等；实验集中编写在第二部分，包括基础实验、综合实验和设计实验题目；第三部分为仪器操作规程，考虑到学时、实验室条件的限制及学生使用的方便，本书对一些仪器的操作方法进行了简要介绍。编写本书旨在使学生通过对仪器分析理论和实验的学习和实践，加深其对仪器分析中各方法的原理、仪器构造及适用范围等的理解，帮助学生提高分析和解决食品或生物相关专业具体问题的能力，培养其严谨的科学态度。

本书编写分工如下：第一部分由周向军编写，第二部分基础实验中实验 12 和综合实验中实验 25 由焦成瑾编写，第二部分综合实验中实验 14、15、16 由王倩宁编写，其他部分由高义霞编写。全书由高义霞统稿。

参加本书编写的作者都是我校从事仪器分析理论和实验教学的一线教师和教辅人员。本书由天水师范学院生物工程与技术学院焦成瑾教授审阅，焦成瑾教授对该教材内容的修改和补充等提供了许多宝贵的建议和意见，在此深表感谢。

本书的编写得到天水师范学院"青蓝工程人才"项目（编号：TS201406）资助。

由于编者学识水平和实践有限，书中难免存在错漏之处，敬请各位专家和读者批评指正。

编　者

2015 年 10 月于天水

# 目　录

## 第一部分　基本理论

# 第二部分　仪器分析实验

# 第三部分　仪器操作规程

# 第一部分

## 基本理论

# 1  绪  论

分析化学是研究物质的化学组成、结构和各种分析方法的科学，一般分为化学分析和仪器分析。仪器分析是在化学分析的基础上逐渐发展起来的一类分析方法。化学分析法是利用化学反应及其计量关系进行分析的一类分析方法，而仪器分析则是利用复杂的仪器，测量物质的某些物理性质或物理化学性质，及其变化过程中产生的信号与待测物质的内在关系和规律来进行定性和定量分析的测定方法。仪器分析与化学分析并非相互独立，而是相互联系的，化学分析法适合含量大于 1%的常量组分分析，而仪器分析则常用来分析微量、痕量组分。仪器分析具有灵敏度高、检出限低、选择性好及分析速度快等优点。

仪器分析实验是仪器分析理论课程的重要组成部分，是一门实践性很强的课程，掌握实验原理、仪器构造、注意事项及测定范围等，对于加深仪器分析理论课的理解具有重要作用。该课程不仅要求学生具备扎实的理论基础，还要求具备大量的实践操作经验和对结果进行分析的能力。仪器分析实验是食品科学、食品质量与安全、生物科学及生物技术等专业非常重要的专业基础课之一，对学生学好高年级专业课及将来从事科研或生产工作具有不可忽视的作用。通过该课程的学习，学生可以加深对常见分析仪器的原理、构造、分析范围、灵敏性及定性和定量应用等的理解；能结合所学的各种仪器分析方法，学会分析各种实验结果。另外，学生还应了解仪器分析方法的发展趋势和新方法、新技术等，增强自身的创新意识和能力。仪器分析实验操作复杂、影响因素多、内容信息量大，需要通过大量的实验数据和谱图解析才能获得有用信息，这对于学生实践能力和分析能力的提高很有帮助。

目前，仪器分析已不单纯应用于化学领域的分析，而是更为广泛地用于研究和解决物理、化学、生物、食品、农业、医药、环境及其他学科领域的理论和实际问题，已展现出极强的应用性和良好的发展前景，如新化合物的表征及分子水平分析，活细胞实时动态检测，生物大分子分离分析、结构鉴定和 DNA 测序，环境监测和环境污染物的分析、结构和性能的表征，天然药物有效成分的分离及结构鉴定，兴奋剂检测，食品添加剂和农残检测及法医鉴定等。

## 1.1  仪器分析的发展历史和趋势

仪器分析是伴随分析化学的发展而出现的，分析化学起步于 19 世纪末，其发展历史经过三次较大的变革。19 世纪末至 20 世纪 40 年代，分析化学重点发展了重量①分析、容量分析

---

① 实为质量，包括后文的称重、恒重等。但在现阶段的农林、食品、医药等分析领域的实际操作中一直沿用，为使学生了解、熟悉本行业生产、科研实际，本书予以保留。——编者注

和比色分析，同时，还引入酸碱、配位、氧化还原和沉淀四大反应平衡理论，建立了自己的理论基础，从一门操作技术发展成为一门科学。20 世纪 40 年代至 70 年代，由于物理学和电子技术的飞速发展，其理论、方法和技术被引入分析化学，仪器分析诞生并得到了大力发展。这一时期出现了一系列重大科学发展，如核磁共振技术、极谱分析法及色谱理论的建立等，极大地加速了仪器分析的发展，逐渐改变了传统的分析化学以化学分析为主的特点，为分析化学的发展提供了许多新的理论和技术经验。20 世纪 70 年代以来，计算机信息技术、材料科学以及生命科学等领域的飞速发展，极大地促进了分析化学进入第三次变革期。这一阶段的特点是计算机、数学、物理、化学、材料科学等多学科交融，实现了智能化、自动化及微量、痕量分析；同时也出现了一系列多仪器联用分析方法，极大地提高了仪器分析的准确度、灵敏度和选择性。特别是仪器分析逐渐进入应用领域，欧洲发生的二噁英污染饲料和畜禽产品、疯牛病和口蹄疫，亚洲出现的禽流感及农药残留超标等均与仪器分析密切相关。仪器分析发展中的诺贝尔奖获得者见表 1.1。

表 1.1　与仪器分析发展有关的诺贝尔奖

| 年份 | 姓　名 | 内　容 |
|---|---|---|
| 1901 | Rontgen, et al | 发现了 X 射线的存在 |
| 1901 | Van't Hoff, et al | 发现了化学动力学的法则及溶液渗透压 |
| 1902 | Arrhenius, et al | 对电解理论的贡献 |
| 1906 | Thomson, et al | 对气体电导率的理论及实验研究 |
| 1907 | Michelson, et al | 制造光谱精密仪器及对天体的光谱研究 |
| 1914 | Von Laue, et al | 发现结晶体 X 射线的衍射 |
| 1915 | Bragg, et al | 应用 X 射线技术研究晶体结构 |
| 1917 | Barkla, et al | 发现了各种元素 X 射线辐射的不同 |
| 1922 | Aston, et al | 利用质谱法发现并测定同位素 |
| 1923 | Pregl, et al | 有机物质的微量分析 |
| 1924 | Einthoven, et al | 发现了心电图机制 |
| 1924 | Siegbahn, et al | X 射线仪器方面的发现和研究 |
| 1926 | Svedberg | 超速离心机 |
| 1930 | Raman, et al | 拉曼效应 |
| 1939 | Lawrence, et al | 回旋加速器 |
| 1944 | Rabi, et al | 共振方法记录原子核的磁性 |
| 1948 | Tiselius, et al | 利用电泳和吸附分析法分离人血清蛋白的五个组分 |
| 1952 | Bloch, et al | 核磁共振精细测量法 |
| 1952 | Martin, et al | 建立气相分配色谱法 |
| 1953 | Zernike | 相差显微镜 |
| 1959 | Heyrovsky, et al | 建立极谱分析法 |

| 年份 | 姓　名 | 内　容 |
|------|--------|--------|
| 1972 | Moore | 氨基酸自动分析仪 |
| 1977 | Yalow, et al | 放射免疫分析法 |
| 1979 | Cormack | X射线断层扫描（CT） |
| 1981 | Siegbahn, et al | 高分辨率电子光谱学用于化学分析 |
| 1982 | Klug, et al | 对晶体电子显微镜的发展 |
| 1986 | Bloembergen, et al | 开创激光光谱分析法 |
| 1986 | Bining, et al | 扫描隧道显微镜 |
| 1991 | Ernst, et al | 高分辨率核磁共振方法的发展 |
| 1999 | Ahmed, et al | 飞秒相干光谱法 |
| 2002 | Fenn, et al | 生物大分子的质谱分析法 |
| 2003 | Lauterbur, et al | 磁共振成像 |

目前，材料科学、医药、生命科学及食品科学等自然科学的飞速发展，对仪器分析的准确度、灵敏度、选择性、分析速度和可靠度等提出了更高的要求，对仪器分析的理论研究，特别是仪器设备研发的要求也越来越高，出现了一系列新趋势：越来越注重开发新的仪器分析方法；仪器的智能化、微型化、实时原位动态分析及多仪器联用技术等受到极大关注。

下面主要从生命科学、材料科学、化学化工、食品科学及环境科学等学科领域介绍近年来仪器分析的研究热点内容及发展趋势。

## 1.1.1　生命科学领域

生命科学的飞速发展对仪器分析技术的依赖越来越明显。多肽、蛋白质、核酸及糖等生物大分子和生物活性物质的质谱分析、三维结构的核磁共振分析、人类基因组计划、转录组学及蛋白质组学等研究中的关键技术平台及瓶颈问题均是依赖仪器分析方法的突破而得以实现的。特别是目前以色谱、质谱、核磁共振、荧光分析及化学、生物传感器技术以及生物电化学分析技术为主的各种分析手段，不仅在整体上，而且在分子和细胞水平上对认识和研究生命过程中某些重要的大分子及活性物质的功能等具有极其重要的支撑作用。

## 1.1.2　材料科学领域

材料的宏观物理性能如强度、硬度等，化学性能如催化活性等，除了与元素的种类和含量有关外，还与材料中各原子的微观排列等有关。电子能谱、扫描电镜、原子力显微镜等表面分析技术就是通过微观分析，使材料科学得到极大发展。如表面形态观察时常用扫描电镜、透射电镜、扫描探针显微镜及原子力显微镜等；表面元素组成、定量及分布分析采用电子探针微区分析及 X 射线光电子能谱技术；分析材料表面的化学结构、元素存在状态等常采用 X 射线光电子能谱、二次离子质谱及拉曼光谱等。

### 1.1.3　化学化工领域

在化学化工领域及相关企业中，利用仪器分析进行分析检测是保证产品质量的重要手段。从原料采集、生产加工到最后成品的包装等环节均需要仪器分析技术提供理论和技术支持，特别是产品检验，其是企业必不可少的一个环节，对最终产品质量控制具有非常重要的作用。

### 1.1.4　食品科学领域

电分析化学是食品生产和质量控制的重要研究工具，如电势溶出法适合分析痕量金属及酱油、醋等食品中的砷含量；原子吸收光谱技术可测定食品中的常规元素，也可测定稀有元素，非常适合食品分析、食品营养、食品毒理及食品化学等方面的研究；近红外光谱可对食品中水分、蛋白质、脂肪、氨基酸、蛋白质、纤维素及灰分等进行检测，目前已列入国家标准；气相色谱及气-质联用技术用于食品风味的研究；液相色谱可用于食品组分如维生素等的分析，在食品污染物、添加剂及毒素等方面的检测应用较为广泛；质谱法可用于食品中挥发性成分、糖、蛋白质、氨基酸、风味成分及有毒有害成分的分析，液-质联用还可对非挥发性的农残、氨基酸、糖等进行研究；核磁共振光谱用于食品中的油脂、水分、淀粉糊化、回生或玻璃态转化等研究；生物芯片技术广泛应用于食品微生物检测、食品卫生监测、食品毒理学、营养学及转基因产品检测。

### 1.1.5　环境科学领域

非破坏性红外线遥感技术在大气污染、烟尘及汽车尾气等监测方面具有重要作用。对水质检测，各种电化学分析方法如电导、溶解氧等传感技术的发展也起到了推动作用。遥感技术应用较多的是激光散射、共振荧光及傅里叶变换红外光谱等。

## 1.2　仪器分析方法的分类

常用的仪器分析方法包括光学分析法、电化学分析法、色谱分析法及其他分析法。仪器分析方法及其基于的理化性质见表 1.2。

**表 1.2 仪器分析方法及其基于的理化性质**

| 分类 | 方法 | 利用的理化性质 |
|---|---|---|
| 光学分析法 | 原子发射光谱、原子荧光光谱 | 电磁波的发射 |
| | 分子荧光、放射性同位素 | 电磁波的发射 |
| | 原子吸收光谱 | 电磁波的吸收 |
| | 紫外-可见光谱 | 电磁波的吸收 |
| | 红外光谱 | 电磁波的吸收 |
| | 核磁共振光谱 | 电磁波的吸收 |
| | 质谱 | 质荷比 |
| | 比浊、拉曼光谱 | 电磁波的散射 |
| | 折射、干涉 | 电磁波的折射 |
| | X 射线衍射、电子衍射 | 电磁波的衍射 |
| | 偏振 | 电磁波的旋转 |
| 电化学分析法 | 电位法 | 电极电位 |
| | 电导法 | 电导 |
| | 极谱法、伏安法 | 电流-电压 |
| | 库仑法 | 电量 |
| 色谱分析法 | 气相色谱法 | 分配系数或吸附作用力 |
| | 液相色谱法 | 分配系数或吸附作用力 |
| | 薄层色谱法 | 分配系数或吸附作用力 |
| | 离子色谱法 | 离子间作用 |
| | 毛细管电泳法 | 电荷 |
| | 毛细管电色谱法 | 电荷 |
| 表面分析法 | 电子显微镜与电子探针 | 电子性质 |
| | 电子能谱法 | 电子性质 |
| | 扫描隧道显微镜 | 隧道效应 |
| | 原子力显微镜 | 物体间力 |
| 热分析法 | 热导法 | 热性质 |
| | 热重法 | 热性质 |
| | 差热分析 | 热性质 |

引自：杜一平编，《现代仪器分析方法》。

# 1.2.1 光学分析法

光学分析法是通过电磁波辐射的能量作用于物质后产生的各种辐射信号或所引起的变化而建立的分析方法。根据测量信号是否与能级跃迁有关，光学分析法可分为光谱法和非光谱法两类。根据能量作用对象的不同，光谱法分为分子光谱和原子光谱，分子光谱由分子的电子能级、振动能级和转动能级跃迁产生，表现为带谱，主要有紫外-可见光谱、红外光谱、分子荧光光谱和分子磷光光谱；而原子光谱是由原子内层或外层电子能级跃迁产生的，表现为线谱，主要有原子发射光谱、原子吸收光谱、原子荧光光谱和 X 射线荧光光谱。

非光谱法是基于测量能够改变电磁波传播方向、速度等光的其他物理性质变化的分析方法，其并不涉及能级跃迁。它主要包括辐射的折射：折射法和干涉法；辐射的衍射：X 射线衍射法和电子衍射法；辐射的旋转：偏振法和圆二色法等。折射法是基于测定物质的折射率来获得其某些信息的方法，与密度、熔点和沸点一样，折射率是物质的一种物理常数；比浊法是基于光通过胶体溶液或悬浊液后的散射光强度来进行定量分析的，常用于 $BaSO_4$ 及 $AgCl$ 等胶体溶液的浓度测定；旋光法是基于测定物质旋光度来研究分子非对称性的方法。

从广义光谱概念出发，质谱法以及其他与表面分析技术有关的光谱技术也属于光谱分析研究范围。质谱法是基于试样在离子源中被离子化为分子离子后，根据其质荷比进行分析的方法，常用于相对分子质量测定及有机化合物的结构鉴定等。质谱与上述的紫外光谱、红外光谱及核磁共振光谱并称为"四大谱"（但必须注意的是，质谱的原理与其他三种光谱不同）。

## 1.2.2　电化学分析法

电化学分析是基于物质在溶液中或电极上的电化学性质（电位、电荷、电导、电流及电阻）而建立的一种分析方法，包括电位法、电导法、电解和库仑法、极谱与伏安分析法等，其中，电导分析法选择性差，应用较少。

## 1.2.3　色谱分析法

色谱分析法是根据待分离组分在两个互不相溶的相中的吸附能力或分配系数的差异而建立的分离分析方法，包括气相色谱、液相色谱、超临界流体色谱及毛细管电泳法等。现代仪器分析方法的发展，促使各种用于分离的色谱仪器与用于分析的光谱仪器联用，解决了一系列复杂物质的分离和分析问题，已成为仪器分析发展的一个重要方向。

## 1.2.4　其他分析方法

其他分析方法包括热分析法、质谱法、放射性同位素法及流动注射分析法等。热分析法是测定物质的质量、体积或反应热等与温度的关系而建立的分析方法，其主要用于热力学和化学反应机理的研究。放射性同位素法是利用核衰变过程中产生的 α、β、γ 辐射和电子俘获等对物质的作用及物质对射线的作用进行研究的方法。流动注射分析法是建立在物理和化学均不平衡的条件下，将试液以试样塞的形式注入连续流动的试剂载流中，从而进行动态分析测定的微量湿化学技术。

# 1.3 仪器分析方法的评价指标

## 1.3.1 精密度

精密度（precision）是在相同条件下，利用同一方法对同一试样进行多次平行测定，所得数据间的一致性程度。它是表征随机误差的一个量。同一工作人员测得结果的精密度为重复性，不同工作人员在不同实验室测得结果的精密度称为再现性。精密度通常用标准偏差 $d$ 和相对标准偏差 $d_r$（RSD%）量度，即

$$d = \sqrt{\frac{\sum_{i=1}^{n}(x_i - \overline{x})^2}{n-1}} \qquad (1.1)$$

$$d_r = \frac{d}{\overline{x}} \times 100\% \qquad (1.2)$$

式中　$x_i$——测定值；

$\overline{x}$——$n$ 次测定的平均值；

$d$——标准偏差；

$d_r$——相对标准偏差。

## 1.3.2 准确度

准确度指重复多次测定的平均值与真实值（标准值）的相对误差，它是基于精密度的系统误差与随机误差的综合量度。准确度越高，结果越可靠。准确度可表示为

$$E_r = \frac{\overline{x} - \mu}{\mu} \times 100\% \qquad (1.3)$$

式中　$E_r$——相对误差；

$\overline{x}$——多次测定的平均值；

$\mu$——真实值。

## 1.3.3 标准曲线的线性范围

标准曲线是待测组分的浓度 $x$ 与仪器响应信号值 $y$ 之间的关系曲线，即 $y = a + bx$。线性范围（linear range）是指从最低浓度至校正曲线偏离线性浓度的范围。公式如下：

$$b = \frac{\sum_{i=1}^{n}(x_i - \overline{x})(y_i - \overline{y})}{\sum_{i=1}^{n}(x_i - \overline{x})^2} \qquad (1.4)$$

$$a = \overline{y} - b\overline{x} \qquad\qquad (1.5)$$

$$r = \pm \frac{\sum_{i=1}^{n}(x_i - \overline{x})(y_i - \overline{y})}{\sqrt{\sum_{i=1}^{n}(x_i - \overline{x})^2 \sum_{i=1}^{n}(y_i - \overline{y})^2}} \qquad\qquad (1.6)$$

式中　　$r$——相关系数（correlation coefficient）；

　　　　$x_i$——各待测组分的浓度；

　　　　$y_i$——对应的各响应信号值；

　　　　$\overline{x}$, $\overline{y}$——各待测组分浓度和各响应信号值的平均值。

相关系数 $r$ 在 $-1.000\,0 \sim +1.000$ 范围内，越接近 1，表明线性关系越好，负号表示负相关。在实际应用中，线性范围应至少保证两个数量级。

## 1.3.4　选择性

选择性（selectivity）是指该分析方法不受试样基体中其他共存物质干扰的程度，即该法仅特异于待测组分的程度。常用选择性系数表示分析方法的选择性，在实际应用中最多的是离子选择电极，其他分析方法中很少使用。

## 1.3.5　灵敏度

灵敏度（sensitivity）是指待测组分单位浓度或单位质量的改变所引起的响应值信号的变化程度，即灵敏度是区别待测物浓度微小差异的能力的量度。IUPAC（国际纯粹与应用化学联合会）规定，灵敏度是指在一定浓度线性范围内校正曲线的斜率，称为校正灵敏度，其取决于校正曲线的斜率和仪器设备的精密度。精密度相同的条件下，校正曲线的斜率越大，灵敏度越高；同样，校正曲线斜率相等的条件下，精密度越高，则灵敏度越高。

由于许多校正曲线均为线性，故一般可采用制作标准曲线的方法求得灵敏度。但由于在仪器分析实验中，条件难以真正实现一致，所以，研究人员通常习惯采用更方便的灵敏度概念，有些情况下很少采用灵敏度作为一种方法的评价指标。灵敏度 $S$ 计算公式如下

$$S = \frac{\mathrm{d}x}{\mathrm{d}m} \quad 或 \quad S = \frac{\mathrm{d}x}{\mathrm{d}c} \qquad\qquad (1.7)$$

式中　　$\dfrac{\mathrm{d}x}{\mathrm{d}m}$, $\dfrac{\mathrm{d}x}{\mathrm{d}c}$——单位质量或单位浓度变化引起的响应信号的变化。

## 1.3.6　检出限

检出限（detection limit），即检出下限，它是指某一分析方法在给定的置信概率下可被仪器检出待测组分的最低量（最小浓度或最小质量等）。以浓度表示时称为相对检出限，以质量

表示时称为绝对检出限。最小检出信号 $X_L$ 及检出限 $D$ 的计算式如下：

$$X_L = \overline{X}_b + kd_b \qquad (1.8)$$

$$D = \frac{X_L - \overline{X}_b}{S} = \frac{3d_b}{S} \qquad (1.9)$$

式中　　$\overline{X}_b$ 和 $d_b$——空白信号的平均值和标准偏差；

　　　　$k$——系数，IUPAC 建议为 3；

　　　　$S$——灵敏度；

　　　　$X_L$——最小检出信号；

　　　　$D$——检出限。

检出限可通过提高精密度或降低噪声来改善。灵敏度越高，精密度越好，检出限越低。检出限是灵敏度和精密度的综合指标，它是评价仪器性能和分析方法的主要技术指标。

# 1.4　试样的采集与处理

仪器分析的完整过程包括试样采集、样品预处理、分离分析、数据或图谱分析等。试样的采集与预处理直接关系到整个实验结果是否可靠或误差的大小等，因此，必须引起足够的重视。由于不同材料所处的状态及其纯品的纯度不同，具体操作中应积极采纳或参考国家标准或企业标准。现介绍一些试样采集与处理的共性问题。

## 1.4.1　试样的采集与制备

试样的采集首先应有代表性。其次，采集方法的选择应根据分析对象来选择，具体包括随机取样和代表取样。采样的步骤分采集、综合和抽取三步。试样的制备包括粉碎、混匀等过程，对液体试样，采用搅拌等混匀；对固体试样，采用粉碎、研磨等制成均匀状态，并及时装瓶密封，编号等。

## 1.4.2　试样的预处理

## 1.4.3　试样的溶解及消解

本书仅介绍与生命科学和食品科学相关的溶解法与消解法，其他如熔融法、烧结法等可查阅有关资料。

### 1.4.3.1 溶解法

常采用盐酸、硫酸、硝酸、高氯酸、强氧化剂、混合溶剂、氢氧化钾或有机溶剂溶解试样，制成溶液。盐酸适合金属氧化物、硫化物及碳酸盐等的溶解；硫酸适合高温下金属的溶解；硝酸适合大部分金属的溶解，但与钨、锑等作用时易生成难溶性钨酸和偏锑酸等沉淀；高氯酸具有强氧化性，高温加热时易发生爆炸。另外，有机溶剂可根据"相似相溶"原则选择。

### 1.4.3.2 消解法

将有机试样分解称为消解或消化，主要有干法灰化法和湿法消解法两种。

#### 1. 干法灰化法

干法灰化法主要是通过加热有机试样，使其干燥、灰化或分解，将所得产物溶解后进行分析测定。如食品中矿物质 Ca、Mg 等的测定，常采用干法灰化法，但试样中的砷、硒、镉及锌等元素易挥发而损失。因此，对于痕量组分的测定，干法灰化法应用不多。

#### 2. 湿法消解法

湿法消解法适合痕量元素的测定。采用强氧化剂如硫酸等氧化分解有机试样，加入硫酸钾提高硫酸沸点，加速分解。虽然硝酸氧化性更强，但硝酸挥发性更为明显，相对硫酸而言应用较少。对于某些难以氧化的有机试样，可采用高氯酸-硝酸或高氯酸-硝酸-硫酸混合溶剂，使分解作用得到增强。

## 1.4.4 试样的纯化

红外光谱、紫外光谱、核磁共振光谱及质谱法等均需采用纯度较高的试样进行分析，以减少干扰或误差。实验中常采用色谱法、萃取法和其他化学方法等纯化待测试样。

## 1.4.5 试样的浓缩与衍生

#### 1. 试样的浓缩

试液经过前期处理后，有可能体积变得较大而浓度太低，因此，需要在测定前将其浓缩，以提高待测组分的浓度。常用的浓缩方法有：常压浓缩、减压浓缩、氮气吹干浓缩及真空冷冻干燥浓缩等。其中，对生物大分子或活性物质的浓缩，常采用真空冷冻干燥浓缩，其是通过升华的原理完成浓缩过程的。

#### 2. 试样的衍生

如果某种仪器分析方法无法完成试样中待测组分的测定，可先通过化学反应将其转变为可被该方法分析的化合物，这种新的化合物被称为衍生物，该过程称为衍生，再利用仪器对该衍生物进行分离分析研究。

# 1.5　仪器分析实验教学目的、要求

## 1.5.1　仪器分析实验教学目的

通过该课程的学习，要求学生掌握原子发射光谱仪、原子吸收分光光度计、紫外-可见分光光度计、红外分光光度计、荧光光度计、气相色谱仪、液相色谱仪及电化学分析等仪器的基本原理、构造和主要部件、基本操作方法、注意事项、主要分析对象及应用范围等；能够初步对各种实验数据和谱图进行分析，并了解各种仪器的主要操作参数及其对分析结果的影响。通过仪器分析的理论学习和实验操作，培养学生严谨的科学作风、思考方法和良好的实验素养，并能对实验中一些异常现象作出初步合理的解释。

## 1.5.2　仪器分析理论和实验学习方法

首先需要坚实的无机化学、有机化学、分析化学、数学和物理的相关理论知识基础，如物理学中的光、电、磁学知识，无机化学中的电极电势、原子结构和分子结构、有机化学中的化学反应机理等内容。注意仪器分析实验课与其理论课的紧密联系，在实践中进一步体会和加深对理论的理解；强调自学能力和资料查阅能力，可通过精读同类型经典教材、网络听课等方式加大对一些难以理解内容的课后学习；强调动手能力和创新思维的培养，要求学生不仅在上课期间认真完成实验项目，更为重要的是，积极参加老师的科研或其他实践等项目，才有可能提高分析问题和解决问题的能力。

## 1.5.3　仪器分析实验教学要求

### 1. 实验安全守则

认真学习并遵守实验室的各项安全制度和学生须知等，特别是掌握消防设备的使用，了解安全通道的位置。实验过程中应保持安静，遵守规则，注意安全，整洁节约。实验过程中不得迟到、缺课。因病假或事假不能上实验课的，须办理请假手续。请假时间结束后与指导教师联系，可在其他班级补做所缺实验。

### 2. 预习工作

课前认真预习仪器分析实验教材，并查阅相关参考教材或资料中的相关内容，尽最大努力解决不理解的内容。认真掌握实验的基本原理、实验步骤和注意事项，预判影响实验结果的因素，准备实验结果不理想时相应的预案。未预习或预习不满足要求者不得进行实验。

### 3. 实验过程及收尾工作

实验中遇到问题或实验结果不理想时，应首先养成独立思考、查阅有关资料的习惯，并尽可能给出自己的观点或见解，再与指导老师共同讨论研究。实验过程中须按照指导老师的要求，严格按照仪器的各种使用规则进行操作，严禁私自开启、关闭仪器或更改仪器的设置参数等。

实验完毕后，值日生负责将仪器搬回原处，擦净桌面，填好实验记录，并打扫卫生，清理水池、废物及垃圾等。值日生须待老师检查仪器并签字后方可离开。

### 4. 实验数据记录

认真操作，细心观察，准确、如实记录所有的原始数据，不得伪造、改动或抄袭他人数据。实验结束后，每位同学须经指导教师在记录本上签字后方可离开。

### 5. 实验报告

实验报告应字迹工整清楚，简明扼要。实验报告包括实验目的、实验原理、实验步骤、实验数据记录和数据处理、实验结果与讨论、课后思考题。结果分析部分包括图表制作的规范、误差分析及误差棒的添加（有重复时）、数据处理、有效数字及运算规则、可疑数据取舍、平均值置信区间、实验数据的表示方法等。

对实验中出现的一切反常现象应进行讨论，并大胆提出自己的看法，做到主动学习。

# 1.6 仪器分析实验数据处理

## 1.6.1 数据处理方法

### 1. 列表法

列表法采用将一组实验数据中的自变量和因变量数值以表格形式提供，简便直观，易于检查数据及反映物理量之间的对应关系，一般适用于原始实验数据的记录。使用列表法时应注意：标明待测试样的名称和单位；各栏目的顺序应考虑数据间的联系或计算的方便；能够体现数据的有效数字等。

### 2. 图解法

图解法主要有以下三种常用的方法：利用标准曲线计算未知物含量；通过曲线外推法求未知物含量；图解微分法和图解积分法等。

### 3. Excel 或 Origin 软件法

应用 Excel 或 origin 等软件进行制表或数据处理。Excel 在纠正输入错误数据方面具有优势，其能利用公式的功能重新给出结果。Origin 软件简单易用，其使用方法通过查阅使用说明等可以掌握，可很容易地将其用于数据、图表处理。

## 1.6.2 可疑数据取舍

**1. $Q$ 检验法**

在一组平行测定的数据中，有时个别数据与其他数据相差较大，这一数据被称为可疑数据或极端值、离群值。在确定误差由实验引起的前提条件下，可以舍弃；否则，应根据统计学方法决定其取舍。有一个可疑数据时，可采用 $Q$ 检验法取舍。首先将一组数据由小到大按顺序排列为 $x_1$，$x_2$，…，$x_n$，若 $x_n$ 为可疑值，则统计量 $Q$ 为

$$Q = \frac{x_n - x_{n-1}}{x_n - x_1} \tag{1.10}$$

若 $x_1$ 为可疑值，则

$$Q = \frac{x_2 - x_1}{x_n - x_1} \tag{1.11}$$

根据不同置信度时的 $Q_\text{表}$ 值（表 1.3），当计算所得 $Q$ 值大于表中 $Q_\text{表}$ 值时，则可疑值应舍弃；反之，应保留。

表 1.3　$Q_\text{表}$ 值

| 测定次数 $n$ | | 3 | 4 | 5 | 6 | 7 | 8 | 9 | 10 |
|---|---|---|---|---|---|---|---|---|---|
| 置信度 | 90%（$Q_{0.90}$） | 0.94 | 0.76 | 0.64 | 0.56 | 0.51 | 0.47 | 0.44 | 0.41 |
| | 96%（$Q_{0.96}$） | 0.98 | 0.85 | 0.73 | 0.64 | 0.59 | 0.54 | 0.51 | 0.48 |
| | 99%（$Q_{0.99}$） | 0.99 | 0.93 | 0.82 | 0.74 | 0.68 | 0.63 | 0.60 | 0.57 |

引自：武汉大学编，《分析化学》（第五版）（上册）。

**2. Grubbs 法**

有两个或两个以上可疑数据时，可用效果较好的格鲁布斯（Grubbs）法。首先将测量值由小到大按顺序排列为 $x_1$，$x_2$，…，$x_n$，求出平均值 $\bar{x}$ 和标准偏差 $S$，再根据统计量 $T$ 进行判断。如果 $x_1$ 为可疑值，则

$$T = \frac{\bar{x} - x_1}{S} \tag{1.12}$$

若 $x_n$ 为可疑值，则

$$T = \frac{x_n - \bar{x}}{S} \tag{1.13}$$

根据 $T$ 值与表 1.4 中查得的对应于某一置信度的 $T_{a,\,n}$ 相比较，当 $T$ 值大于表中 $T_{a,\,n}$ 时，可疑值应舍弃；反之，应保留。

表 1.4　$T_{a,n}$ 值

| $n$ | 显著性水准 | | |
|---|---|---|---|
| | 0.05 | 0.025 | 0.01 |
| 3 | 1.15 | 1.15 | 1.15 |
| 4 | 1.46 | 1.48 | 1.49 |
| 5 | 1.67 | 1.71 | 1.75 |
| 6 | 1.82 | 1.89 | 1.94 |
| 7 | 1.94 | 2.02 | 2.10 |
| 8 | 2.03 | 2.13 | 2.22 |
| 9 | 2.11 | 2.21 | 2.32 |
| 10 | 2.18 | 2.29 | 2.41 |
| 11 | 2.23 | 2.36 | 2.48 |
| 12 | 2.29 | 2.41 | 2.55 |
| 13 | 2.33 | 2.46 | 2.61 |
| 14 | 2.37 | 2.51 | 2.63 |
| 15 | 2.41 | 2.55 | 2.71 |

引自：武汉大学编，《分析化学》（第五版）（上册）。

## 1.6.3　有效数字及其运算规则

用来表示量的多少，同时反映测量准确程度的各数字称为有效数字（significant figure），即实验中能真正测量到的数字。有效数字通常包括全部准确数字和一位不确定的可疑数字。

确定有效数字的位数应遵循：记录测量数据时，只允许保留一位可疑数据；0～9 均为有效数字，当 0 只是用于确定小数点位置时不是有效数字；单位的变换不改变有效数字的位数，因为有效数字的位数还反映了测量的相对误差；对于 pH 及 $\lg k$ 等对数值，其有效数字位数取决于尾数部分数字的位数，其整数部分只说明原数值的方次。

另外，按照 GB/T 8170—1987 的规则，有效数字修约按照"四舍六入五成双"进行。

有效数字的运算法则：对于加减法，当几个数据相加减时，其结果的有效数字位数以其中小数点后位数最少的数据为依据；对乘除法，结果的有效数字位数应以各有效数字位数最少的数据为依据。

# 2　光谱分析

## 2.1　光谱学导论

光谱分析法是指不同形式的辐射与物质作用后，物质发生量子化的能级跃迁后产生发射、吸收或散射，并对其波长和强度进行分析的方法。光是一种电磁波，其在空间的高速传播不需要任何物质作为介质，具有一定的频率、强度和速度。光具有波粒二象性，其能量辐射是量子化的，而非连续的。不同波长的光，具有的能量不同，电磁波能量与波长成反比，与频率成正比。根据波长范围将电磁辐射分为无线电波区、微波区、红外区、可见光区、紫外区及 X 射线区等。

光的波长、频率及光速间的关系为

$$\lambda \nu = c \tag{2.1}$$

式中　$\lambda$——波长，nm；

　　　$\nu$——频率；

　　　$c$——光速，真空中光速为 $2.997\ 9 \times 10^8\,\text{m}\cdot\text{s}^{-1}$。

光子的能量与波长的关系为

$$E = h\nu = h\frac{c}{\lambda} \tag{2.2}$$

式中　$E$——光子的能量；

　　　$\nu$——频率；

　　　$h$——普朗克常数，$h = 6.626 \times 10^{-34}\,\text{J}\cdot\text{s}$。

表 2.1 给出不同类型电磁波谱的一系列特性。

表 2.1　不同电磁波的特性

| 电磁波 | 波长范围（$\lambda$） | 频率范围（$\nu$）/Hz | $E/\text{eV}$ | 跃迁类型 | 分析方法 |
|---|---|---|---|---|---|
| $\gamma$ 射线 | $10^{-3} \sim 0.1$ nm | $3 \times 10^{20} \sim 3 \times 10^{18}$ | $>2.5 \times 10^5$ | 原子核 | 穆斯堡尔（Mossbauer）谱法 |
| X 射线 | $0.1 \sim 10$ nm | $3 \times 10^{18} \sim 3 \times 10^{16}$ | $2.5 \times 10^5 \sim 1.2 \times 10^2$ | 内层电子 | X 射线光谱法 |
| 紫外 | $10 \sim 400$ nm | $3 \times 10^{16} \sim 7.5 \times 10^{14}$ | $1.2 \times 10^2 \sim 3.1$ | 中、外层电子 | 紫外光谱法 |
| 可见 | $400 \sim 800$ nm | $7.5 \times 10^{14} \sim 3.8 \times 10^{14}$ | $3.1 \sim 1.6$ | 外层电子 | 可见光谱法 |
| 红外 | $0.8 \sim 100$ μm | $3.8 \times 10^{14} \sim 3 \times 10^{12}$ | $1.6 \sim 1.2 \times 10^{-3}$ | 分子振动 | 红外光谱法 |
| 微波 | $0.01 \sim 100$ cm | $3 \times 10^{12} \sim 3 \times 10^{8}$ | $1.2 \times 10^{-3} \sim 4.1 \times 10^{-6}$ | 分子转动 | 微波光谱法 |
| 无线电波 | $1 \sim 10^4$ m | $3 \times 10^8 \sim 3 \times 10^4$ | $<4.1 \times 10^{-6}$ | 磁诱导核自旋 | 核磁共振光谱法 |

引自：古练权编，《有机化学》。

分子由原子构成，原子中含有电子，分子、原子和电子始终处于不断运动之中，每一种运动具有一定的能量，即处于某一能级，且都是量子化的。在一定条件下，分子处于一定运动状态，其运动形式包括：整个分子绕其重心的旋转所形成的转动能级；原子或原子团在其平衡位置的相对振动所产生的振动能级；电子绕原子核相对运动的电子能级。所以分子的总能量是上述运动的能量之和，其中电子能级最大，常为 $1 \sim 20$ eV，位于紫外-可见光区；振动能级为 $0.05 \sim 1$ eV，位于近红外和中红外光区；小于 $0.05$ eV 的转动能级，位于远红外和微波区。

一般情况下，分子处于基态，当其吸收外界能量辐射后，发生能级跃迁至激发态。分子结构不同，其能级跃迁所吸收的能量不同；不同能量辐射于同一物质时，其发生的能级跃迁也不同。也就是说，分子只能选择性吸收等于其基态与激发态间能量差的外来辐射，这是一切吸收光谱的分析基础。

太阳光是各种可见光的混合光。人眼能感觉到的光称为可见光，波长为 $400 \sim 760$ nm。物质的颜色由物质与光的相互作用决定，其中某种波长的光被吸收后，其互补光则透过溶液，刺激人的眼睛，从而使人感觉到颜色。如果物质为无色溶液，则能透过所有颜色的光；如果物质为有色溶液时，则透过光的互补色。如果物质为黑色溶液，吸收所有颜色的光，白色时则反射所有颜色的光（表 2.2）。

表 2.2　被吸收光波长与观察者看到的颜色间的对应关系

| 吸收光的波长及颜色 | | 物质颜色（互补色） |
|---|---|---|
| 波长/nm | 吸收光 | |
| $400 \sim 450$ | 紫 | 黄绿 |
| $450 \sim 480$ | 蓝 | 黄 |
| $480 \sim 490$ | 蓝绿 | 橙黄 |
| $490 \sim 510$ | 绿蓝 | 红 |
| $510 \sim 530$ | 绿 | 深红 |
| $530 \sim 570$ | 黄绿 | 紫 |
| $570 \sim 580$ | 黄 | 蓝 |
| $580 \sim 600$ | 橙黄 | 蓝绿 |
| $600 \sim 680$ | 红 | 绿蓝 |
| $680 \sim 750$ | 深红 | 绿 |

引自：汪小兰编，《有机化学》（第四版）。

# 2.2　紫外-可见分光光度法

## 2.2.1　基本原理

紫外-可见分光光度法（ultraviolet and visible spectrophotometry，UV-Vis）是基于分子的外层价电子跃迁或分子轨道上的电子跃迁产生的吸收光谱，对物质进行定性、定量分析的一种电子光谱分析法（从试样状态看，属于分子光谱）。它既可以利用物质本身对波长 200 ~ 800 nm 光的吸收特性，也可利用某些化学反应改变物质对光的吸收特性。紫外吸收光谱范围 200 ~ 400 nm（10 ~ 200 nm 为远紫外区或真空紫外区，200 ~ 400 nm 为近紫外区或石英紫外区），可见光吸收光谱范围 400 ~ 800 nm。由于空气中的 $O_2$、$N_2$、$CO_2$ 及 $H_2O$ 等对真空紫外区电磁辐射有吸收，因此，真空紫外区测定需具备真空条件，但由于仪器设备难以达到要求，一般所说的紫外-可见光谱的波长范围为 200 ~ 800 nm。

紫外-可见分光光度法具有以下优点：仪器设备简单、操作容易、分析耗时短、灵敏度高及应用范围广等；但也存在仅适合微量分析、仪器相对昂贵等缺点。目前已广泛应用于有机和无机化合物的定性、定量分析，特别是有机化合物的共轭基团鉴定、平衡常数的测定、互变异构的判断及氢键强度的测定等领域。

## 2.2.2　基本术语

### 1. 吸收光谱

也称为吸收曲线，以波长 $\lambda$（nm）为横坐标，吸光度（absorbance，$A$）或透射比（transmittance，$T$）为纵坐标绘制的曲线为吸收光谱曲线（absorption spectrum）。

### 2. 最大吸收波长

最大吸光度对应的波长为最大吸收波长（absorption wavelength，$\lambda_{max}$）。

### 3. 谷

不同峰之间的最低波长处称为谷（valley），相应的波长称为最小吸收波长（$\lambda_{min}$）。

### 4. 肩　峰

峰周围出现的小的曲折称为肩峰（shoulder peak）。

### 5. 末端吸收

短波长处有强吸收但无峰形的部分称为末端吸收（end absorption）。

### 6. 生色团

能使分子产生紫外或可见吸收的基团，主要是一些含有不饱和键的基团，如 C＝C、C≡C、C＝O 等，称为生色团（chromophore）。如果各生色团不共轭，则各生色团的吸收峰位置和强度相互影响不大；如果各生色团共轭，则发生红移且吸收强度显著增强。一般涉及 $\pi \rightarrow \pi^*$ 跃迁和 $n \rightarrow \pi^*$ 跃迁，从广义上讲，凡是含有 π 键的基团均可认为是生色基团。

### 7. 助色团

自身在紫外和可见光区不产生吸收峰，但与生色团相连时，使吸收峰发生红移且吸收强度增大的基团，称为助色团（auxochrome）。一般含有未共用电子对的中性杂原子，如—OH、—NH$_2$、—SH、—X、—OR 等，常产生 p-π 共轭。

### 8. 增色效应和减色效应

吸收峰的 $\varepsilon_{max}$ 增加，称为增色效应（hyperchromic effect），反之；称为减色效应（hypochromic effect）。

### 9. 红移和蓝移

因溶剂或取代基的影响，吸收峰向长波长方向移动称为红移（red shift）；反之，称为蓝移（blue shift）。红移一般是由极性改变、生色团或共轭度增大等造成的。

### 10. 吸收带

紫外-可见分光光谱的吸收带可分为强带和弱带：$\varepsilon_{max}>10^4$ L·mol$^{-1}$·cm$^{-1}$ 的吸收带称为强带，$\varepsilon_{max}<10^3$ L·mol$^{-1}$·cm$^{-1}$ 的称为弱带。另外，紫外-可见光谱吸收带也可根据跃迁类型的不同分为：① R 带（德文 Radikal，意思为基团）：含杂原子生色团的 n→π$^*$ 跃迁对应的吸收带，一般吸收峰在 270 nm 以上，如 C=O 等。该类跃迁所需能量较小，产生弱的吸收峰，$\varepsilon_{max}<10^2$ L·mol$^{-1}$·cm$^{-1}$。② K 带（德文 Konjugation，意思为共轭）：具有共轭体系的 π→π$^*$ 跃迁产生的吸收带，此类跃迁产生强吸收峰，$\varepsilon_{max}>10^4$ L·mol$^{-1}$·cm$^{-1}$，一般吸收峰位于 220～280 nm。③ B 带（德文 Benzenoid，意思为苯的）：芳香族化合物的 π→π$^*$ 跃迁产生的精细结构吸收带，这是由在基态电子跃迁上的振动跃迁和苯环的振动重叠所造成的，$\varepsilon_{max}$ 一般较小，可用于鉴别芳香族化合物。但随溶剂极性增加，精细结构不明显甚至会消失。④ E 带（ethylenic band，意思为乙烯型）：芳香族化合物的 π→π$^*$ 跃迁产生的吸收带，分为 E$_1$ 和 E$_2$ 带，$\varepsilon_{max}$ 一般较大，如苯的 E$_1$、E$_2$ 和 B 带的 $\lambda_{max}$ 分别为 184 nm、204 nm 和 255 nm。E$_2$ 带和 B 带是苯的特征谱带，可作为鉴别苯环的依据。

## 2.2.3　有机化合物的紫外-可见吸收光谱

有机化合物的特征吸收光谱取决于分子结构及分子轨道上电子的性质。该特征吸收的最大吸收波长（$\lambda_{max}$）取决于激发态与基态间的能量差。当有机分子吸收一定的能量辐射后，价电子（σ 电子、π 电子、未成键孤对电子 n）跃迁至激发态（反键轨道），包括 σ→σ$^*$、σ→π$^*$、π→σ$^*$、n→σ$^*$、n→π$^*$ 以及 n→π$^*$ 6 种形式（σ、π 分别为 σ 和 π 成键轨道电子，σ$^*$、π$^*$ 分别为 σ 和 π 反键轨道电子，n 为未成键轨道电子）。根据分子轨道理论，σ$^*$>π$^*$>n>π>σ，分子中 n→π$^*$ 跃迁所需能量最小，吸收峰出现在长波长方向；π→π$^*$ 跃迁所需能量大，吸收峰出现在短波长方向。根据轨道匹配性原则，有意义的电子跃迁有 4 种类型（图 2.1），但与紫外-可见吸收光谱有关的跃迁形式只有 n→σ$^*$、π→π$^*$、n→π$^*$ 3 种（σ→σ$^*$ 跃迁所需能量仍较大，位于真空紫外区，常规仪器难以达到要求）。有机分子的紫外-可见光谱研究中最常用的是 π→π$^*$ 和 n→π$^*$ 跃迁。由于电子能级跃迁需要的能量高于红外光谱对应的振动和转动能级能量，因此，电子能级跃迁伴随有振动和转动能级跃迁，或者说，紫外光谱中含有振动和转动能级跃迁的吸收谱线，因此，紫外-可见光谱带通常较宽。

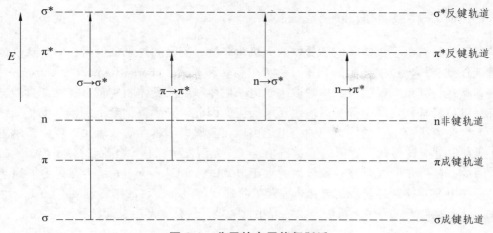

**图 2.1　分子的电子能级跃迁**
引自：李艳梅主编，《有机化学》。

### 1. $n \rightarrow \sigma^*$ 跃迁

饱和有机化合物只有 C—C 和 C—H 键，只能发生 $\sigma \rightarrow \sigma^*$ 跃迁，一般吸收小于 200 nm 波长的光，但当 H 原子被 S、N、O、P 和卤素（X）等杂原子取代时，可发生 $n \rightarrow \sigma^*$ 跃迁，这种跃迁所产生的吸收峰在 150 ~ 200 nm，位于真空紫外区，常规紫外-可见分光光度计难以检测。如乙醚的吸收峰在 184 nm，$CH_3Cl$ 吸收峰在 173 nm，$CH_3NH_2$ 吸收峰在 215 nm 等。

### 2. $\pi \rightarrow \pi^*$ 跃迁

不饱和有机化合物含有 C=C、C=C、C≡N 及 C=O 等不饱和键，可发生 $\pi \rightarrow \pi^*$ 跃迁，最大摩尔吸光系数（maxmium molar absorptivity，$\varepsilon_{max}$，即 $\lambda_{max}$ 处的摩尔吸光系数）较大，这是因为该类型属于跃迁"允许"，跃迁概率大，因而光吸收强度大。孤立的 $\pi \rightarrow \pi^*$ 跃迁和 $n \rightarrow \sigma^*$ 跃迁所需能量很接近，吸收峰在 200 nm 附近。但分子中若有共轭体系，则 $\pi \rightarrow \pi^*$ 跃迁所需能量和分子共轭度有关，随共轭度不断加大，$\pi \rightarrow \pi^*$ 跃迁吸收带向长波长方向移动（红移），吸收强度也随之增大。如丁二烯的最大吸收峰在 217 nm 处，苯的最大吸收峰在 256 nm 处。

### 3. $n \rightarrow \pi^*$ 跃迁

某些有机化合物含有 C=O、—N=N—、—CHO、—COOH 等，既含有不饱和键，又含有杂原子，这类化合物中的杂原子还可发生 $n \rightarrow \pi^*$ 跃迁，其吸收峰在 200 ~ 400 nm。另外，含 —OH、—NH_2、—X、—S 等基团与不饱和键相连时也可发生 $n \rightarrow \pi^*$ 跃迁，但吸收强度较弱，这是因为 n 电子与 $\pi$ 电子在空间上属于不同区域，虽然 $n \rightarrow \pi^*$ 跃迁所需能量较低，但该类跃迁的概率低，属于跃迁"禁阻"，因而光吸收强度弱。非共轭双键不影响 $\lambda_{max}$，但往往增强吸收带强度。

## 2.2.4　无机化合物的紫外-可见吸收光谱

一些无机化合物也可以产生紫外-可见吸收光谱，其光谱类型包括电荷转移吸收光谱和配位体场吸收光谱。

### 2.2.4.1 电荷转移吸收光谱

某些同时具有电子供体和电子受体的无机化合物，当受到外来辐射时，电子从供体的外层轨道跃迁到受体轨道时产生的光谱，称为电荷转移光谱（charge-transfer spectrum），也称为 p→d 跃迁，其最大吸收波长位置取决于电子供体和电子受体相应轨道间的能量差。从本质上讲，电荷转移跃迁属于分子内氧化还原反应，因此，必须提供电子供体和电子受体。一般而言，金属离子是电子受体，配体是电子供体，金属离子越容易被氧化，或配体越容易被还原，则发生电荷转移跃迁所需的能量越小，吸收光谱发生红移。电荷转移跃迁属于"允许"跃迁，因此，其摩尔吸光系数一般较大，大于 $10^4 \text{ L} \cdot \text{mol}^{-1} \cdot \text{cm}^{-1}$，适合微量金属离子的鉴定和定量。电荷转移跃迁呈现的光谱 $\lambda_{max}$ 及吸收强度与电荷转移的难易程度有关。

在紫外光照射下，许多无机配合物能发生此类电子转移，产生电荷转移光谱，如

$$Fe^{3+}\text{-}SCN^- \longrightarrow Fe^{2+}\text{-}SCN$$

由于 $Fe^{3+}$-$SCN^-$ 吸收某波长的光，$SCN^-$ 将电子转移给 $Fe^{3+}$，从而形成 $Fe^{2+}$-$SCN$，为血红色配合物，在 490 nm 处有最大光吸收；或者定域在 $Fe^{3+}$ 轨道上的电荷转移至配位体 $SCN^-$ 的轨道上，产生紫外吸收光谱。

少数有机化合物，如烷基苯基酮类化合物，苯环作为电子给体，氧为电子受体，在一定的光辐射下也发生电荷转移。电荷转移吸收光谱的吸收强度大，$\varepsilon_{max} > 10^4 \text{ L} \cdot \text{mol}^{-1} \cdot \text{cm}^{-1}$，利用此特点可定量分析该类化合物。

### 2.2.4.2 配位体场吸收光谱

配位体场吸收光谱（ligand field absorption spectrum）指过渡金属离子与配体（主要是有机化合物类）间形成的配合物，当有紫外或可见光能量辐射时，产生相应的吸收光谱。元素周期表中第四周期、第五周期的过渡元素分别含有简并轨道（degeneration orbit）：3d、4d 轨道，镧系和锕系元素分别含有 4f、5f 简并轨道。但当配位体与金属离子配位时，轨道简并解除，5 个 d 轨道和 7 个 f 轨道发生能级分裂，形成几组能量不等的 d 轨道和 f 轨道。如果轨道未充满，当吸收光能后，电子从低能态的 d 轨道或 f 轨道分别跃迁至高能态的 d 轨道或 f 轨道，从而产生吸收光谱，此类跃迁相应称为 d→d 跃迁或 f→f 跃迁。由于 d→d 跃迁或 f→f 跃迁均需要配体的配位场诱导或微扰产生，因此上述两类跃迁又称为配位场跃迁。电荷转移跃迁的 $\varepsilon_{max} > 10^4 \text{ L} \cdot \text{mol}^{-1} \cdot \text{cm}^{-1}$，配位场跃迁的 $\varepsilon_{max} < 10^2 \text{ L} \cdot \text{mol}^{-1} \cdot \text{cm}^{-1}$，相比较而言，前者属于金属离子微扰，后者属于配体微扰，产生弱的光吸收，对定量分析意义不大，主要用于配合物的结构研究。如 $Cu^{2+}$-$H_2O$ 合离子为浅蓝色，吸收峰为 794 nm，而 $Cu^{2+}$-$NH_3$ 合离子为深蓝色，吸收峰为 663 nm，原因是 $H_2O$ 的配位场小于 $NH_3$。

## 2.2.5 紫外-可见分光光度计构造

紫外-可见分光光度计的工作原理是利用分光装置获得一束平行的、波长范围极窄的单色光，通过一定厚度的试样溶液，一部分光被吸收，未被吸收的光则照射在光电元件上，从而

产生光电流，通过仪器读出相应的吸光度或透光率。紫外-可见分光光度计主要由光源、单色器、吸收池、检测器和信号指示系统五个部分组成。图 2.2 为紫外-可见分光光度计的构造。

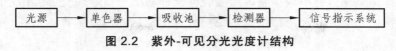

图 2.2  紫外-可见分光光度计结构

### 2.2.5.1  光  源

紫外-可见分光光度计所利用的辐射光源须发射连续、强度足够大且稳定，其作用在于提供激发能，使待测分子产生光吸收。常用的辐射光源有钨灯和氖灯。钨灯中常充惰性气体以提高寿命，使用时需利用稳压器或电子电压调制器来保持钨灯电源电压（6～12 V）稳定。在钨灯中加入适量卤素或卤化物制成卤钨灯，其发光效率和寿命均高于钨灯。近年来，许多分光光度计已采用此种光源代替钨灯。钨灯和卤钨灯提供可见区的连续辐射光源，可使用的波长范围为 340～2 500 nm，最适合的工作范围为 360～800 nm。氖灯提供紫外区连续辐射光源，可使用的波长范围为 160～360 nm。

### 2.2.5.2  单色器

单色器是指能从光源发出的具有连续光谱的混合光中分解出单色光的光学装置。单色器是分光光度计的核心部件，其由棱镜和光栅等色散元件、聚焦透镜和狭缝等构成，其中色散元件是单色器中最为关键的部分。

棱镜是通过光折射原理先将复合光色散成单色光，再将目的波长的光通过极窄的狭缝后照射到吸收池的试样中。棱镜分出的光波长不等距。棱镜由玻璃或石英制成，其中玻璃棱镜用于可见光，石英棱镜用于紫外或可见光区。光栅是根据光的衍射和干涉原理色散而成的单色光，然后同样将目的波长的光通过极窄的狭缝后照射到吸收池的试样中。由于光栅是由大量等宽、等间距的平行狭缝（有 600、1 200 和 2 400 条/mm 几种）构成的，其分出的光具有分辨率高、可用波长范围宽、光谱均排（色散率几乎与波长无关）且成本较低等优势，目前多数分光光度计采用光栅作为色散元件。

### 2.2.5.3  吸收池

样品吸收池也称为比色皿，是用来盛放待测溶液或参比溶液的容器。一般由无色透明、耐腐蚀、化学性质稳定、厚度均匀的石英或玻璃材料制成。常见的比色皿规格有 0.5 cm、1 cm、2 cm 和 5 cm 等。紫外区测定用石英比色皿，可见区测定用石英或玻璃比色皿。

比色皿使用时的注意事项：测定时盛样量为其容积的 2/3～3/4；使用时务必注意比色皿必须保持透明，不被磨损，不可加热或烘干，不能长时间盛放腐蚀性物质；盛装参比溶液和试样溶液的比色皿必须匹配；比色皿的光面必须与入射光垂直；手不能接触比色皿的光面；实验结束后用水、稀盐酸或乙醇，甚至铬酸洗液（需慎用，因铬酸氧化性太强）及时冲洗比色皿（但不可用碱液洗涤），之后用柔软绒布、绸布或擦镜纸擦干表面。但切忌超过 15 min 浸泡在浓酸溶液中，以防开胶引起比色皿破碎。另外，对于挥发性试样，使用时注意加盖。

#### 2.2.5.4　检测器

检测器的作用是通过光电效应将透过吸收池试样后的光信号转变为可识别的电信号。检测器分为光电池、光电管和光电倍增管。目前较常用的是光电倍增管，它具有灵敏度高、噪音低、响应时间短、稳定性好等优点。光电管是一个真空或充有少量惰性气体的二极管，依据其对光敏感的波长范围不同分为红敏和紫敏两种，前者阴极涂有银和氧化铯，适用范围为 $630 \sim 1\,000$ nm；后者涂有锑和铯，适用范围为 $200 \sim 630$ nm。光电倍增管是在光电管的基础上增加了若干附加电极，因而使光电流得以放大。经测定，一个光子此时可产生 $10^6 \sim 10^7$ 个电子，灵敏度是光电管的 200 倍，适用范围为 $160 \sim 700$ nm。目前的分光光度计中，光电管几乎已完全被光电倍增管所代替。

近年来发展的光电二极管阵列检测器，与光电倍增管相比，其检测的动态范围更宽，响应时间更短，可靠性更高且使用寿命更长，已开始用于多通道自动扫描分光光度计中。

#### 2.2.5.5　信号指示系统

信号指示系统的作用是将放大的信号以吸光度或透光率的形式显示并予以记录。常用的信号指示装置有直读检流计、电位调节指零装置以及数字显示或自动记录装置等。新型的紫外-可见分光光度计大多配有计算机，一方面可对分光光度计进行操作控制，另一方面可进行数据处理。

## 2.2.6　紫外-可见分光光度计的类型

按光学系统不同，紫外-可见分光光度计可分为单波长和双波长分光光度计，而单波长分光光度计又分为单光束和双光束型。

#### 2.2.6.1　单波长单光束分光光度计

单波长单光束分光光度计是最简单的分光光度计。它是由一束经过单色器色散的光，通过来回拉动变换位置，使参比溶液和样品溶液依次进入光路系统，以测定光的吸收。该分光光度计的优点是结构简单，价格低廉，主要适于特定波长处的定量分析；缺点是光源强度不稳定，误差较大，另外，操作时每换一次波长都需要用参比溶液重新调零，操作麻烦，不适用于全波长的定性分析。如常见的 721、722 型分光光度计。

#### 2.2.6.2　单波长双光束分光光度计

双光束分光光度计对参比信号和试样信号的测量几乎是同时进行的，将光源不稳定或检测系统灵敏度差等不良影响降至最低，具有较高的精密度和准确度。可以不断地变更入射光波长，自动测量不同波长下试样溶液的吸光度，实现吸收光谱的自动快速扫描。但双光束分光光度计结构较复杂，价格较贵。如国产 710 型、730 型、740 型，日立 UV-340 及岛津 UV-2501PC 等。

### 2.2.6.3 双波长分光光度计

双波长分光光度计与单波长分光光度计的主要差别在于其采用了双单色器（图2.3）。从光源发出的光分成两束，分别经过两个单色器，得到两束强度相同、波长分别为$\lambda_1$和$\lambda_2$的单色光。以切光器（旋转镜）调制使$\lambda_1$、$\lambda_2$两单色光交替地照射到同一吸收池上，其透过光被检测器接收，经信号处理系统可直接获得对$\lambda_1$和$\lambda_2$两单色光的吸光度差值。如国产WFZ800-5型及岛津UV-1800等。

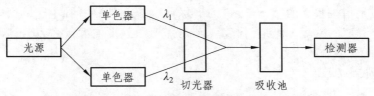

**图 2.3 双波长紫外-可见分光光度计结构**

采用双波长分光光度计进行分析时，不需要参比溶液，可以通过波长的选择方便地校正背景吸收造成的干扰，消除吸收光谱重叠干扰，因而适用于混浊液和多组分混合物定量分析。

### 2.2.6.4 分光光度计的校正

镁铷玻璃用于校正可见光区的波长标尺，钬玻璃则用于紫外和可见光区的波长标尺校正。常用$K_2CrO_4$标准溶液校正吸光度标度，25 ℃时不同波长对应的吸光度值见表2.3。

**表 2.3 铬酸钾溶液的吸光度**

| 波长 $\lambda$/nm | 吸光度 $A$ | 波长 $\lambda$/nm | 吸光度 $A$ | 波长 $\lambda$/nm | 吸光度 $A$ | 波长 $\lambda$/nm | 吸光度 $A$ |
|---|---|---|---|---|---|---|---|
| 220 | 0.4 559 | 300 | 0.1 518 | 380 | 0.9 281 | 460 | 0.0 173 |
| 230 | 0.1 675 | 310 | 0.0 458 | 390 | 0.6 841 | 470 | 0.0 083 |
| 240 | 0.2 933 | 320 | 0.0 620 | 400 | 0.3 872 | 480 | 0.0 035 |
| 250 | 0.4 962 | 330 | 0.1 457 | 410 | 0.1 972 | 490 | 0.0 009 |
| 260 | 0.6 345 | 340 | 0.3 143 | 420 | 0.1 261 | 500 | 0.0 000 |
| 270 | 0.7 447 | 350 | 0.5 528 | 430 | 0.0 841 | | |
| 280 | 0.7 235 | 360 | 0.8 297 | 440 | 0.0 535 | | |
| 290 | 0.4 295 | 370 | 0.9 914 | 450 | 0.0 325 | | |

引自：叶宪曾编，《仪器分析教程》（第2版）。

## 2.2.7 紫外-可见光谱的影响因素

紫外-可见光谱的影响因素主要有共轭效应、取代基效应、溶剂效应、立体化学效应、pH效应、温度和氢键效应等。

25

### 2.2.7.1 共轭效应及超共轭效应

通过共轭效应形成一个大π键，该大π键的电子离域程度较为明显，最终引起各能级间能量差减小，跃迁所需能量相应减少，发生红移。共轭体系越大，红移越明显，甚至出现在可见光区，同时，吸收强度增大。因为只有当分子中存在共轭体系时，$\pi \rightarrow \pi^*$ 跃迁所需能量才能处于波长大于 210 nm 的近紫外区，故紫外-可见光谱主要用于鉴定分子中有无共轭体系。另外，还有各种助色基团的助色效应。

超共轭效应是指烷基上的 C—H 键的σ电子与共轭体系中的π电子的交盖程度不大，因此仅能发生很小程度的共轭，结果引起 $\lambda_{max}$ 红移，吸收强度增大，称为σ-π超共轭效应。

### 2.2.7.2 溶剂效应

溶剂化使得溶质的自由转动受到限制，一般情况下会导致其转动光谱难以展现出来或彻底消失。若溶剂的极性增强，其与溶质间的相互作用力也随之增强，引起溶质的振动能级也逐渐受到限制，最终导致由振动引起的有关精细结构的信息减少，甚至消失。但当化合物溶解在非极性溶剂中时，可展现出转动-振动等精细结构信息。另外，溶剂的极性增强，由于溶剂与溶质相互作用，激发态π*比基态π能量降低很多（$\pi \rightarrow \pi^*$ 跃迁时激发态极性大于基态，激发态因溶剂化的缘故，其稳定性比基态高），因而激发态与基态间能量差降低，引起 $\pi \rightarrow \pi^*$ 跃迁的吸收谱带红移。但在 $n \rightarrow \pi^*$ 跃迁中，由于基态比激发态极性大，且基态 n 电子与极性溶剂间形成氢键而更加稳定，基态的能量降低，因而导致激发态与基态间能量差增大，因此，$n \rightarrow \pi^*$ 跃迁产生的吸收带发生蓝移。溶剂极性不同所引起的吸收带红移或蓝移的现象称为溶剂效应（solvent effect）。另外，静电引力也可在溶质与溶剂的相互作用中发挥作用，从而影响吸收峰的位置和强度。

由于溶剂对电子光谱的影响较大，因此，在各种吸收光谱或数据上必须注明所用溶剂。实验中对溶剂的选择应遵循：尽量选择非极性溶剂或低极性溶剂，以防止 K 带红移、R 带蓝移及由此造成的 K、R 带的相互接近，同时要特别注意极性溶剂对芳环 B 带精细结构的影响；要求溶剂的溶解性好且由此形成的溶液具有良好的光化学、化学稳定性；溶剂不能在试样吸收光谱区有明显的吸收，挥发性小且安全无毒等。

在紫外区测定时常用的有机溶剂有正己烷、庚烷、苯等，极性溶剂有甲醇、乙醇和水等。

溶剂的初始吸收位置称为吸收截止点或最低波长极限。常见溶剂的最低吸收波长见表 2.4。

**表 2.4 溶剂使用中的最低波长极限**

| 溶 剂 | 最低波长极限/nm | 溶 剂 | 最低波长极限/nm |
|---|---|---|---|
| 乙 醚 | 220 | 二氯甲烷 | 233 |
| 环己烷 | 210 | 氯仿 | 245 |
| 正丁醇 | 210 | 乙酸正丁酯 | 260 |
| 水 | 210 | 乙酸乙酯 | 260 |
| 异丙醇 | 210 | 甲酸甲酯 | 260 |
| 乙二醇 | 210 | 四氯化碳 | 265 |

| 溶　剂 | 最低波长极限/nm | 溶　剂 | 最低波长极限/nm |
|---|---|---|---|
| 甲醇 | 210 | 甲苯 | 285 |
| 96%硫酸 | 210 | 吡啶 | 305 |
| 乙醇 | 215 | 丙酮 | 330 |
| 甘油 | 220 | 二硫化碳 | 380 |
| 1, 2-二氧乙烷 | 230 | 苯 | 280 |

引自：朱明华编，《仪器分析》（第四版）。

### 2.2.7.3　立体化学效应

立体化学的影响主要包括空间位阻、构象、跨环效应等。空间位阻（steric hindrance）不利于具有共轭作用的发色团的共平面，因而削弱了共轭效应，发生蓝移且吸收强度降低。跨环效应（cross-ring effect）是指 $\beta$，$\gamma$ 不饱和酮，尽管 C＝O 与 C＝C 发色团间不共轭，但由于空间位置的靠近和排列，C＝O 氧原子上的孤对电子与 C＝C 平面上下的 $\pi$ 电子仍能产生相互影响，从而使相当于 n→$\pi^*$ 跃迁的 R 带波长向长波长方向移动，吸收强度增强。另外，C＝O 上的 $\pi$ 电子与杂原子的 n 电子的有效交盖也会产生跨环效应。如 $\alpha$-和 $\beta$-紫罗兰酮异构体、1, 2-二苯乙烯的顺反异构体等。

### 2.2.7.4　pH 效应

不同 pH 对处于不同酸碱环境的化合物的解离不同，因此，其紫外光谱的形状、$\lambda_{max}$ 及吸收强度也不同，需要具体问题具体分析。如苯酚在酸性溶液中有两个吸收峰：$\lambda_{max} = 210$ nm、270 nm，碱性环境也有两个吸收峰：$\lambda_{max} = 235$ nm、287 nm。原因在于酸碱条件下其解离状态不同：苯酚在酸性条件下以酚羟基的中性形式存在；而在碱性条件下以苯氧负离子形式存在，故氧负离子电子离域现象更为明显。苯胺的 pH 效应与苯酚受到酸碱效应的影响相似。

### 2.2.7.5　温　度

在室温条件下，温度对紫外-可见吸收光谱的影响不大。低温条件下，分子热运动降低，能量交换减少，产生红移，吸收峰变尖且吸收强度略有增强。温度较高时，分子碰撞几率增大，谱带变宽，精细结构开始消失。

## 2.2.8　紫外-可见光谱的定性和定量分析

### 2.2.8.1　紫外-可见吸收光谱的定性分析

紫外-可见吸收光谱法对无机元素的定性分析较少，大都用于有机化合物初步的定性鉴定和结构分析，如吸收光谱的形状，吸收峰的数目、位置和强度及相应的摩尔吸收系数。这主要是因为紫外-可见光谱过于简单，提供的信息太少，特征性较差。紫外-可见吸收光谱适用于不饱和化合物，特别是具有共轭体系的化合物的鉴定。另外，由于紫外-可见光谱的吸收峰少，精细结构缺乏，仅能反映含生色团、助色团等共轭体系结构，难以提供整个分子结构信息，因此，在实际应用中，应充分结合红外光谱、核磁共振光谱以及质谱等信息，才能进行最终定性鉴定。紫外-可见吸收光谱的定性分析有两种方法，对照法：采用与标准纯样品的光谱进行比较；最大吸收波长计算法：利用 Woodward-Fieser 和 Scott 经验规则计算不饱和有机化合物的最大吸收波长，并与实验值相比较。

**1. 顺反异构体的判断**

由于顺式异构体空间位阻相对较大，共轭度较差，所以顺式异构体$\lambda_{max}$和$\varepsilon_{max}$小于反式异构体。如反式肉桂酸（$\lambda_{max} = 295$ nm，$\varepsilon_{max} = 27\,000$）和顺式肉桂酸（$\lambda_{max} = 280$ nm，$\varepsilon_{max} = 13\,500$）；反式番茄红素（$\lambda_{max} = 470$ nm，$\varepsilon_{max} = 185\,000$）和顺式番茄红素（$\lambda_{max} = 440$ nm，$\varepsilon_{max} = 90\,000$）。

**2. 互变异构体的判断**

一般而言，化合物的共轭度越大，其$\lambda_{max}$和$\varepsilon_{max}$也越大。如乙酰乙酸乙酯的酮式（$\lambda_{max} = 204$ nm，$\varepsilon_{max} = 110$）和烯醇式（$\lambda_{max} = 243$ nm，$\varepsilon_{max} = 18\,000$）。另外，前者酰基氧、酯基氧与水分子间形成氢键，发生了 $n \longrightarrow \pi^*$ 跃迁；后者羟基氧与酯基氧形成分子内氢键，发生了$\pi \longrightarrow \pi^*$跃迁。

**3. 构象的判断**

$\alpha$-卤代环己酮中 C—X 键有直立和平伏两种构象。由于前者羰基氧 $\pi$ 电子与 C—X 的$\sigma$电子重叠程度大，因此，前者的$\lambda_{max}$比后者大。

**4. 氢键强度的判断**

通过测定同一化合物在不同极性溶剂中 $n \longrightarrow \pi^*$ 跃迁吸收带，可估算该化合物在极性溶剂中的氢键强度。如在水和己烷中丙酮 $n \longrightarrow \pi^*$ 跃迁吸收峰分别在 294.5 nm 和 279 nm，能量分别为 452.99 和 429.40 kJ·mol$^{-1}$，因此，丙酮在水中的氢键强度为 23.59 kJ·mol$^{-1}$。

## 2.2.8.2　紫外-可见光谱的定量分析原理

朗伯-比尔（Lambert-Beer）定律是紫外-可见吸收光谱定量分析的依据。当一束平行单色光垂直通过某一非散射、稀（浓度低于 0.01 mol·L$^{-1}$）的均匀液体介质时，一部分光被吸收，一部分透过溶液，还有一部分被反射。透射光的强度 $I$ 与入射光的强度 $I_0$ 之比称为透射率（Transmittance，$T$），吸光度（absorbance，$A$，也称为光密度，用 OD 表示）与入射光强度 $I_0$、透射光 $I$ 之比的对数成正比，也与溶液厚度（$b$）和浓度（$c$）的乘积成正比，即

$$A = \lg I/I_0 = \lg 1/T = \varepsilon bc \qquad (2.3)$$

式中　$T$——透过率，%；

$\varepsilon$——摩尔吸收系数，L·mol$^{-1}$·cm$^{-1}$；

$b$——液层厚度，cm；

$c$——浓度，mol·L$^{-1}$。

在一定波长和溶剂条件下，摩尔吸收系数是该化合物的特征性常数，数值上等于 1 mol·L$^{-1}$ 化合物在液层厚度 $b$ 为 1 cm 时的吸光度。$\varepsilon$ 与物质的性质、入射光波长、溶剂种类及溶液温度等因素有关，与物质浓度和试样溶液厚度无关。摩尔吸收系数可反映该化合物在该条件下的光吸收能力，常用于检测定性分析和定量分析方法的灵敏度。摩尔吸收系数越大，表明该物质吸光能力越强，该方法越灵敏。$\varepsilon_{max}>10^5$ L·mol$^{-1}$·cm$^{-1}$ 为超高灵敏，$\varepsilon_{max}>10^4$ L·mol$^{-1}$·cm$^{-1}$ 为高灵敏，$\varepsilon_{max}<10^4$ L·mol$^{-1}$·cm$^{-1}$ 为不灵敏。

另外，吸光度 $A$ 具有加和性，即当溶液含有多种组分时，如果它们间相互不发生化学反应，则体系在该波长处的总吸光度等于各组分吸光度之和。

当待测化合物的组分不明确时，由于摩尔质量未知，物质的量无法计算，此时不能使用摩尔吸光系数，而经常采用比吸光系数（specific absorption）。比吸光系数指质量分数为 1%、液层厚度 $b$ 为 1 cm 时的吸光度，用 $A_{1cm}^{1\%}$ 表示。

朗伯-比尔定律不仅适用于溶液，也适用于均匀的气体和固体，它是各类光吸收的基本定律，也是各类分光光度法进行定量分析的依据。

当标准溶液的浓度较高时，标准曲线发生弯曲，该现象称为朗伯-比尔定律的偏离。其主要原因：一是物理因素，即仪器可能在非理想状况下工作，如各种原因引起的非单色光、非平行光、光散射及光反射等杂散光现象明显等问题，常可通过提高单色器质量或选择最大吸收波长 $\lambda_{max}$ 处测定来消除或减弱其影响；二是各种化学因素，如由溶液浓度过大引起的吸光物质的相互作用，溶液中存在的解离、缔合或聚合，互变异构，配位等化学反应也可使吸光物质浓度发生变化，最终影响光吸收值。如显色剂 KSCN 与 $Fe^{3+}$ 反应形成 $Fe(SCN)_3$：

$$Fe(SCN)_3 \rightleftharpoons Fe^{3+}+3SCN^-$$

在 $Fe(SCN)_3$ 的稀溶液时，上述平衡右移，当配位反应中其他反应试剂的加入或定容等导致整个反应体系体积增大时，由于解离度（ionization degree，$\alpha$）与浓度成反比关系，此时 $Fe(SCN)_3$ 的解离度进一步增大，其浓度发生非线性减小，也可导致朗伯-比尔定律的偏离。再如，铬酸盐或重铬酸盐在溶液中的平衡：

$$2CrO_4^{2-}+2H^+ \rightleftharpoons Cr_2O_7^{2-}+2H^+$$

由于 $CrO_4^{2-}$ 和 $Cr_2O_7^{2-}$ 的结构不同，颜色不同，吸收光谱也不同，最终导致偏离朗伯-比尔定律。

## 2.2.8.3　定量分析方法

在紫外-可见分光光度测定中，常用的定量分析方法主要有单组分定量法、多组分定量法、双波长法、示差法和导数分光光度法。

### 1. 单组分定量法

（1）标准曲线法

配制一系列不同浓度的标准溶液，在相同操作条件下测定各标准溶液的吸光度。以标准溶液浓度为自变量，相应的吸光度值为响应值，利用最小二乘法处理数据，绘制标准曲线。

在相同条件下，测试未知液的吸光度值，可根据标准曲线确定未知液标准物质含量。该方法是一种快速、简单的常规定量方法，要求未知样品与标准溶液组成简单且一致；对于组成复杂、对分析结果要求高的样品难以准确测定。

（2）标准加入法

当试样组成复杂，除待测物质外有难以确定的其他共存组分时，可选择标准加入法。将不同量已知浓度的标准溶液加入几份等量待测样品中，在选定相同测定条件下，测定加入后各待测样品的吸光度值，以不加标准溶液的待测样品为第一份试样，绘制吸光度 $A$ 对待测样品中加入标准物质浓度 $c$ 的关系曲线。若待测样品不含标准物质，曲线过原点；若曲线不过原点，说明待测样品中含有标准物质，可外延曲线与横坐标相交，交点到原点的距离即为待测样品中标准物质的浓度。

### 2. 多组分定量法

如前所述，由于吸光度具有加和性，因此，可以测定多组分试样。多组分定量法也称为解方程法。以两组分为例，测定各组分在波长 $\lambda_1$ 和 $\lambda_2$ 处的吸光度 $A_1$ 和 $A_2$，则

$$
\begin{aligned}
A_1 &= \varepsilon_x^{\lambda_1} b c_x + \varepsilon_y^{\lambda_1} b c_y \\
A_2 &= \varepsilon_x^{\lambda_2} b c_x + \varepsilon_y^{\lambda_2} b c_y
\end{aligned}
\tag{2.4}
$$

式中　$A_1$，$A_2$——$\lambda_1$ 和 $\lambda_2$ 处测定的吸光度值；

$b$——试样厚度；

$c_x$，$c_y$——两组分的浓度；

$\varepsilon_x^{\lambda_1}$，$\varepsilon_y^{\lambda_1}$，$\varepsilon_x^{\lambda_2}$，$\varepsilon_y^{\lambda_2}$——两组分在 $\lambda_1$ 和 $\lambda_2$ 处的摩尔吸光系数。

吸光度之差 $\Delta A$ 与待测组分浓度 $c$ 呈线性关系。

### 3. 双波长法

当混合物的吸收曲线发生重叠时，利用双波长法进行定量分析。该法不需要参比溶液，通过两个单色器获得两束单色光，以其中一个组分为干扰组分，测定另一个组分。首先制作两个组分各自的吸收曲线，然后画一条平行于横坐标的直线，与干扰组分的曲线（a）交于两点，且与待测组分的曲线（b）也相交，以交于干扰组分的一点所对应的波长为参比波长 $\lambda_1$，另一点对应的波长为测量波长 $\lambda_2$，然后对混合组分进行测定。该法在分析浑浊或背景影响较大的试样时，其灵敏性及选择性等均比单波长法强。

$$
\begin{aligned}
A_1 &= A_{1a} + A_{1b} + A_{1s} \\
A_2 &= A_{2a} + A_{2b} + A_{2s} \\
A_{1s} &= A_{2s} + A_{1a} = A_{2a} \\
\Delta A &= A_{\lambda_2} - A_{\lambda_1} = \Delta \varepsilon b c = (\varepsilon_{2b} - \varepsilon_{1b}) b c_b
\end{aligned}
\tag{2.5}
$$

式中　$A_{1a}$，$A_{1b}$——$\lambda_1$ 处组分 a 和 b 的吸光度值；

$A_{2a}$，$A_{2b}$——$\lambda_2$ 处组分 a 和 b 的吸光度值；

$A_{1s}$，$A_{2s}$——$\lambda_1$ 和 $\lambda_2$ 处的背景吸收，默认其值相等；

$b$——试样厚度；

$c$——试样浓度；

$\varepsilon$——摩尔吸光系数。

$\Delta A$ 与待测组分浓度 $c$ 呈线性关系，可求得 $c_b$，同理也可求得 $c_a$。

$\lambda_1$ 与 $\lambda_2$ 的选择必须注意以下几点：一是干扰组分在这两波长处的吸光度要相等；二是待测组分在这两个波长处必须具有最大差值。在实际操作中，一般是通过作图法确定 $\lambda_1$ 与 $\lambda_2$。

## 4. 示差法

如朗伯-比尔定律所述，分光光度法一般只适用于微量组分的测定。当组分含量较高时，光吸收值 $A$ 较大，将产生较大的读数误差，此时需采用示差法，即以浓度略低于待测组分浓度（$c_x$）的标准溶液（$c_s$）为参比溶液，调 $T\% = 100\%$ 或 $A = 0$，所测得的试样吸光度此时实际为 $\Delta A$，则

$$A_x = \varepsilon b c_x$$
$$A_s = \varepsilon b c_s \qquad\qquad (2.6)$$
$$\Delta A = A_x - A_s = \varepsilon b \Delta c$$

式中　$A_x$，$A_s$——待测组分及空白的吸光度值；

$b$——试样溶液厚度；

$c_x$——待测组分浓度；

$c_s$——空白浓度；

$\varepsilon$——摩尔吸光系数。

示差法测得的吸光度 $\Delta A$ 与 $\Delta c$ 呈线性关系，故 $c_x = c_s + \Delta c$。

## 5. 导数分光光度法

导数分光光度法特别适用于多组分的光谱重叠、浑浊试样、胶体散射和背景吸收干扰严重、精细结构难以获取等特殊情况下的测定。它是通过将吸光度值信号转化为波长的导数信号，从而提高分辨率的一种数据处理分析方法。根据 $I = I_0 e^{-\varepsilon bc}$，对波长求一阶导数，即

$$\frac{\mathrm{d}I}{\mathrm{d}\lambda} = \frac{\mathrm{d}I_0}{\mathrm{d}\lambda} e^{-\varepsilon bc} - \frac{\mathrm{d}\varepsilon}{\mathrm{d}\lambda} I_0 bc e^{-\varepsilon bc} \qquad\qquad (2.7)$$

控制仪器，使入射光强度 $I_0$ 始终保持恒定，即 $\dfrac{\mathrm{d}I_0}{\mathrm{d}\lambda} = 0$，则

$$\frac{\mathrm{d}I}{\mathrm{d}\lambda} = -\frac{\mathrm{d}\varepsilon}{\mathrm{d}\lambda} Ibc \qquad\qquad (2.8)$$

式中　$I$——透光度强度；

$I_0$——入射光强度；

$b$——试样溶液厚度；

$c$——试样浓度；

$\varepsilon$——摩尔吸光系数；

$\lambda$——波长。

以摩尔吸光系数对波长的变化率 $\mathrm{d}\varepsilon/\mathrm{d}\lambda$ 表示，$\mathrm{d}\varepsilon/\mathrm{d}\lambda$ 越大，灵敏度越高，故常选择吸收曲线拐点处以提高灵敏度。一阶导数信号与试样浓度呈线性关系，以此类推，可求得二阶、三

阶、四阶导数对应的光谱信号与浓度仍成正比的关系。吸收峰的数目为导数阶数 +1，阶数越大，峰形越尖，分辨率越高。

## 2.2.9 紫外-可见分光光度法测定条件的选择

有些化合物在紫外-可见区有吸收峰，可直接利用分光光度法定量测定；有些化合物在紫外-可见区无吸收，则可利用特异性显色剂与其反应后再测定。为了使测定结果的准确度及灵敏度更高，必须确定适宜的测量条件，主要包括温度、溶剂极性、pH、波长、吸光度范围、狭缝宽度、显色剂、反应条件及参比溶液的选择等。

### 2.2.9.1 测定波长

测定波长一般选择最大吸收波长 $\lambda_{max}$ 以提高准确度和灵敏度，此时非单色光引起的误差较小。但若最大吸收波长处有共存组分干扰，应根据"干扰最小、吸收最大"的原则，选择灵敏度稍低而不受干扰的次强峰作为测量波长。

### 2.2.9.2 吸光度范围

浓度的相对误差 $\Delta c/c$ 与透光度误差 $\Delta T$ 及透光度 $T$ 有关。控制 $\Delta T = 1\%$，制作 $\Delta c/c$ 与 $T$ 的关系曲线，研究表明，当 $T$ 在 $20\% \sim 65\%$ 之间时，$\Delta c/c$ 最小，此时为最佳读数范围。

$$A = \lg^{1/T} = \varepsilon bc \tag{2.9}$$

对式（2.9）进行微分，得

$$d\lg T = 0.434\,3\frac{dT}{T} = \frac{-\varepsilon}{dc} \ 或 \ d\lg T = 0.434\,3\frac{\Delta T}{T} = \frac{-\varepsilon}{\Delta c} \tag{2.10}$$

将式（2.10）带入朗伯-比尔定律，得

$$\frac{\Delta c}{c} = 0.434\frac{\Delta T}{T\lg T} \tag{2.11}$$

要使式（2.11）的误差 $\Delta c/c$ 最小，对其求导并取极小值，即

$$\lg T = -0.434 = A \tag{2.12}$$

所以，当吸光度 $A = 0.434$ 或 $T = 36.8\%$ 时，吸光度测量误差最小。在有关分光光度技术的具体实验操作中，一般可通过调节待测溶液的浓度，将 $A$ 控制在 $0.2 \sim 0.8$ 之内。

### 2.2.9.3 狭缝宽度

狭缝宽度不仅影响测量的灵敏度，还影响吸光度范围。狭缝太宽，将引入杂色散光，使光的单色性差，造成测量灵敏度降低；狭缝太窄，出射光信号弱，对光吸收弱的组分测定带来困难。因此，吸光度不减小时的最大狭缝宽度为最佳测量狭缝宽度，一般狭缝宽度大约是试样吸收峰半宽度的 1/10。

#### 2.2.9.4　显色剂反应条件

在可见分光光度测定中，常加入显色剂增大测量体系的吸光度值。选用显色剂的要求是反应生成物具有很大的摩尔吸光系数，以提高灵敏度，选择性好，形成的有色化合物的组成恒定，稳定性好，显色条件易于控制；有色化合物与显色剂之间的颜色差别大（至少在 60 nm 以上），显色反应条件易于控制等。显色反应条件，包括显色剂的用量、反应时间、反应温度、溶液的酸碱性、参比溶液等决定测定的准确度、灵敏度及实验的重现性，可在具体实验中进行优化。

常见的显色反应包括配位反应和氧化还原反应。

#### 2.2.9.5　参比溶液的选择

若试样共存组分较少，且对测定波长不产生光吸收，可采用试样溶液作为参比溶液，以消除溶剂等因素的影响。若显色剂或溶液中其他组分在测定波长处有光吸收，则可通过不加入试样，而用相同体积的试样溶液（试样无色时可用蒸馏水或缓冲液）代替试样，其他条件不变，来制作参比溶液。该法可消除试剂组分的光吸收造成的影响。

如果测定体系中存在共存离子的干扰，需予以消除。常见的干扰现象有：共存离子与试剂形成有色配合物，或虽然不形成有色物质但消耗了大量的显色剂；干扰离子本身有颜色；与目的离子结合生成一种解离度更小的化合物等。以上所述现象可通过以下办法有针对性地尝试予以解决：调节体系酸碱度，以提高反应的选择性；尝试加入屏蔽剂，与干扰组分反应，且该反应产物不影响目的组分的测定；更换参比溶液；重新选择测定波长；除去干扰离子或尝试双波长等方法。

## 2.2.10　紫外-可见光谱的应用

紫外-可见光谱除可用于某些微量组分的定性和定量分析外，还可用于反应动力学研究，如速率常数和活化能的测定、$pK_a$ 测定、DNA 的溶解温度（$T_m$）的测定、配合物的组成和稳定常数的测定、弱酸的解离常数的测定及蛋白质等生物大分子的空间构象的判断等。

#### 2.2.10.1　反应动力学研究

若反应体系中仅反应物或产物在某一波长处有特征性光吸收，则可利用紫外-可见光谱法测定该反应的反应速率。如 L-苹果酸脱氢酶催化苹果酸脱氢生成草酰乙酸，烟酰胺腺嘌呤二核苷酸（$NAD^+$）是苹果酸脱氢酶的辅酶，其在反应中得到从苹果酸中脱下的 $H^+$ 和一对电子生成还原型 NADH，而将另一个 $H^+$ 释放在介质中。NADH 在 340 nm 具有特征性光吸收，$NAD^+$ 在 340 nm 处无吸收，因此，可通过 340 nm 吸光度的变化来定义酶促反应速度的快慢。该反应在生化、环境监测领域应用较为广泛。

#### 2.2.10.2　$pK_a$ 的测定

酸碱化学中，若酸或碱中仅一个存在特征性紫外-可见光吸收，则可利用紫外-可见光谱法并结合 Henderson-Hasselbalch 方程测定 $pK_a$。以苯酚为例，苯氧负离子的特征性吸收在 287 nm，以 pH 为横坐标，测定波长 287 nm 处的光吸收值，绘制曲线。光吸收值增加一半时所对应的 pH 即为该化合物的 $pK_a$。

### 2.2.10.3 DNA 的溶解温度的测定

DNA 双螺旋两条链有一半为单链时对应的温度为 DNA 的溶解温度（$T_m$）。由于随着温度的增高，$A_{260}$ 增加，产生增色效应（hyperchromic effect），因此，通过制作光吸收值-温度曲线，其对应的中点即为 DNA 溶解温度。该法可用于估算 DNA 分子中鸟嘌呤（G）和胞嘧啶（C）碱基的比例。

### 2.2.10.4 纯度的鉴定

蛋白质和核酸的纯度鉴定，可用 $A_{280}/A_{260}$ 或 $A_{230}/A_{260}$ 表示。$A_{280}$ 和 $A_{260}$ 分别代表蛋白质和核酸的紫外吸收值。

# 2.3 红外吸收光谱法

红外吸收光谱（infrared absorption spectrometry，IR）是利用物质分子对红外光产生吸收及产生的红外吸收光谱来鉴别分子组成、结构或定量的方法。由于红外光能量不足以使试样发生电子能级跃迁，只能发生分子的振动和转动能级跃迁，因此，红外光谱也称为分子振动转动光谱。振动能级跃迁必然引起转动能级跃迁，因而红外谱图也是一种带状光谱。

红外光谱法是分子结构鉴定和化学组成分析的常用手段之一，较为常用的是根据吸收谱带的峰位置、峰强度及峰形来鉴别分子结构以进行定性分析，但只适用于在振动中伴有偶极矩变化（$\Delta\mu$）的化合物。红外光谱法具有以下优点：特征性强，不受试样物理状态限制，分析速度快且成本低，试样用量少且无损，应用范围广（除单原子分子及同核分子外，几乎所有有机物都有红外吸收），获得的分子结构信息更为精细，已有许多标准谱图可供查询等；但也有解谱困难、谱带重叠严重等缺点。目前，红外光谱法已广泛用于化学分析、生物医药、食品及环境监测等领域。

## 2.3.1 基本原理

### 2.3.1.1 红外光区的划分

红外光（infrared ray）是波长在可见光和微波光（0.8 ~ 1 000 μm）之间的一种电磁波，该区域被称为红外光谱区或红外区。根据应用的需要，将红外光区划分为近红外区（0.8 ~ 2.5 μm，15 000 ~ 4 000 cm$^{-1}$）、中红外区（2.5 ~ 50 μm，4 000 ~ 400 cm$^{-1}$）和远红外区（50 ~

1 000 μm，400～10 cm$^{-1}$），其中中红外区是研究分子振动能级跃迁的主要区域。

### 1. 近红外光区

近红外光区的吸收主要是低能电子跃迁或 X—H 键伸缩振动的倍频（由基态跃迁至第二、三等激发态吸收的频率）和组合频振动吸收产生。与基频相比较，倍频和组合频的峰强度减弱约两个数量级，摩尔吸光系数较小，主要用于某些物质的定量分析，如 O—H 键伸缩振动可用于测定甘油、肼和有机膜等试样中的水，也可定量测定醇和有机酸等；C═O 伸缩振动可用于测定酯、酮和羧酸，其准确度、精确度与紫外-可见吸收光谱接近。近红外光区还可利用漫反射进行未处理固体和液体试样的测定。目前，近红外光主要用于蛋白质、水分、淀粉、油脂及纤维素等的测定。

### 2. 远红外光区

远红外光区的吸收主要是金属有机化合物和金属配合物、一些无机化合物或无机离子及其晶体中重原子的伸缩振动和弯曲振动、气体分子的纯转动跃迁或振动跃迁等。由于远红外光区能量弱，一般不在此区域进行分析。

### 3. 中红外光区

绝大多数有机化合物、无机化合物或它们的结合物的基频吸收基本处于该区域。一方面由于基频是红外光谱中吸收强度最大时所对应的振动，另一方面，现在红外光谱仪的光栅色散系统已被替换为干涉分光系统，因此中红外光不仅适合进行化合物的定性、结构分析，还可以较好地进行定量分析。随傅里叶变换技术的出现，该区域的光也开始应用于表面的显微分析。

由于绝大多数有机化合物和无机离子中化学键的基频吸收都在中红外区，因此，通常所说的红外光谱指中红外光谱。

## 2.3.1.2 分子振动原理

产生红外光谱必须满足两个条件：第一，红外辐射光子的能量与分子振动能级跃迁所需能量相同；第二，辐射与物质间有相互耦合作用，即瞬时偶极距有变化（偶极矩无变化的振动出现在拉曼光谱中）。这是因为只有分子振动时偶极矩作周期性变化，才能产生交变偶极场，并与其频率相匹配的红外辐射交变电磁场发生耦合作用，分子吸收能量跃迁至激发态，此时振动频率不变，振幅增大，具有这样性质的分子称为具有红外活性（infrared active）。必须明确的是，只需分子振动时发生偶极矩变化即表明分子具有红外活性，而与分子是否具有永久偶极矩无关，因此，单质和对称性好的分子的对称伸缩振动无偶极矩变化，不产生红外活性，但 $CO_2$ 除了对称伸缩振动外，其余三种均具有红外活性。

以化学键相连的两个原子类似于弹簧连接的两个球，具有柔性，其在不停地以各种形式振动，振动频率取决于原子质量和化学键的强度。当分子受到频率变化的红外光照射时，如果分子中某个基团的振动频率与其相等，则会产生共振，此时光的能量通过偶极矩的变化传给分子，该基团吸收一定频率的红外光后，分子振动和转动能级由基态向激发态跃迁，使相应区域的透射光强度减弱。

不同原子组成的双原子分子的振动近似于简谐振动（simple harmonic vibration），即将双原子间的化学键视为质量不计的弹簧，两个原子视为各自在其平衡位置附近进行伸缩振动的小球。根据胡克（Hooke）定律，谐振子的振动频率为

$$\nu = \frac{1}{2\pi}\sqrt{\frac{k}{\mu}} \tag{2.13}$$

式中　$\nu$——化学键的振动频率；

　　　$k$——化学键力常数，为将两原子由平衡位置拉伸单位长度（约为 0.1 nm）后的恢复力，与键能和键长有关，$N \cdot cm^{-1}$；

　　　$\mu$——质量为 $m_1$ 和 $m_2$ 的双原子的折合质量（reduced mass），$\mu = \dfrac{m_1 m_2}{m_1 + m_2}$，g。

波数可表示为

$$\sigma = \frac{1}{2\pi c}\sqrt{\frac{k}{\mu}} \tag{2.14}$$

式中　$\sigma$——波数（也可用 $\bar{\nu}$ 表示），其值为 $1/\lambda$，表示每厘米光中波的数目，$cm^{-1}$；

　　　$c$——光速，$c = 3 \times 10^{10}$ cm $\cdot$ $s^{-1}$。

从式（2.14）可以看出，振动跃迁的波数或频率主要取决于化学键力常数 $k$ 和原子折合质量 $\mu$，即取决于分子的结构特征；但实际上分子的振动能量变化是量子化的，分子中原子间、基团间的化学键会相互影响，除了上述化学键力常数和折合质量外，还受到化学结构和化学环境的影响。

以波数 $\bar{\nu}$ 或波长 $\lambda$ 为横坐标、以透光率 $T\%$ 或吸光度 $A$ 为纵坐标作图，所得到的曲线为红外吸收光谱。红外光谱图包括谱带数目、谱带位置、谱带形状（包括尖锐程度和对称性等）和谱带强度等。红外光谱的谱带位置、谱带强度代表了某种分子的结构特点，可鉴别基团的存在与否；谱带强度与某些基团的含量有关，可用于定量或纯度分析。

### 2.3.1.3　多原子分子振动

多原子分子由于原子数目增多，空间结构多样化，其振动光谱的复杂程度远超双原子分子。但可将其振动分解为许多简单的基本振动的线性组合，即简正振动的线性组合。在红外光谱中简正振动的振动形式基本可分为伸缩振动和弯曲振动。简正振动是指分子的质心保持不变，整体不转动，每个原子均在其平衡位置做简谐振动，其振动频率和相位均相等，即每个原子都在同一瞬间通过其平衡位置，且同时达到其最大位移。

#### 1. 伸缩振动

伸缩振动（stretching vibration，$\nu$）是指原子沿键轴方向的伸长和缩短引起的振动，振动时只有键长的变化而无键角的变化。根据振动方向，伸缩振动又可以分为对称伸缩振动（$\nu_s$）和不/反对称伸缩振动（$\nu_{as}$）。双原子分子仅有伸缩振动。

#### 2. 弯曲振动

弯曲振动又称变形振动或变角振动（bending vibration，$\delta$），它指基团化学键的键长不变

而键角发生周期性的变化。弯曲振动分为面内弯曲振动（β）和面外弯曲振动（γ）。面内弯曲振动又分为剪式（δ）和平面摇摆振动（ρ），指的是在几个原子组成的平面内的振动。面外弯曲振动可分为面外摇摆（ω）和扭曲振动（卷曲振动，τ），指的是在几个原子组成的平面外的振动。如 $CO_2$ 对称伸缩振动无红外活性，非对称伸缩振动在 2 349 $cm^{-1}$ 有红外活性。

一般而言，伸缩振动频率高于弯曲振动，不对称伸缩振动频率高于对称伸缩振动，面内弯曲振动频率高于面外弯曲振动频率。

以水分子的振动为例，其为非线型分子，振动自由度为 3 个振动形式，分别为不对称伸缩振动、对称伸缩振动和变形振动（图 2.4）。

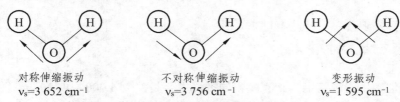

对称伸缩振动          不对称伸缩振动          变形振动
$\nu_s$=3 652 $cm^{-1}$          $\nu_s$=3 756 $cm^{-1}$          $\nu_s$=1 595 $cm^{-1}$

**图 2.4　水分子的振动形式**

### 3. 简正振动的自由度和峰数

振动的数目为振动自由度。如果分子中的原子数目为 $N$，由于每个原子具有 $x$、$y$、$z$ 三维空间，所以分子的总自由度为 $3N$，即 $3N$ 种运动状态。分子总自由度可表示为 $3N$ ＝ 平动自由度 ＋ 转动自由度 ＋ 振动自由度。$3N$ 种运动状态中有 3 个整个分子的质心沿 $x$、$y$、$z$ 轴方向的平移运动和 3 个整个分子的质心绕 $x$、$y$、$z$ 轴的转动运动，这 6 种运动均不是分子振动，因此，非线性分子的振动自由度为 $3N-6$；而对于线性分子，假如贯穿所有原子的轴在 $x$ 轴上，则整个分子只能绕 $y$、$z$ 轴转动，也就是说只有 2 个转动自由度，因而其振动自由度为 $3N-5$。

理想状况下，每个振动自由度代表一次独立的振动，相应产生一个红外峰，即峰数等于自由度，但由于在振动过程中存在诸如无瞬时偶极矩（非红外活性）、频率相同振动的重叠（红外光谱简并）、强峰掩盖弱峰、振动吸收能量太小及红外峰处于非中红外区等原因，引起峰的数目常少于振动自由度数目。如水为非线性分子，振动自由度为 3，应产生三个吸收峰；$CO_2$ 为线性分子，振动自由度为 4，但只出现两个红外峰（2 349 $cm^{-1}$ 和 667 $cm^{-1}$），原因在于 $CO_2$ 的对称伸缩振动是非红外活性的，面内弯曲振动（667$cm^{-1}$）和面外弯曲振动（667$cm^{-1}$）发生红外光谱简并。

### 4. 简正振动的非谐性

分子的振动只是近似于简谐振动，因此，它不可避免地遵循非谐振动的规律，允许分子振动从基态跃迁至任何激发态。如前所述，振动能级从基态跃迁至第一激发态的吸收峰为基频峰，由基态跃迁至其他非第一激发态的吸收峰为倍频峰，如跃迁至第二激发态和第三激发态等所产生的吸收峰分别称为二倍频峰、三倍频峰等，总称为倍频峰。除此之外，还有一些弱峰，是由两个或多个基频峰频率的和或差产生的，相应地称为合峰和差频峰。倍频峰、合峰及差频峰总称为泛频峰，为弱峰，一般在谱图上难以辨认。另外，除特征峰外，其他相互依存、相互佐证的吸收峰，称为相关峰。

## 2.3.2　基团频率和特征吸收峰

红外光谱可以反映物质的分子结构，而不同分子中的相同基团，其振动频率相近，即相同基团的吸收谱带基本一致，将此基团吸收谱带称为特征吸收峰，通常是由基态跃迁至第一振动激发态时产生的，其所对应的频率称为基团频率（group frequency），也称为基频，如—$CH_3$的基团频率为 $2\,800 \sim 3\,000\ cm^{-1}$ 等。基团频率能代表基团的存在，且往往具有较大的吸收强度。如—OH、—$CH_3$、—$CH_2$—等都有各自的特征吸收峰，分子中的其他基团对其吸收位移影响较小。因此，掌握基团频率规律可确定相应基团，进而可鉴定物质的分子结构。

# 2.3.3　谱带的划分

在红外光谱中，用来鉴定分子官能团的区域主要是波数 $4\,000 \sim 1\,300\ cm^{-1}$，这一区域也称为官能团区或基团频率区或特征区。该区吸收峰主要是由基团的伸缩振动所产生的，峰带少，易辨认，是化学键和基团的特征性振动频率区，常被优先用于官能团鉴定。

在 $1\,300 \sim 400\ cm^{-1}$ 范围内，当分子结构发生细微改变时，其指纹区将有细微差异，与结构的相关性很紧密，因而能对应地显示出分子特征，就像人的指纹，称为指纹区。该区对于辨认结构类似的化合物具有重要意义。但指纹区的吸收峰比较密集，不易辨认。该区振动形式除了单键的伸缩振动外，还有 C—H 的弯曲振动。无机化合物的振动频率基本处于这一红外区域。

## 2.3.3.1　官能团区

### 1. $4\,000 \sim 2\,500\ cm^{-1}$ 的 X—H 键伸缩振动区

X 主要是 C、N、O、S 原子。O—H 键的伸缩振动出现在 $3\,650 \sim 3\,200\ cm^{-1}$，可作为判断有无醇、酚和有机酸等的重要依据。当—OH 缔合形成氢键时，O—H 键的伸缩振动峰一般移向低波数处且峰形变宽、峰强增大。有机酸中的—OH 常形成双缔合体，因而这种现象更加明显。胺和酰胺中 N—H 键的伸缩振动也出现在 $3\,500 \sim 3\,300\ cm^{-1}$。要特别注意区分是 N—H 键还是 O—H 键的伸缩振动：—$NH_2$ 为双峰、=NH 为单峰、≡N 无吸收峰。

对于饱和烷烃而言，C—H 键的伸缩振动在 $2\,800 \sim 3\,000\ cm^{-1}$，取代基的影响微乎其微。—$CH_3$ 的伸缩振动在 $2\,960\ cm^{-1}$（$v_{as}$）和 $2\,870\ cm^{-1}$（$v_s$），—$CH_2$ 的伸缩振动在 $2\,930\ cm^{-1}$（$v_{as}$）和 $2\,850\ cm^{-1}$（$v_s$），—CH 的伸缩振动在 $2\,890\ cm^{-1}$ 且强度较弱。

对于不饱和烷烃而言，C—H 键的伸缩振动在 $3\,000\ cm^{-1}$ 以上。苯环中 C—H 的伸缩振动在 $3\,030\ cm^{-1}$，谱带较尖；=CH 在 $3\,010 \sim 3\,040\ cm^{-1}$ 处，=$CH_2$ 在 $3\,085\ cm^{-1}$ 处，三键中的 C—H 键的伸缩振动在 $3\,300\ cm^{-1}$ 处。另外，醛中的羰基碳与氢原子的 C—H 键的伸缩振动为双重峰，在 $2\,740$、$2\,855\ cm^{-1}$ 处。

### 2. $2\,500 \sim 1\,900\ cm^{-1}$ 的三键和累积双键区

主要包括 C≡C、C≡N 等伸缩振动，—C=C=C、O=C=O 等不对称伸缩振动。

端炔 C≡CH 的三键在 2 100～2 140 cm⁻¹ 处，其余炔烃 R—C≡CR 在 2 190～2 260 cm⁻¹ 处。非共轭条件时 C≡N 的伸缩振动在 2 240～2 260 cm⁻¹ 处，共轭条件下其伸缩振动在 2 220～2 230 cm⁻¹ 处。O═C═O 的双键振动在 2 300 cm⁻¹ 处。

### 3. 1 900～1 500 cm⁻¹ 的双键区

C═O 的伸缩振动在 1 900～1 650 cm⁻¹ 处，且峰强度较大，常用来鉴别醛、酮、有机酸和酯等；C═C 的伸缩振动在 1 680～1 620 cm⁻¹ 处，芳香环的 C═C 的伸缩振动在 1 600 cm⁻¹ 和 1 500 cm⁻¹ 附近，常有几个峰，可用于判断芳香环的存在。

需要注意的是 N—H 键的弯曲振动也大致在 1 600 cm⁻¹ 附近。

## 2.3.3.2 指纹区

### 1. 1 500～900 cm⁻¹ 区

该区域除诸如 C—O、C—N、C—S 等单键的伸缩振动和 C═S 等双键的伸缩振动外，还有弯曲振动对应的谱带。如甲基中的 C—H 的对称弯曲振动在 1 375 cm⁻¹，烯烃双键 C—H 弯曲振动在 1 000～800 cm⁻¹ 区。

### 2. 900～400 cm⁻¹ 区

该区域主要用于判断某些化合物的顺反构型。另外，苯环中 C—H 的弯曲振动在 910～650 cm⁻¹ 区，具体信息还需要研究是单取代还是双取代的邻、间、对等。

## 2.3.3.3 常见有机化合物的红外谱带

### 1. 烷烃类化合物

烷烃类化合物主要有 C—H 键的伸缩振动和面内弯曲振动，前者在 3 000～2 850 cm⁻¹ 处出现强的多重峰，常需具体分析，如 —CH₃、—CH₂、—CH 或上述基团的各种含杂原子的衍生物等，其吸收峰均相应出现一定的变化。C—H 键的面内弯曲振动在 1 490～1 350 cm⁻¹ 处，同样，仍需具体考虑含不同氢原子数目时 C—H 键的振动频率，要特别注意 —CH(CH₃)₂ 或 —C(CH₃)₃ 类振动耦合对其振动频率的影响。

### 2. 烯烃类化合物

烯烃类化合物主要有 C═C、═CH 的伸缩振动和面外弯曲振动吸收峰。═CH 的伸缩振动和面外弯曲振动吸收峰分别出现在 3 100～3 010 cm⁻¹ 和 990～690 cm⁻¹ 处，前者较弱，后者强度较大且常用来判断双键的取代、顺反异构等情况。C═C 的伸缩振动在 1 680～1 620 cm⁻¹ 处，强度较小。

### 3. 炔烃类化合物

炔烃类化合物主要有 ═CH 和 C≡C 的伸缩振动吸收峰。前者在 3 300 cm⁻¹ 且峰强而尖；后者在 2 260～2 100 cm⁻¹ 处，但后者含氢数目不同时，振动频率会发生变化，一次取代时，C≡C 的伸缩振动吸收峰在 2 150～2 100 cm⁻¹ 处，两次取代时，在 2 270～2 150 cm⁻¹ 处。

### 4. 芳香烃类化合物

芳香烃类化合物主要有═CH、C═C、泛频区、—CH 的剪式弯曲振动及═CH 的面外弯曲振动。═CH 的伸缩振动在 3 030 cm$^{-1}$；C═C 出现多个峰，但通常以弱的 1 650 cm$^{-1}$ 和强的 1 500 cm$^{-1}$ 峰出现，当有共轭基团相连时，1 580 cm$^{-1}$ 处出现新峰。芳香烃类化合物的 C═C 需要充分考虑取代基、取代的位置和数目及分子的对称性等许多因素对吸收峰位置和强弱的影响。C—H 键面外弯曲振动的倍频和组合频在 2 000～1 660 cm$^{-1}$ 处，常用于表征芳香环的取代类型；—CH 的剪式弯曲振动在 1 230～960 cm$^{-1}$ 处；═CH 的面外弯曲振动在 900～650 cm$^{-1}$ 处有强吸收峰，有助于判断取代基的数目和类型。

### 5. 醇、酚和醚类化合物

醇和酚类化合物的吸收峰主要是 —OH 和 C—O 的伸缩振动。游离的醇和酚 —OH 的振动频率在 3 650～3 600 cm$^{-1}$ 处；固体或液态时，由于分子间氢键的缘故，该吸收带变宽且移向低频处。对伯醇、仲醇、叔醇和酚而言，其 C—O 的伸缩振动分别在 1 050 cm$^{-1}$、1 100 cm$^{-1}$、1 150 cm$^{-1}$ 和 1 230 cm$^{-1}$ 处。对醚而言，C—O—C 的非对称伸缩振动在 1 260～1 050 cm$^{-1}$ 处，但在结构鉴定中意义不大，这是因为醇、酚、酯和羧酸等的 C—O 均会对醚键的吸收提供帮助。

### 6. 羰基类化合物

C═O 类化合物的电负性差距大，偶极矩变化大，吸收峰强，特征性较为明显。一般而言，醛、酮、羧酸、酯、酰胺等的 C═O 的伸缩振动频率分别在 1 725 cm$^{-1}$、1 715 cm$^{-1}$、1 710 cm$^{-1}$、1 735 cm$^{-1}$ 和 1 690 cm$^{-1}$，相应的酰氯和酸酐的 C═O 振动频率更大。

对醛类而言，主要是 C═O 和 C—H 的伸缩振动，有共轭作用存在时，向低频方向移动，出现在小于 1 725 cm$^{-1}$ 处。C—H 的伸缩振动一般在 2 820～2 720 cm$^{-1}$ 处有两个强度接近的吸收峰。

对酮类而言，主要是 C═O 的伸缩振动，同样，有共轭作用存在时，向低频方向移动，如果为环酮，则随环张力的增大向高频方向移动。

对羧酸类而言，主要是 C═O 和 C—O 的伸缩振动及 —OH 的伸缩振动和面外弯曲振动。游离的 —OH 的伸缩振动一般在 3 550 cm$^{-1}$ 处，峰形较尖；缔合的 —OH 的伸缩振动一般在 3 300～2 500 cm$^{-1}$，峰形宽而强；—OH 的面外弯曲振动约在 920 cm$^{-1}$，面内弯曲振动在 1 440～1 300 cm$^{-1}$。C═O 的伸缩振动在 1 725～1 700 cm$^{-1}$，峰宽而强，C—O 的伸缩振动在 1 330～1 210 cm$^{-1}$。羧酸盐负离子在 1 600 和 1 400 cm$^{-1}$ 处分别具有不对称伸缩振动和对称伸缩振动，吸收峰较强，羧酸原有的 C═O 和 —OH 的伸缩振动及 —OH 的面外弯曲振动随之消失。其他羧酸衍生物，如酸酐，有两个 C═O 吸收峰，约 1 820 和 1 750 cm$^{-1}$ 处，1 100 cm$^{-1}$ 处有 C—O 的伸缩振动峰。

对酯类化合物而言，主要是 C═O 和 C—O 的振动。当 C═O 未共轭时，吸收峰在 1 740～1 725 cm$^{-1}$ 处，同样，共轭作用及环内酯中存在的环张力可分别使其向低频和高频方向移动。C—O 的对称伸缩振动和非对称伸缩振动峰出现在 1 300～1 050 cm$^{-1}$ 处。

对酰胺而言，主要有 N—H 的伸缩振动和剪式面内弯曲振动，C═O、C—N 的伸缩振动。N—H 的伸缩振动在 3 500～3 100 cm$^{-1}$ 处，具体如下：游离的伯酰胺吸收峰在 3 500 和 3 400 cm$^{-1}$ 处出现双峰，游离的仲酰胺吸收峰在 3 500～3 400 cm$^{-1}$ 处出现单峰，缔合时，两者均相应移向低频方向。N—H 的伸缩振动峰比 —OH 弱且尖。C=O 的伸缩振动具体如下：游离的伯酰胺和仲酰胺吸收峰分别在 1 690 cm$^{-1}$ 和 1 680 cm$^{-1}$ 处，缔合时，两者均相应移向低频方向，叔酰胺的 C=O 的伸缩振动基本在 1 650 cm$^{-1}$ 处。N—H 的剪式面内弯曲振动具体如下：伯酰胺和仲酰胺分别在 1 640~1 600 cm$^{-1}$ 和 1 570~1 510 cm$^{-1}$ 处，可用于区别伯酰胺和仲酰胺；对伯酰胺和仲酰胺而言，C—N 的伸缩振动分别在 1 400 cm$^{-1}$ 和 1 300 cm$^{-1}$。

### 7. 含氮类化合物

含氮类化合物分为胺类化合物、硝基类化合物和氰类化合物。

对胺类化合物而言，主要有 N—H 的伸缩振动和剪式面内弯曲振动及 C—N 的伸缩振动。N—H 的伸缩振动在 3 500~3 300 cm$^{-1}$ 处，具体如下：伯胺在 3 400~3 250 cm$^{-1}$ 处出现双峰，仲胺在 3 300 cm$^{-1}$ 出现单峰，叔胺则无 N—H 的伸缩振动。伯胺或仲胺各自缔合后均移向低频方向。N—H 的剪式面内弯曲振动：对于伯胺而言，出现在 1 640~1 560 cm$^{-1}$ 处，面外弯曲振动在 900~650 cm$^{-1}$ 处；而仲胺的剪式面内弯曲振动在 1 580~1 490 cm$^{-1}$ 处，几乎观察不到面外弯曲振动。C—N 的伸缩振动：对脂肪胺而言，在 1 250~1 020 cm$^{-1}$ 处，为弱峰；对芳香胺而言，在 1 350~1 270 cm$^{-1}$ 处，为强峰。

对硝基类化合物，主要有 N=O 和 C—N 的伸缩振动，前者出现在 1 650~1 500 cm$^{-1}$ 和 1 390~1 300 cm$^{-1}$ 处，后者出现在 920~800 cm$^{-1}$ 处。

对氰类化合物，主要有 C≡N 的伸缩振动，在 2 300~2 200 cm$^{-1}$ 处，中强峰，峰形尖。

## 2.3.4 影响吸收峰位置的因素

如前所述，红外光谱吸收峰的位置由振动能级差决定，基团频率由成键原子的质量和键力常数决定。但分子中各基团不是孤立的，其邻近化学基团或化学环境的改变均会不同程度地影响基团频率的大小，因而使吸收峰的位置发生变化。主要分为电子效应、空间效应、氢键、振动耦合和 Fermi 共振等。

### 2.3.4.1 电子效应

#### 1. 诱导效应（I 效应）

就整个分子而言，是呈电中性的，但对于各原子，其得失价电子难易不同，因而分子表现出不同的电负性。取代基团的电负性不同，可通过静电诱导引起电子分布发生改变，从而影响键力常数 k 的大小，最终使吸收峰的位置发生改变。如烷基酮，当其烷基被 Cl 原子取代时，基团频率增大，这是因为 Cl 原子的强电负性使氧原子上的电子云转移至 C=O 键间，增加了 C=O 键力常数，基团频率增加，向高波数方向移动。如将 Cl 原子替换为 F 原子，由于 F 原子电负性强于 Cl 原子，诱导效应更为明显，将使 C=O 键的基团频率更加显著地移向高频方向。

#### 2. 共轭效应（C 效应）

共轭效应导致电子云密度有平均化的趋势，使原来双键键长略有变长，键力常数 k 减小，因此，基团频率向低波数方向移动。如烷基酮的 C=O，当其烷基被苯环取代时，由于 C=O 键的 $\pi$ 电子向苯环的离域现象随苯环取代比例的增加而更加明显，双键具有部分单键的性质，即键长增加，键强度降低，最终使 C=O 的基团频率相应向低波数方向移动。

在许多情况下，诱导效应和共轭效应是同时存在的，只需要考虑哪种效应占优势。如当 O、N、X 等杂原子与双键或三键相连时，吸电子诱导效应和给电子共轭效应同时存在。一般而言，当杂原子是吸电子诱导效应占优的卤原子或氧原子时，不饱和键的红外吸收频率移向高波数方向；当杂原子是给电子共轭效应占优的氮原子或硫原子时，不饱和键的红外吸收频率移向低波数方向。

### 3. 中介效应

O、S 及 N 原子的孤对电子与多重键相连时，产生 p-$\pi$ 共轭，类似于共轭效应对基团频率的影响，同时也存在诱导效应，此时，振动频率取决于两者的净效应。

## 2.3.4.2 空间效应

空间位阻是指由于基团的相互靠近等引起电子云密度发生变化，最终使振动频率发生变化，主要包括场效应、空间位阻和环张力作用等。

场效应（field effect）是空间上靠得比较近的基团间沿着空间结构，而不是化学键的静电作用力。

对共轭效应而言，空间位阻常导致共轭效应的共平面性减弱，从而引起红外峰移向高波数方向。另外，空间位阻也可以通过影响键长、键角，致使分子产生"电子张力"来减弱共轭效应。如环己酮、环戊酮和环丁酮的基团频率依次增大，就是由于键角改变所引起环张力产生的。分子量接近的环状化合物吸收频率通常高于链状化合物，也是由环张力造成的。

## 2.3.4.3 氢 键

氢键的形成使电子云密度被平均化，体系能量下降，削弱了 O—H、NH₂ 键的强度，使伸缩振动频率降低。形成的氢键越强，频率下降越明显，同时，谱带强度增大且变宽。但对弯曲振动，氢键的形成使其轻微移向高波数方向，形成的氢键越强，谱带越窄。如羧酸由于 —COOH 与 —OH 间易形成氢键，—COOH 中的 C=O 基团频率降低，因此，液态和固态羧酸（此时羧酸基本为二聚体）的 C=O 振动频率低于游离或气态羧酸（气态时二聚体比例很小，可忽略）。

另外，分子内氢键和分子间氢键对红外谱图的频率、强度和形状的影响不同，前者所导致的变化程度小于后者，即分子内氢键对基团频率的影响不随分子浓度的改变而改变，但分子间氢键则受到分子浓度的影响较大，该方法常用于判断氢键是分子间还是分子内氢键。如 CCl₄ 作为溶剂进行乙醇醇羟基的红外光谱测定，乙醇浓度低于 0.01 mol·L⁻¹ 时，只检测到游离羟基吸收峰；但增大乙醇浓度时发现，该羟基峰减弱，出现了新的强度增强的吸收峰，这是因为随乙醇浓度的逐渐增大，乙醇不再以单分子存在，而是以相互缔合形式出现。一般而言，无论分子内氢键还是分子间氢键，均使吸收峰移向低波数方向。

#### 2.3.4.4 键　级

键级是化学键的级数,即成键原子间化学键的个数。键级影响键能,因而也会影响峰的振动频率。相同原子组成的化学键,其键级越大,振动频率越高,如 $C{\equiv}C$、$C{=}C$ 和 $C{-}C$ 的伸缩振动频率依次降低。

#### 2.3.4.5 不同杂化原子

不同杂化状态的 $C-C$、$C-H$ 键的振动频率不同,主要取决于碳原子的杂化态。一般而言,$sp>sp^2>sp^3$,这是因为 s 成分越多的键,表明其离原子核越近,相应的电负性就越大,键长越短,故键强度越高。当 $C-H$ 键中碳为 $sp^2$ 杂化时,可进一步借助 $C{=}C$ 伸缩振动频率判断该体系是烯烃还是芳香烃。

#### 2.3.4.6 质　量

化学键所连的两个原子的质量不同,会对振动频率的大小产生影响。如 $C-H$、$O-H$、$N-H$ 等由于氢原子的影响导致折合质量较小,红外振动频率出现在高波数处。同一周期元素的原子质量随原子序数的增大虽然差异不大,但由于电负性显著增大,引起键的极性增强,键长有缩短的趋势,振动频率增大。同族元素由于其质量差异较明显,因此,随原子序数的增大,键的伸缩振动频率明显变小。

#### 2.3.4.7 振动耦合

两个振动频率相同或相近的基团相邻并连接于同一原子时,该原子两侧的两个键的振动将会通过公用原子产生相互影响,导致两个键的伸缩振动频率发生两极分化,相应的特征性吸收峰发生分裂,即一个向高频方向移动,另一个向低频方向移动,称为振动耦合(vibrational coupling)。振动耦合常出现在一些二羰基化合物中,如羧酸酐类化合物的两个 $C{=}O$ 相互耦合产生两个强的吸收峰;$-CH(CH_3)_2$ 或 $-C(CH_3)_3$ 的 $C-H$ 剪式面内弯曲振动 $1\,380\ cm^{-1}$ 处分裂出现双峰。

#### 2.3.4.8 Fermi 共振

当较弱的倍频峰或泛频峰与强的基频峰接近时,由于相互作用的影响,弱的倍频峰或泛频峰的红外峰强度增加并发生峰裂分,称为费米共振(Fermi resonance)。

另外,测定条件如浓度、温度、制备方法、试样状态、粒度、溶剂极性、重结晶条件等也会对基团频率造成影响。此处主要介绍试样状态及溶剂对基团频率的影响。气态测定时提供的是游离分子的红外吸收信息,固态或液态时由于分子间缔合及氢键的影响,使吸收峰向低频方向移动,如前述的羧酸受到氢键的影响情况;极性溶剂的伸缩振动频率一般随溶剂极性增加而移向低波数方向,如 $-COOH$ 在气态、非极性溶剂、乙醚、乙醇溶剂中时,基团频率依次为 $1\,780$、$1\,760$、$1\,735$ 和 $1\,720\ cm^{-1}$,这对红外光谱分析是不利的,因此,红外光谱测定通常在非极性溶剂中测定,特别是在进行比对时,务必确保在相同条件下进行。

## 2.3.5  影响谱带强度的因素

物质对红外光的吸收同样符合朗伯-比尔定律，谱带强度分为强（$T\% < 60\%$，s）、中（$T\%$ 80～60%，m）、弱（$T\% > 80\%$，w）、可变（v）等。也可用摩尔吸光系数 $\varepsilon$ 表示，$\varepsilon > 100\,L\cdot mol^{-1}\cdot cm^{-1}$，为很强吸收（vs）；$\varepsilon = 20\sim100\,L\cdot mol^{-1}\cdot cm^{-1}$，为强吸收（s）；$\varepsilon = 10\sim20\,L\cdot mol^{-1}\cdot cm^{-1}$，为中强吸收（m）；$\varepsilon = 1\sim10\,L\cdot mol^{-1}\cdot cm^{-1}$，为弱吸收（w）；$\varepsilon < 1\,L\cdot mol^{-1}\cdot cm^{-1}$，为很弱吸收（vw）。

吸收峰的强度取决于振动过程中偶极矩的变化及能级跃迁的可能性，因此，凡是能影响偶极矩变化或能级跃迁几率的因素，均可影响谱带强度。能级跃迁几率是指基态发生振动能级跃迁处于激发态且达到平衡后，激发态分子占总的分子的比例。跃迁几率越大，谱带强度越强。而跃迁几率又与偶极矩变化（$\Delta\mu$）有关，偶极矩变化越大，谱带强度越大。

### 2.3.5.1  分子振动的对称性

基频振动过程中偶极矩变化与峰强度成正比，但偶极矩变化与分子对称性及键的极性有关。键两端原子的电负性相差越小，对称性越好，振动过程中分子的偶极矩变化越小，相应峰强度越弱。如 C=O 和 C=C 的伸缩振动，C=O 的两个原子间极性差异大，伸缩振动时偶极矩变化大，跃迁几率大，对称性比 C=C 差，所以 C=C 的吸收强度较小。

另外，由于不对称伸缩振动的对称性高于对称伸缩振动，前者吸收强度大于后者。伸缩振动的峰强度大于变形振动的峰强度。

### 2.3.5.2  基团或键的极性

一般而言，极性较强的分子或基团，如 —NH$_2$、—OH、C=O、C—X、R—OR 和 —NO$_2$ 等谱带，偶极矩变化较大，吸收强度较大，均是强峰；而极性较弱的 C=C、C—C、S—S 和 N=N 等吸收强度较小。

### 2.3.5.3  分子振动能级跃迁几率

跃迁几率增加，则峰强度增强，如基频跃迁几率高于倍频，因而基频峰强度高于倍频。跃迁几率减小，则峰强度减弱，如基态跃迁产生的泛频峰。试样浓度越大，跃迁几率越大，峰越强。

### 2.3.5.4  电子效应

若电子效应降低基团的极性，则峰强度降低；反之，峰强度增大。如 C=O 为强极性基团，当其与吸电子基团相连时，C=O 极性下降，峰强度下降。共轭效应相当于增大了 π 电子的离域程度，不饱和键的极性增大（此时，键更容易形变，更容易激发，相当于增加了能级跃迁的几率），伸缩振动强度显著增强。

另外，氢键也可提高键的极性，伸缩振动的峰强度会有一定程度的增加。相似的化学结构和条件下，键的数目也可以影响峰强度。

## 2.3.6　红外光谱仪

### 2.3.6.1　试样要求及准备

试样要求：纯度达到 98%以上；试样不含水；试样的浓度或厚度适中，使 $T$ 在 10%~80% 范围内。

对固体试样，常采用 KBr 压片法（4 000~400 cm$^{-1}$ 区无红外活性）：将干燥的 200 mg KBr 加入玛瑙研钵，充分研磨后，加入其 5%左右的干燥试样（1~2 mg），混合研磨至粒度小于 2 μm，以使光散射降至最低，利用压片机压至透明薄片，以 KBr 片为参比，测定试样的红外光谱。除压片法外，还有石蜡糊法、薄膜法。

对气体试样，可采用气体池进行测定。试样导入前先对玻璃气槽进行抽真空，玻璃气槽两端附有能透过红外光的碱金属卤化物 NaCl 或 KBr 窗片。常用样品池长 5 cm 或 10 cm，容积为 50~150 mL。气体池也需要干燥，以防止水蒸气在中红外区的强吸收。试样测完后，用干燥氮气冲洗。

对液体试样，沸点较低的采用封闭可拆式液体池法，沸点较高的采用液膜法。所用溶剂应确保在测定红外波段内无强吸收，一般配置成 1%~10%的溶液，在官能团区用 CCl$_4$ 做溶剂，在指纹区用 CS$_2$ 做溶剂。液体池的清洗是在红外灯下向池内灌注能溶解试样的溶剂浸泡，最后用氮气吹干溶剂。

### 2.3.6.2　红外光谱仪

目前有两种红外光谱仪：色散型和干涉型。

色散型红外分光光度计由光源、吸收池、单色器、检测器和记录系统组成，一般采用双光束，与紫外-可见分光光度计的构成较为接近。光源为一种能发射高强度连续红外波长的高温黑体惰性固体，电加热可发射高强度的红外辐射。常见的红外光源有能斯特（Nernst）灯和碳棒两种，前者发光强度高、寿命长且稳定性好；缺点是价格昂贵，机械强度差，操作不方便。后者在工作时需要用水冷却与电极相接触部分。单色器由色散器、入射和出射狭缝及反射镜组成。色散元件有棱镜和光栅两种，棱镜易吸水，必须干燥。样品池不能用具有红外吸收的玻璃或石英制作，只用能透过红外光的 NaCl、KBr 等材料制成。试样厚度要适中，不含水，试样组分尽可能预先已进行分离等。由于红外光谱辐射的光子能量较弱，不足以引起光电子发射，因此，红外光谱不可选用光电管或光电倍增管。常用的红外检测器有热检测器和光检测器两种。

傅里叶变换红外光谱仪（Fourier transform infrared spectrometer，FTIR spectrometer）由光源、迈克尔逊（Michelson）干涉仪、检测器、计算机及记录仪组成，无色散元件，但增加了干涉仪和计算机。其工作原理是光源发出的红外光经干涉仪变为两束光，再以不同光程差重新组合，发生干涉现象，形成干涉图。当光程差为 $\lambda/2$ 的偶数倍时，检测器上的相干光相互叠加，产生明线，相干光强度有极大值；相反，光程差为 $\lambda/2$ 的奇数倍，则相干光抵消，产生暗线，相干光强度有极小值，得到干涉强度对光程差的函数图谱。如将红外吸收试样置于干涉仪中，其吸相应特征波数的能量，得到试样干涉图，通过计算机采集信息后经傅里叶变换，获得强度随频率或波数发生相应变化的曲线。傅里叶变换红外光谱仪的特点是信噪比高达 60∶1、杂散光少、重现性好、灵敏度和分辨率高、扫描速度快、光谱范围宽（4 500～6 cm⁻¹）等，可以对样品进行定性和定量分析，广泛应用于医药化工、地矿、石油、煤炭、环保、海关、宝石鉴定、刑侦鉴定等领域。图 2.5 为傅里叶变换红外光谱仪结构示意图。

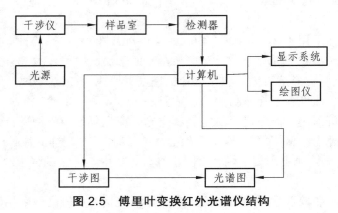

图 2.5　傅里叶变换红外光谱仪结构

# 2.3.7　红外光谱的定性、定量分析

## 2.3.7.1　定性分析

可利用红外光谱对物质进行鉴定，若为纯物质，可将试样图谱与标准图谱比较，若吸收带形状、位置及强度基本一致，说明试样和标准物为同一物质。但并非解析所有吸收峰，一般只要求解析 10%～20%即可。标准图谱可利用计算机进行检索，也可利用文献中图谱，但需注意试样的物态、测定条件及测定仪器与标准物质的一致性。若试样为未知物或新化合物，则先考察该试样的熔沸点、折光率和旋光率等，计算不饱和度，对照特征吸收峰的波数，推测可能存在的官能团；再通过指纹区验证，找出可能存在的官能团的相关峰，以佐证官能团的存在；最后结合其他仪器，如核磁共振、质谱等分析技术确定化合物。

另外，由于红外光辐射的能量远比紫外-可见光低，测定时常采用程序增减狭缝宽度的办法，使狭缝自动增加，补偿能量损耗，保持到达检测器的辐射能量的恒定；但这使狭缝宽度对红外吸收带的峰值及宽度的影响不能忽略，摩尔吸光系数也随红外光谱仪的不同而变化较大，因此，摩尔吸光系数在红外定性鉴别中意义不大。

## 2.3.7.2　定量分析

物质对红外光的吸收也符合朗伯-比尔定律，因此可通过吸收谱带测量物质含量。此法不仅适合固体分析，也适合气体、液体分析；但灵敏度较低，不适合痕量组分定量，其定量功能弱于紫外-可见光谱法。

总之，红外光谱主要用于鉴别化合物基团的种类，苯环或烯烃等的取代类型，但仅依赖红外光谱，有时难以解析谱图，难以最终确定化合物的精细结构，此时往往需要借助诸如气相色谱-红外光谱联用（GC/FTIR）、液相色谱-红外光谱联用（LC/FTIR）、光声-红外光谱（PAS/FTIR）和显微-红外光谱（MIC/FTIR）等才可达到要求。

# 2.4 拉曼光谱法

拉曼（Raman）光谱是基于频率为 $\nu_0$ 光与分子间发生非弹性碰撞的一种散射光谱，本质上仍属于分子光谱。当一束单色光照射物质时，物质中的分子与光子发生相互作用，产生吸收、折射、衍射、反射及散射等弹性碰撞和非弹性碰撞过程。弹性碰撞过程中不存在能量交换，散射光与激发光波长相同，只是改变了光子的传播方向，最终形成瑞利散射（Rayleigh scattering）。而非弹性碰撞则发生能量交换，散射光相应存在比激发光波长长和短的成分，分别称为斯托克斯（Stokes）线和反斯托克斯线。斯托克斯线是指在拉曼散射中，样品分子吸收频率为 $\nu_0$ 的光子，得到的散射光能量减少，在垂直方向上测量到的散射光中，可以检测到的频率为（$\nu_0 - \Delta E/h$）的线；而反斯托克斯线则指光子从样品激发态分子获得能量，样品分子从激发态回到基态，在大于入射光频率（$\nu_0 + \Delta E/h$）处接收到的线。

拉曼光谱分析具有试样不需要预处理，试样不被破坏，操作简便省时，灵敏度高等优点；但也存在振动峰重叠，拉曼散射强度易受光学系统参数影响，荧光现象对傅里叶变换拉曼光谱存在干扰及傅里叶变换拉曼光谱分析的非线性等不足。

# 2.4.1 基本原理

用单色光照射气体、液体或透明晶体试样时，绝大部分光继续按原来方向发生透射作用而透过，一小部分光则按不同角度发生散射，形成散射光。在垂直方向上除了可观察到与原入射光频率相同的发生弹性碰撞的瑞利散射（强度与入射光波长的四次方成反比）外，还可观察到一系列对称分布、较弱的、相对于入射光频率发生改变的非弹性碰撞散射线，由大约 0.1% 的入射光引起，这种光散射称为拉曼散射。

拉曼光谱谱线具有以下特点：拉曼散射谱线的波数随入射光波数的改变而改变；由于斯托克斯线与反斯托克斯线分别相应于得到或失去一个量子的能量，所以其完全对称分布于瑞利散射线两侧；由于处于振动基态的粒子数大于处于振动激发态的粒子数，一般而言，Stokes 线强度大于反 Stokes 线。

拉曼光谱的纵坐标以散射强度表示，横坐标以拉曼位移表示，通常采用相对于瑞利线的位移表示，单位为波数（$cm^{-1}$）。规定瑞利线的位置为零点，位移为正数表示斯托克斯线，位移为负值表示反斯托克斯线。

拉曼谱线的数目、位移大小、谱线长度直接与试样分子的振动和转动有关，因此，拉曼光谱也可用于获得分子振动和转动信息，最终为物质鉴定、结构研究提供补充信息。一般而言，一些红外信号很弱的化学键，如 C—C、N=N、S—S 等，拉曼散射信号很强；一些红外信号强的化学键，其拉曼散射信号却很弱，因此，红外光谱可与拉曼光谱相互补充，以进行结构分析。与红外光谱相比较，拉曼光谱的覆盖范围为 $40 \sim 4\,000\ cm^{-1}$，可用于有机物和无机物分析；水的拉曼散射很微弱，因而可以用水作为溶剂；试样可盛放于玻璃容器中；固体试样可直接测定；激光束聚焦仅有 $0.2 \sim 2\ mm$，辅助拉曼显微镜物镜可进一步聚焦至 $0.02\ mm$，因而不仅试样用量少，而且可分析更小面积的试样；拉曼光谱的谱峰尖锐，比红外更适合定量；拉曼光谱的活性振动必须伴有极化率的变化（极化是分子在外电场下，电子云变形的难易程度）。

## 2.4.2 拉曼光谱仪

拉曼散射光的强度仅是瑞利散射强度的 $1/10^6$，入射光强度的 $1/10^9$，因此，必须提高光照强度以得到较高的灵敏度。拉曼光谱仪主要分为色散型激光拉曼光谱仪、傅里叶变换拉曼光谱仪和共焦激光拉曼光谱仪。

色散型激光拉曼光谱仪主要由激发光源、样品室、单色器、检测器组成。激发光源要求单色性好，照射试样时产生的散射光强度大，常用激光；样品室的作用是使激光聚焦至试样上产生散射，并将散射光聚焦至单色器入射狭缝上；单色器的作用是分离频率接近拉曼散射的瑞利散射和其他散射光，以消除其对拉曼光谱的干扰；检测器的作用是将光信号转换为电信号，以克服拉曼散射弱信号的缺点，从而提高灵敏度。激光拉曼光谱仪结构如图 2.6 所示。

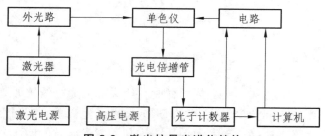

图 2.6 激光拉曼光谱仪结构

傅里叶变换拉曼光谱仪是以近红外激光为激发电源，通过引入傅里叶变换技术而发展起来的光谱仪器，其与激光拉曼光谱仪的不同之处在于引入了迈克尔逊干涉仪和特殊的滤光器。

## 2.4.3 两种主要的拉曼光谱分析技术

### 2.4.3.1 表面增强拉曼光谱法（surface enhanced Raman scattering，SERS）

当某些分子吸附在银电极、氧化银或氯化银溶胶等活性基质的粗糙表面上时，前者由于局域表面等离子激元被激发引起电磁增强，后者由于粗糙表面上的原子簇及其吸附的分子构成拉曼增强的活性位点引起增强效应，从而给出表面分子结构信息，其灵敏度提高 $10^4 \sim 10^7$

倍。该法广泛用于表面配合物、生物界面性质、生物分子的构型构象、痕量有机物及分子吸附动力学研究等方面。

影响表面增强拉曼光谱的因素有：吸附金属及金属化合物的种类、激发光光源频率、金属及金属化合物的表面粗糙程度、被吸附分子与金属表面的距离等。

### 2.4.3.2　共振拉曼光谱法

当激发光频率与待测分子电子吸收频率接近时产生共振拉曼效应，从而使拉曼谱带强度增强 $10^4 \sim 10^6$ 倍，可以检测到泛频和组合频的振动，其强度有时大于基频强度。通过改变激发频率，可使其仅与试样中某一物质发生共振，因而对某一物质的研究具有选择性。

共振拉曼光谱的应用主要体现在环境污染物监测、液态煤组分测定、人工合成金刚石检测以及蛋白质二级结构的测定和鉴定。存在需要连续可调的激光器以满足不同试样在不同区域的吸收，试样本身或杂质引起的荧光干扰等不足。

## 2.4.4　拉曼光谱的定性和定量分析

### 2.4.4.1　拉曼光谱的定性分析

拉曼光谱定性分析主要用于化合物种类、特殊结构的鉴别，与红外互为补充。化学键或化学基团的鉴别主要是根据拉曼光谱的位移大小、强度以及拉曼峰形等。若辅以偏振技术，拉曼光谱还可进行分子异构体的判断。具体是利用拉曼光谱标准谱图的自动检索功能对未知化合物进行比对，如果拉曼光谱的位移、形状以及强度均吻合，则证明为同一种物质。一些常见基团的拉曼特征频率见表 2.5。

表 2.5　常见基团的拉曼特征频率

| 基团 | 振动形式 | 特征频率/cm$^{-1}$ |
|---|---|---|
| O—H | $v$(O—H) | 3 000 ~ 3 650 |
| N—H | $v$(N—H) | 3 300 ~ 3 500 |
| ≡C—H | $v$(≡C—H) | 3 300 |
| =C—H | $v$(=C—H) | 3 000 ~ 3 100 |
| —CH | $v$(—C—H) | 2 800 ~ 3 000 |
| —S—H | $v$(—S—H) | 2 550 ~ 2 600 |
| C≡N | $v$(C≡N) | 2 220 ~ 2 255 |
| C≡C | $v$(C≡C) | 2 100 ~ 2 250 |
| C=O | $v$(C=O) | 1 680 ~ 1 820 |
| C=C | $v$(C=C) | 1 500 ~ 1 900 |
| C=N | $v$(C=N) | 1 610 ~ 1 680 |
| N=N | $v$(N=N) | 1 550 ~ 1 580；1 410 ~ 1 440 |

| 基团 | 振动形式 | 特征频率/cm$^{-1}$ |
|---|---|---|
| NO$_2$ | $\nu$(NO$_2$) | 1 530~1 590；1 340~1 380 |
| C—SO$_2$—C | $\nu$(SO$_2$) | 1 310~1 350；1 120~1 160 |
| C—SO—C | $\nu$(SO) | 1 020~1 070 |
| C=S | $\nu$(C=S) | 1 000~1 250 |
| —CH$_2$、—CH$_3$ | $\delta$(CH) | 1 400~1 470 |
| —CH$_3$ | $\delta$(CH) | 1 380 |
| O—C（Ar） | $\nu$(O—C) | 1 450~1 470 |
| O—C（R） | $\nu$(O—C) | 600~1 300 |
| C—S（Ar） | $\nu$(C—S) | 1 080~1 100 |
| C—S（R） | $\nu$(C—S) | 630~790 |
| O—O | $\nu$(O—O) | 845~900 |
| Si—O—Si | $\nu$(Si—O—Si) | 1 000~1 110；450~550 |
| C—Cl | $\nu$(C—Cl) | 550~800 |
| C—Br | $\nu$(C—Br) | 500~700 |
| C—I | $\nu$(C—I) | 480~660 |

引自：杜一平,《现代仪器分析方法》。

### 2.4.4.2 拉曼光谱的定量分析

利用拉曼光谱谱线强度与试样分子浓度成正比的关系进行定量分析，公式可表示如下：

$$\varphi_R = 4\pi \cdot \varphi_L \cdot A \cdot N \cdot L \cdot K \cdot \sin^2 \frac{\theta}{2} \tag{2.15}$$

式中　　$\varphi_R$——拉曼散射的光通量；

　　　　$\varphi_L$——入射到试样上的激光通量；

　　　　$A$——拉曼散射系数；

　　　　$N$——试样子浓度；

　　　　$L$——试样体积；

　　　　$K$——影响系数；

　　　　$\theta$——拉曼光束张角。

# 2.5 分子发光分析法

分子发光分为荧光（fluorescence）、磷光（phosphorescence）、生物发光（bioluminescence）、

化学发光（chemiluminescence）及散射光（light scattering）等。某些物质的分子吸收一定的能量后跃迁至较高的激发态，当其返回基态时伴随着光辐射，这种现象称为分子发光。根据分子受到激发时吸收能源或辐射光的不同，分子发光可分为：以光能辐射而激发发光的现象称为光致发光，分为荧光和磷光；以电能激发而发光的为电致发光；分子吸收化学能而激发发光，称为化学发光；生物体酶催化释放能量激发的化学发光，称为生物发光。

分子发光分析法具有灵敏度高、选择性较好、方法简单、样品用量少等优点，广泛用于传感、生物、环境监测等领域。

## 2.5.1　分子荧光和磷光

### 2.5.1.1　基本原理

每个分子均具有分立能级，即电子能级，每个电子能级包含一系列的振动能层和转动能层。分子的总能量由电子能级能量、振动能级能量和转动能级能量组成，其能级复杂程度高于原子能级。具有不饱和基团的基态分子，其最低振动能层分子吸收辐射能量后跃迁至激发态，激发态不稳定，在极短时间内释放光子，衰变至基态，称为"发光"。无论是光致激发还是去激发，分子中价电子均处于不同自旋状态，通常用电子自旋的多重性表示。

电子自旋状态的多重度（multiplicity）用 $M = 2S + 1$ 表示，$S$ 为电子总自旋量子数（取值 $1/2 - 1/2$ 或 $1/2 + 1/2$）。大多数分子含有偶数电子，根据泡利（Pauli）不相容原理，基态分子同一轨道上的两个电子自旋方向相反，为单重态。若分子所有轨道中的电子均是自旋相反，则 $S$ 为 0，$M = 1$，为单重态（singlet state），无顺磁性，用"S"表示，$S_0$、$S_1$、$S_2$ 分别代表基态、第一、第二激发单重态。当分子吸收能量后，分子中的电子发生跃迁，其自旋方向未发生改变，则分子处于激发单重态；如果分子吸收能量后，在跃迁过程中自旋方向发生改变，此时 $S = 1$，$M = 3$，分子处于激发三重态（triplet state），有顺磁性，用"T"表示，$T_1$、$T_2$、$T_3$ 分别代表第一、第二、第三激发三重态。

根据洪特（Hund）规则，平行自旋比反平行自旋（配对）稳定，因此，三重态能级低于相应的单重态。单重态是所有电子自旋都配对的分子的电子状态，三重态是激发态分子中两个价电子自旋平行的电子状态。基态的特点是电子自旋配对，电子多重度为 $2S + 1 = 1$，为单重态，以 $S_0$ 表示；激发单重态的特点是分子吸收能量后，电子自旋仍配对，为单重态，称为激发单重态；激发三重态的特点是分子吸收能量后，电子自旋不再配对，为三重态，称为激发三重态。

当分子受照射时，基态分子吸收光能发生电子能级跃迁，由基态跃迁至更高的单重态，电子自旋方向没有发生改变（相反），净自旋为零，这种跃迁符合光谱选律，允许跃迁，如 $S_0 \rightarrow S_1$。如果分子中电子跃迁过程伴随自旋方向改变（平行），由基态单重态跃迁至激发三重态时，净自旋不为零，这种跃迁不符合光谱选律，为禁阻跃迁，如 $S_0 \rightarrow T_1$。常见的有机分子的电子跃迁方式主要有 $n \rightarrow \pi^*$ 和 $\pi \rightarrow \pi^*$，因此，$S_1$ 为 $n \rightarrow \pi^*$ 第一激发单重态，$S_2$ 为 $\pi \rightarrow \pi^*$ 第二激发单重态，相应地，$T_1$ 为 $n \rightarrow \pi^*$ 第一激发三重态，$T_2$ 为 $\pi \rightarrow \pi^*$ 第二激发三重态。

### 2.5.1.2　去激过程

处于激发态的分子通过振动弛豫、内转换、外转换、系间跨越等非辐射跃迁方式，或荧光及磷光发射等辐射跃迁形式返回基态，完成去激过程。激发态分子返至基态时，如果不伴随发光现象，则为非辐射去激或非辐射跃迁。

#### 1. 振动弛豫

同一电子能级中，激发态分子将多余的能量以热交换形式传递给周围分子，其自身从高振动能级跃迁至较低的相邻振动能级，称为振动弛豫（vibrational relaxation，VR）。速度较快，一般在 $10^{-14} \sim 10^{-12}$ s 完成。

#### 2. 内转换

当两个电子能级非常接近，其振动能级间有可能产生重叠时，相同多重态间的转换称为内转换（internal conversion，IC）或内转移，如 $S_2 \rightarrow S_1$ 及 $T_2 \rightarrow T_1$。内转换过程的速率取决于两个能级间的能量差，一般在 $10^{-13} \sim 10^{-11}$ s 完成。

#### 3. 外转换

激发态分子与溶剂或其他溶质分子间发生相互作用，随之能量被转换，引起荧光或磷光强度减弱或消失的现象称为外转换（external conversion，EC）。外转换使荧光和磷光减弱或猝灭，也称外转换为"猝灭"（quenching）。能与发光分子相互作用而导致荧光强度下降的物质称为猝灭剂。如 $O_2$ 是较为常见的荧光猝灭剂，因此，实验中须首先除去溶液中的氧；其他的荧光猝灭剂如具有重原子效应的溴化物、碘化物、胺类等，其中，胺类是大多数未取代芳烃的有效猝灭剂，卤素对奎宁有猝灭作用。这说明荧光猝灭剂与荧光分子间的作用具有选择性。

荧光猝灭分为静态猝灭和动态猝灭，静态猝灭是猝灭剂与荧光物质的基态间相互作用导致的猝灭。动态猝灭是猝灭剂与荧光物质的激发态间相互作用导致的猝灭，其并不改变荧光分子的吸收光谱，如 1-萘胺的荧光在碱性溶液中发生猝灭现象，但吸收光谱无变化。

荧光的自猝灭原因可能是荧光辐射的自吸收，荧光分子的激发态与基态形成二聚体，基态荧光分子的缔合等。

猝灭还有电荷转移猝灭、转入三重态猝灭及光化学反应猝灭等。

#### 4. 系间跨越

不同多重态或有重叠的转动能级间通过自旋-轨道耦合改变电子自旋的非辐射跃迁，称为系间跨越（intersystem conversion，ISC），如 $S_1 \rightarrow T_1$。由于发生系间跨越时电子需要转向，不再配对，属于禁阻跃迁，难度大于内转换，一般为 $10^{-6} \sim 10^{-2}$ s。另外，氧分子等顺磁性物质也可增加系间跨越，使荧光减弱。

#### 5. 荧光发射

在 $10^{-9} \sim 10^{-7}$ s 内，电子由 $S_1$ 的最低振动能级跃迁至基态 $S_0$ 各振动能级时产生的辐射，称为荧光发射，多为 $S_1 \rightarrow S_0$ 跃迁。荧光是相同多重态间的允许跃迁，产生速度快，称为快速荧光或瞬时荧光。当外部辐射停止时，荧光随之熄灭。由于有不同程度损耗，发射荧光的能量小于分子吸收的能量，即荧光波长较激发波长长一些。

延迟荧光是指某些分子跃迁至 $T_1$ 态后，发生相互碰撞或通过激活作用重新回到 $S_1$ 态，再经振动弛豫至 $S_1$ 态的最低振动能级时，再发射荧光的现象，也称为慢速荧光。

### 6. 磷光发射

受激分子的电子降至单重态 $S_1$ 的最低振动能级后，不发射荧光，而是经系间跨越跃迁至第一激发三重态 $T_1$ 的振动能级，经快速振动弛豫至 $T_1$ 的最低振动能级，当无其他竞争过程时，在 $10^{-4} \sim 10\ s$（$S_0 \rightarrow T_1$ 是禁阻的，$T_1 \rightarrow S_1$ 的跃迁需要改变电子自旋，故发光速度较慢）内跃迁至基态 $S_0$ 的各振动能级所发出的光，称为磷光，多为 $T_1 \rightarrow S_0$ 跃迁。当光照停止后，磷光仍可持续一段时间。分子相互碰撞的无辐射能量损耗较大，因此，磷光的波长更长。一般而言，$\lambda_{磷} > \lambda_{荧} > \lambda_{激}$。

荧光与磷光的区别在于荧光是电子从激发单重态的最低振动能层跃迁至基态各振动能层产生的，$\pi \rightarrow \pi^*$ 跃迁易产生荧光；而磷光是电子从激发三重态的最低振动能层跃迁至基态各振动能层产生的，$n \rightarrow \pi^*$ 跃迁易产生磷光。一般而言，分子结构具有 $\pi \rightarrow \pi^*$ 或 $n \rightarrow \pi^*$ 跃迁类型时易产生荧光，但前者荧光效率高，后者由于发生系间跨越，磷光更强。荧光分子的去激活过程见图 2.7。

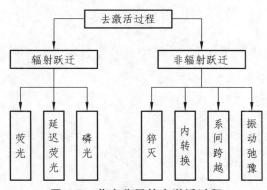

图 2.7　荧光分子的去激活过程

## 2.5.1.3　激发光谱和发射光谱

激发光谱是通过固定发射波长，改变激发波长，以激发光波长为横坐标、发射光强度为纵坐标绘制激发光谱，获得最大激发波长。无论如何改变发射波长，在给定条件下，同一荧光物质的激发波长只发生曲线高低的变化，而不发生形状改变，即只影响灵敏度，这是因为分子吸收强度大的波长正是激发作用强的波长。

发射光谱是固定激发波长，改变发射波长，以发射光波长为横坐标、发射光强度为纵坐标绘制发射光谱，获得最大发射波长。这是因为当分子吸收不同大小的能量后，无论电子被激发跃迁至高于 $S_1$ 的哪一激发态，其随后均经过非辐射的振动弛豫和内转换等过程，降至 $S_1$ 的最低振动能级，然后再跃迁至基态，产生荧光，因此，发射光谱的形状、波长与电子被激发到哪一个电子能级无关，也就是说与激发波长无关。

由于物质吸收能量的同时也是激发过程，因此，激发光谱与吸收光谱形状相似。另外，荧光发射光谱与其吸收光谱成镜像对称关系。由于分子吸收能量成为激发分子，其通过振动弛豫失去振动能，或与溶剂分子发生碰撞而损失部分能量，因此和激发过程相比较，发射出现了能量损耗，引起发射波长比激发波长更长，能量比激发光小，这种现象称为斯托克斯（Stokes）位移。

#### 2.5.1.4 荧光量子产率

并不是任何物质都能发射荧光，荧光的产生必须具有与辐射频率相适应的分子结构和一定的荧光量子产率（fluorescence quantum yield，$\varphi_f$）。荧光量子产率是指物质发射荧光的能力，$\varphi_f$越大，辐射跃迁几率越大，发射荧光能力越强。通常用荧光物质吸收光后发射的光子数与吸收的激发光光子数之比，或发射荧光强度与吸收光的强度之比表示荧光量子产率。荧光量子产率$\varphi_f$可描述如下：

$$\varphi_f = \frac{\text{荧光分子数}}{\text{激发态分子数}} \tag{2.16}$$

$\varphi_f$与激发态能量释放的速率常数有关，如外转换过程太快，不出现荧光发射。

#### 2.5.1.5 荧光强度

荧光强度$I_f$与吸收的光强度$I_a$及量子产率$\varphi_f$的乘积成正比，即

$$I_f = I_a\varphi_f = (I_0 - I)\varphi_f$$
$$A = \lg\frac{I_0}{I} \tag{2.17}$$
$$I = I_0 10^{-A}$$

式中　$A$——吸光度；

　　　$\varphi_f$——荧光量子产率；

　　　$I_a$——吸收的光强度；

　　　$I_0$——入射光强度；

　　　$I_f$——荧光强度；

　　　$I$——透射光强度。

经整理以上各式，得

$$I_f = \varphi_f I_0(1-10^{-A}) = \varphi_f I_0(1-e^{-2.303A}) \tag{2.18}$$

将式（2.18）展开，当$A<0.05$时，忽略展开后第二项后的其余各项，经过简化，可得

$$I_f = 2.303I_0A\varphi_f = 2.303I_0\varepsilon bc\varphi_f \tag{2.19}$$

式中　$A$——吸光度；

　　　$\varphi_f$——荧光量子产率；

　　　$I_0$——入射光强度；

$\varepsilon$——摩尔吸光系数；

$c$——试样浓度；

$b$——光程。

因此，在极稀溶液中（$A<0.05$），当入射光强度 $I_0$ 和光程 $b$ 一定时，溶液的荧光强度与荧光物质的浓度成正比，这是荧光分析法测定痕量或微量组分的定量依据。但当溶液较浓（$A>0.05$）时，由于自吸收（self-absorption）和自猝灭（self-quenching）等原因，荧光强度与浓度无线性关系，甚至出现随浓度增加荧光强度下降现象。

## 2.5.1.6　荧光及其强度的影响因素

荧光及其强度的影响因素分为化学结构因素和化学环境因素，前者如共轭效应、刚性平面结构、取代基团、金属离子配合物等，后者如溶剂、温度、pH、内滤光、自吸收及散射光等。一般而言，具有较强荧光发射的分子，通常都具有较大的共轭π键体系、给电子基团或刚性平面结构等。饱和有机化合物和非共轭体系不具有荧光现象。

### 1. 化学结构因素

（1）共轭效应

分子结构具有共轭效应时易产生荧光，共轭程度越大，π电子离域作用越强，越易被激发而产生荧光，荧光效率增加且荧光波长发生红移。因此，绝大多数芳香族化合物或杂环化合物能发生荧光。

（2）刚性平面结构

分子结构具有苯环、稠环和杂环等刚性平面结构时，可减少分子振动，降低分子振动频率，减少溶剂对其可能的荧光猝灭作用，因而，减少了碰撞去活的可能性，有利于荧光的产生。如荧光素与酚酞，前者通过氧桥使三个苯环共平面而具有荧光现象；后者由于不存在氧桥，共平面差，因而不产生荧光。

酚酞　　　　　　　　　　　　　　　　荧光素

（3）取代基团

取代基团的电子效应对荧光分子的结构和强度的影响，如 —NH$_2$、—OH、—OR、—NR$_2$ 等具有 p-π 共轭效应的给电子基团，使荧光波长向长波长方向移动，荧光强度增强；相反，—NO$_2$、—COOH、—COOR、—SH 等吸电子基团，使荧光波长向短波长方向移动，荧光强度减弱。另外，—NH$_3^+$、—R、—SO$_3$H 等发生取代时对荧光产生和强度的影响不明显。

但当芳环上的氢原子被 —X 取代后，系间跨越增强，荧光减弱而磷光反而有所增强，且荧光强度随 —X 的原子量增加而减弱，磷光随 —X 的原子量增加而增强，该现象称为重原子效应（heavy atom effect）。产生重原子效应的原因在于原子量较大原子的引入使荧光分子中自旋轨道耦合作用增加，造成分子激发态的单重态和三重态电子在能量上更加接近，即能量差减小，最终导致产生荧光的几率下降而产生磷光的几率增大。

（4）金属离子配合物

某些金属离子配合物也是很好的荧光体，可用于痕量金属的测定。同时，部分有机化合物为弱荧光体或不发射荧光，如8-羟基喹啉（结构见右）为弱荧光体，但当其与 $Al^{3+}$、$Mg^{2+}$ 形成配合物后，增强了刚性结构，荧光程度增强，从而产生荧光。

**2. 化学环境因素**

（1）溶剂

除折射、散射和介电常数等一般性溶剂效应外，溶剂的极性、氢键、水合作用及配位键等的形成均会使同一物质在不同溶剂中的荧光图谱发生改变。一般来说，溶剂极性增大，荧光波长向长波长方向移动，荧光强度增大。另外，体系中存在表面活性剂等因素也会影响荧光的强度。

（2）温度

当温度升高时，分子所获得的激发能有可能转化为基态的振动能，随之发生振动弛豫而丧失能量，荧光量子产率下降，荧光强度减弱；当温度下降时，介质黏度增大，荧光物质与体系中分子的碰撞几率减少，荧光量子产率增加，荧光强度增加。由于荧光强度对温度变化较为敏感，且低温有利于提高荧光分析的灵敏度，实验中应严格控制低温操作。

另外，磷光对温度的相对敏感性，进行磷光测定时应比荧光更严格控制低温。一般而言，辐射跃迁速率是非温度依赖的，而非辐射跃迁速率有显著的温度正相关性。

（3）pH

溶液 pH 会影响荧光分子中可能存在的酸性基团或碱性基团解离，从而导致其电子构型发生改变，最终使荧光强度和图谱发生变化，甚至消失。因此，实验中需要严格控制 pH。如共轭酸碱对的苯胺和苯酚，前者在 pH 5～12 范围内产生蓝色荧光，但当 pH<5 或 pH>12 时，无荧光产生；后者在 pH≈1 时有荧光，pH≈13 时无荧光。但当两个苯环相连时，如 $\alpha$-萘酚，酚羟基未解离的分子形式无荧光，酚羟基解离时的分子形式反而有荧光。

（4）内滤光作用

如激发光或发射荧光被溶液中存在的某种物质吸收，则荧光强度就会减弱，称为内滤作用。如当色氨酸中含有重铬酸钾时，重铬酸钾吸收色氨酸的发射峰，使色氨酸的荧光强度显著降低。

（5）自吸收作用

荧光物质发射的荧光被其自身的基态分子所吸收的现象，也即荧光发射光谱的短波长端与其吸收光谱的长波长端重叠时产生自吸收，如蒽化合物。

（6）散射光

Raman 光覆盖波长范围较宽，其发射的散射光对荧光测定有一定干扰。

### 2.5.1.7 荧光光谱仪的构造

荧光光谱仪由激发光源、单色器、样品池、检测器及显示器组成（图2.8）。与分光光度计的不同之处是：荧光光谱仪具有两个单色器（激发单色器和发射单色器），激发光与检测器成直角，且荧光分析采用垂直测量方式。激发光源常采用氙灯和高压汞灯以满足连续、发射强度大等要求。两个单色器，一个用于分离所需的激发光，以选择最佳激发波长$\lambda_{ex}$，另一个用于滤掉杂散光或干扰光，以选择最佳发射波长$\lambda_{em}$。单色器采用光栅，其灵敏度高，波长范围宽。样品池用熔融石英方形池，无荧光发射，四面均透光，因此只能接触棱或最上边部分。检测器一般为光电管或光电倍增管，负责将光信号转换为电信号并放大转换为相应的荧光强度。

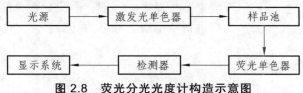

**图2.8 荧光分光光度计构造示意图**

## 2.5.2 化学发光

### 2.5.2.1 基本原理

化学发光是近20年发展起来的一种新型、灵敏度高的分析方法。它是指物质在进行化学反应时产生的化学能被基态分子吸收，从而使基态分子跃迁至激发态的各个不同能级，激发态分子经过非辐射跃迁至第一电子激发态的最低能级，再次辐射能量回到基态，产生光辐射的现象；或将能量转移至一个合适的受体上，该受体再以光的形式释放能量，产生敏化化学发光（sensitized chemiluminescence）的现象。化学发光要求化学反应是放热反应（反应焓150～400 kJ·$mol^{-1}$）；反应途径有利于形成电子激发态；激发态分子须以辐射跃迁的方式返回基态。化学发光属于冷光，不需要光、热或电场等外源性激发光源，因而避免了瑞利散射和拉曼散射等噪声的影响。另外，反应产生的能量主要用于发光而非使发光体温度升高，因而化学发光的发射波长与温度无关。

化学发光具有灵敏度高、线性范围宽、选择性好、仪器设备简单、无需光源和单色器、易自动化及分析速度快等优点，从而在生物工程、分子生物学、临床和环境领域应用越来越广；但也存在如发光时间较短、发光强度峰值衰减时间短、光背景值高、实验重现性差、可选择的发光体系有限及发光机理不明朗等问题。

### 2.5.2.2 分 类

能够化学发光的化合物多为有机化合物，特别是芳香族化合物。发光反应一般为氧化还原反应，且化学发光持续时间较长。化学发光按化学反应类型分为酶促化学发光（如辣根过氧化物酶系统、碱性磷酸酶系统和黄嘌呤氧化酶系统）及非酶促化学发光（如$Fe^{3+}$-鲁米诺系统）。按发光持续时间分为闪光（flash type）和辉光（glow type）。闪光发光时间在几秒之内，如吖啶酯；而辉光的发光时间较长，在10 min以上，如黄嘌呤氧化酶系统。按反应机理可分为自身化学发光、敏化化学发光。化学效率取决于化学反应本身，发光效率取决于发光分子自身的结构和性质，也受环境的影响。化学发光效率$\varphi_{cl}$为发射光量子的分子数与参加反应的分子数之比，或取决于化学效率$\varphi_{ce}$和发光效率$\varphi_{cm}$的乘积，即

$$\begin{aligned}\varphi_{cl} &= \frac{发射光量子分子数}{参加反应分子数} \\ &= \frac{激发态分子数}{参加反应分子数} \times \frac{发射光量子分子数}{激发态分子数} \\ &= \varphi_{ce}\varphi_{cm}\end{aligned}$$

（2.20）

以发光时间为横坐标、化学发光强度为纵坐标绘图，曲线的积分面积代表发光总强度，其与待测组分的浓度成线性关系，可进行待测组分浓度的计算。

### 2.5.2.3 影响化学发光的因素

影响化学发光的因素有：化学发光剂、催化剂、增敏剂、溶剂及缓冲体系等化学发光体系组成的影响；溶液 pH 影响待测组分及发光分子的存在状态或产生副反应等，通过发光强度-pH 曲线确定每个反应体系的最佳 pH；通过发光强度-浓度关系确定各组分的最佳浓度范围；共存组分可增强或降低发光强度，通过优化实验尽可能排除或降低其带来的干扰。

### 2.5.2.4 常见的化学发光体系

#### 1. 鲁米诺化学发光体系

鲁米诺具有量子产率高、易合成、水溶性好等特点，广泛用于免疫和非免疫分析研究。鲁米诺的化学发光原理是氧化还原反应。在碱性条件下，鲁米诺被过氧化氢氧化，发生化学发光反应，辐射最大波长 425 nm 的光。但鲁米诺氧化发光速度较慢，需要添加某些酶类或金属离子催化剂等，如辣根过氧化物酶、黄嘌呤氧化酶及 $Fe^{3+}$、$Cu^{2+}$ 等。金属离子的浓度越大，发光强度越大，发光强度与催化剂浓度呈线性关系。还可通过某些有机化合物抑制鲁米诺，以测定有机化合物浓度等。

#### 2. 光泽精化学发光体系

光泽精硝酸盐在碱性环境中被过氧化氢氧化为四元环过氧化物中间体，随后发生裂解生成激发态的吡啶酮而发光。另外，光泽精与还原剂作用产生微弱的化学发光，可用于测定临床医学上一些重要物质，如抗坏血酸、肌酐和谷胱甘肽等。

## 2.5.3 生物发光

生物发光是生物体利用酶促化学反应产生的能量来激发分子发光，本质上仍然属于化学发光。如萤火虫、水母、真菌和部分细菌等，萤火虫在荧光素酶的作用下并利用 ATP 酶解荧光素，生成激发态氧化型荧光素，当其返回基态时，多余的能量以光子形式释放出来。生物发光可用于监测细菌污染情况、癌症化疗情况及基因表达情况等。

### 2.5.3.1 内源荧光

内源性荧光指生物组织自身存在的光敏物质或荧光团，当受到光辐射时可发出荧光。较为常见的内源性荧光多为含共轭双键的结构，如维生素 A，卟啉，芳香族氨基酸如苯丙氨酸、酪氨酸和色氨酸，核黄素，叶绿素以及运用较为广泛的 NADH 等。

**1. 含芳香族氨基酸的蛋白质**

Phe、Tyr 和 Trp 是蛋白质产生荧光的主要原因，其在 280 nm 波长的激发光激发下，在 320 ~ 350 nm 波长处产生荧光，称为内源性荧光。荧光发射峰依次为 282 nm、303 nm 和 348 nm，其中 Trp 的荧光强度最大，Phe 的荧光强度最低。因此，蛋白质的内源性荧光主要由 Trp 和 Tyr 提供。

**2. 卟啉**

卟啉是共轭度较大的金属有机化合物，由卟吩和金属离子组成，如血红素是铁卟啉化合物，叶绿素是镁卟啉化合物。铁卟啉与珠蛋白结合形成的肌红蛋白和血红蛋白是哺乳动物体内氧的主要携带者。卟啉具有较强的荧光，但铁或其他顺磁性金属与卟啉结合后则无光敏性，如血红素只有失去铁生成卟啉后才显示荧光特性。

### 2.5.3.2 外源荧光

许多无荧光或荧光很弱的化合物，可通过共价结合或其他方式结合小分子荧光分子形成强荧光分子，从而利用其荧光特性提供一些新的信息，该荧光物质称为荧光探针。常用的荧光探针有丹磺酰氯、荧光胺等。

# 2.6 原子发射光谱法

原子光谱的形成是原子核外电子发生能级跃迁产生的，包括原子发射光谱（atomic emission spectrometry，AES）、原子吸收光谱（atomic emission absorption spectrometry，AAS）、原子荧光光谱（atomic fluorescence spectrometry，AFS）和原子质谱法（atomic mass spectrometry，AMS），前 3 种光谱是基于原子在气态下发射或吸收特定辐射后发生外层电子跃迁所形成的，其波长涉及真空紫外、紫外、可见和近红外光区。而原子质谱则是利用原子发射光谱的激发光源，并联用质谱法进行测定的。原子的能级是量子化的，电子的跃迁是不连续的，因而原子光谱表现为线状光谱。

原子发射光谱是根据待测元素的激发态原子或离子向较低能级跃迁时所辐射的特征谱线的波长和强度，对元素进行定性分析和定量测定的方法。原子发射光谱具有可多元素同时检测，分析速度快（1 ~ 2 min），试样用量少且固、液和气态均可，选择性好，灵敏度（电感耦合高频等离子体，inductively coupled plasma，ICP，检出限可达 ng·$g^{-1}$ 级）及准确度高（一般光源相对误差 5% ~ 10%，ICP 在 1% 以下），标准曲线线性范围宽（ICP 光源可达 4 ~ 6 数量级）等优点。但原子发射光谱也存在以下缺点：试样组成对谱线强度及最终实验结果的影响较大；试样浓度较大时，准确度较差；由于原子发射光谱反映的是原子或离子的性质，与其来源的分子状态无关，因此，原子发射光谱只适用于元素的种类和含量分析，不能确定元素在样品中的化合状态，也不能分析物质的化学结构和官能团等信息；只能用于金属元素和部分非金属元素的定性和定量分析（氧、硫、氮、卤素等由于谱线位于真空区，常规光谱仪器无法检测；P、Se、Te等激发电位高的非金属元素准确度不高，仪器昂贵）；摄谱法中影响谱线强度的因素较多等。目前 ICP-AES 已广泛应用于食品和饮料、生物化学试样、石油化工、农业、医疗、无机和有机材料及环境监测等领域。

## 2.6.1 基本原理

一般情况下，原子的核外电子在能量最低的基态运动，在外界热能或电能激发等条件下，原子获得能量后，试样蒸发且原子化，产生的气态原子或离子的外层电子从基态跃迁至更高能级的激发态，激发态原子不稳定，其外层电子在小于 $10^{-8}$ s 范围内跃迁至基态或其他较低能级上，此时原子将多余的能量以一定波长的电磁波形式辐射出去，产生共振发射线（简称共振线），即为原子发射光谱。

谱线的波长取决于跃迁前后能级差，即

$$\Delta E = E_2 - E_1 = h\nu = hc / \lambda \qquad (2.21)$$

式中  $\Delta E$ ——高能级 $E_2$ 和低能级 $E_1$ 间的能量差；

$\nu$, $\lambda$ ——频率和波长；

$h$——普朗克（Planck）常数，$h = 6.626 \times 10^{-34}$ J·s；

$c$——光在真空中的速度，$c = 2.997 \times 10^{10}$ cm·s$^{-1}$。

同一原子的电子能级较多，有各种不同的能级跃迁，因此，由式（2.21）可知，$\Delta E$ 不同，可发射出不同波长或频率的辐射线；但原子的外层电子跃迁要遵循一定的"光谱选律"，并不是任何能级间均能发生跃迁，因此，对于给定元素的原子而言，其将产生一系列不同波长、一定顺序且强度比例不变的特征性谱线，即原子发射光谱图。因此，可通过特征性谱线的有无判定元素存在与否，通过谱线的强度分析试样中该元素的含量，也即原子发射光谱法可用于定性分析，也可用于定量分析。

## 2.6.2 基本概念

由于元素不同，其原子和电子结构不同，故当其返回基态时可产生不同波长的特征性谱线，这是原子发射光谱定性分析的依据。特征性谱线的强度对数与原子浓度对数成线性关系，这是原子发射光谱定量分析的依据。与元素的特征性谱线进行比对，如果图谱上能找到该元素的特征性谱线，则样品中含有该元素。一种元素可以产生很多不同波长的谱线，它们共同组成该元素的原子光谱。

## 1. 激发能

原子外层电子从基态跃迁至激发态时所需要的能量称为激发能，也称为激发电位（excitation potential），单位：eV。

## 2. 电离能

当外界能量足够大时，原子外层电子可跃迁至无限远，此时原子成为离子，此过程称为电离，该过程所需的能量称为电离能，单位：eV。原子失去一个外层电子成为离子时所需能量为一级电离电位；外加能量更大时，生成的离子进一步失去一个外层电子，称为二级电离电位，以此类推。离子中外层电子也可激发，其所需能量相应地称为离子激发电位。

## 3. 第一共振线

由第一激发态返回基态时所发射的谱线，因其具有最小的激发能，易被激发，因而具有最强的谱线，故也被称为灵敏线或最后线。

## 4. 灵敏线

激发电位低、强度大的谱线，多为第一共振线。

## 5. 最后线

也称为持久线，随待测物含量减小，谱线数目也逐渐减少。当元素含量减至极低时，仅能观察到少数几条谱线，称为最后线，即最后消失的谱线。理论上，最后线就是灵敏线，但当元素含量较高时自吸现象严重，两者并不相同。

## 6. 分析线

元素的原子结构不同，其光谱及谱线数目不同。有些元素的光谱谱线比较简单，但有些元素谱线较多，达上千条。元素的谱线较多时常选择其中几条特征谱线进行检测，而不必对其所有谱线进行分析，这些特征谱线被称为分析线。

## 7. 自 吸

由于在发射光谱中，谱线是从弧焰中心轴发出的，其中心温度高，两侧温度低。原子高温时被激发，发射某一波长谱线，当该原子处于低温时又能吸收该波长的辐射或该辐射被处于边缘低温态的同种原子所吸收，使谱线强度下降，称为自吸（self-absorption）。谱线自吸还影响谱线形状。当待测元素含量很低时，原子密度小，谱线几乎检测不到自吸；当含量增高时，谱线逐渐产生自吸现象。

## 8. 自 蚀

当待测元素的浓度很高时，自吸现象极其严重，谱线中心辐射也被吸收，一条谱线分裂成两条谱线，这种现象称为自蚀（self-reversal）。

## 9. 原子线

原子外层电子被激发至高能态后跃迁至基态或较低能态，所发射的谱线称为原子线。

### 10. 离子线

离子被激发时，其外层电子跃迁的发射光谱，称为离子线。经过一次电离的离子发出的谱线为一级离子线，经过二次电离的离子发出的谱线为二级离子线。

## 2.6.3 原子发射光谱仪

原子发射光谱仪由激发光源、分光系统、检测器三部分组成。

### 2.6.3.1 激发光源

激发光源的作用是提供能量，将试样中的元素蒸发、解离为气态原子，并使气态元素被激发而跃迁至激发态，从而产生相应的发射光谱。激发光源要求灵敏度高、温度高、稳定性好及光谱背景小等，其在很大程度上可影响光谱分析的检出限、精密度和准确度等。目前常用的激发光源有电弧光源、电火花光源、电感耦合等离子体光源等。直流电弧放电时，电极温度较高，有利于试样蒸发，灵敏度高。交流电弧由于其电弧放电的间隙性，电极温度较低，灵敏度接近直流电弧。高压电容电火花放电的激发温度高，但电极温度低，不适用于粉末和难熔试样的分析。

等离子体是指已发生电离但宏观上仍呈电中性的物质。电感耦合等离子体原子发射光谱法（inductively coupled plasma atomic emission spectrometry，ICP-AES）是利用高频感应加热原理使经过石英管的气体发生电离而产生火焰状等离子体，是目前最有前途的光源之一。ICP由高频发生器、等离子体炬管和雾化器组成，其具有以下优点：激发温度高，原子化比较充分，一般可达 6 000～8 000 K，火焰核心处可达到 10 000 K，解决了难激发元素的激发问题，可用于 70 多种元素的测定；ICP 是在 Ar 惰性气氛条件下进行激发，原子化条件良好，光谱背景干扰少；由于 ICP 中电子密度较高，各种因素干扰少，特别是测定碱金属时，电离干扰很小，具有相对较高的稳定性、灵敏度和极低的检出限；ICP 载气流速低，有利于试样的充分激发；ICP 火炬放电稳定性良好、自吸效应小，且其产生的标准曲线线性范围较宽，因而对样品中大量元素和痕量元素的测定成为可能。缺点是非金属元素灵敏度低，仪器及其维护费用高。图 2.9 为电弧或电火花发射测量构造示意图。

**图 2.9 电弧或电火花发射测量构造**

### 2.6.3.2 分光系统

分光系统也称为摄谱仪或光谱仪，包括准光系统、色散系统和投影系统。分光系统的作

62

用是将原子产生的发射光经过摄谱仪器以完成色散分光，光谱按一定波长顺序分开排列，并记录在检测系统的感光板上，从而呈现出有规则的谱图，最后进行定性鉴定或定量分析。光谱仪按照色散元件的不同，可分为棱镜光谱仪和光栅光谱仪。按接受辐射方式的不同，又可分为看谱法、摄谱法和光电检测法。

摄谱法是将感光板置于摄谱仪面上，接受待测元素的光谱而感光，随后经过显影、定影等过程获得光谱片，再用映谱仪将发射光谱图中记录下来的谱线放大，并辨认谱线位置和大致强度，可进行定性和半定量分析。

光电检测法是用光电倍增管或电荷耦合器作为接收和记录谱线的主要器件，主要由光电池、光电管和光电倍增管组成。光电池用半导体材料制成，不需外接电源即可产生光电流；光电管分为蓝敏、红敏两种；光电倍增管起光电转换和电流放大作用。

### 2.6.3.3 检测系统

检测系统主要是通过映谱仪和黑度计来完成的。映谱仪也称为光谱投影仪，是将谱片进行放大投影，以在屏幕上显示和观察的设备，主要用于定性分析。黑度计，也称为测微光度计，是测量谱线黑度的设备，主要用于定量分析。在相同时间条件下，照射至感光板上的光线越强，则其谱线越黑。黑度定义为

$$S = \lg \frac{1}{T} \tag{2.22}$$

式中　$S$——黑度；

$T$——透光率。

由式（2.22）可知，黑度相当于吸光度 $A$。

## 2.6.4 原子发射光谱的定性和定量分析

### 2.6.4.1 定性分析

#### 1. 标准试样光谱比较法

将待检元素的纯物质或纯化合物与试样在相同条件下并列摄谱于同一感光板上，显影、定影后在光谱投影仪上检查比对两光谱。若两者谱线位置吻合，则样品中存在该元素；否则，不存在该元素。该法常用于未存入谱图的元素分析或稀有元素等很少研究元素的定性分析。

#### 2. 铁光谱比较法

定性分析一般采用摄谱法。由于在 210～660 nm，铁元素大约有 4 600 条谱线，其波长均已做了精确测定且谱线均匀，因此，非常适合用于标准谱图比对。将试样与纯铁在完全相同条件下并列摄谱，然后投影放大并比较。比较时首先使谱片上的铁谱与标准光谱图上的铁谱线重合，然后再检查待测试样中其他元素谱线。若试样中元素谱线的波长位置与标准谱图中的某一元素谱线的波长位置相吻合，说明该元素可能存在，即含该元素；否则，不含该元素。

定性分析时须采用灵敏线来判断，该法仅适用于试样中特定元素的定性，不能用于全光谱分析。

### 2.6.4.2　定量分析

发射光谱的定量分析目前主要是利用摄谱得到的谱线黑度进行定量，近年来发展起来的光电倍增管检测信号在一定条件下与浓度成线性关系，可用于定量分析。

#### 1. 谱线强度的表示

谱线强度是定量分析的依据。谱线强度可表示为

$$I_{ij} = N_i A_{ij} h \nu_{ij} \tag{2.23}$$

式中　$N_i$——较高激发态原子密度；

　　　$A_{ij}$——$i$ 和 $j$ 能级间跃迁几率；

　　　$\nu_{ij}$——发射谱线频率。

当体系达到平衡时，原子的不同状态也达到平衡。激发态和基态的原子密度分配遵循玻尔兹曼（Boltzmann）规律，即

$$N_i = N_0 \frac{g_i}{g_0} e^{-\frac{E_i}{kT}} \tag{2.24}$$

式中　$N_i$，$N_0$——$i$ 能态和基态的原子密度；

　　　$g_i$，$g_0$——$i$ 能态和基态的统计权重；

　　　$E_i$——激发态 $i$ 能态的激发电位；

　　　$k$——玻尔兹曼常数，$k = 1.38 \times 10^{-23}\,\text{J} \cdot \text{K}^{-1}$；

　　　$T$——激发温度。

将以上公式整合，得

$$I_{ij} = A_{ij} h \nu_{ij} N_0 \frac{g_i}{g_0} e^{-\frac{E_i}{kT}} \tag{2.25}$$

式（2.25）为谱线强度公式，适用于原子线和离子线。从式（2.25）可以看出，谱线强度与激发电位、温度、基态粒子数及跃迁几率有关。

#### 2. 影响谱线强度的因素

（1）激发电位 $E_i$

如前所述，激发电位是指原子核外电子由低能级激发至高能级所需要的能量，当其他条件不变时，激发电位越大，当其处于低电位时，激发态原子数越少，因此，谱线强度越弱。从上述谱线强度公式也可以看出，激发电位与谱线强度呈负指数关系。

（2）跃迁几率

跃迁几率是指两能级间跃迁占所有可能跃迁的概率。由谱线强度公式可以看出，在其他条件不变时，跃迁几率越大，谱线强度越强；反之，跃迁几率越小，谱线强度越弱。

（3）激发温度

在其他条件不变时，激发温度越高，电子跃迁几率越大，辐射强度越大；但温度过高易导致原子发生电离，原子谱线强度下降，离子谱线强度反而增加。另外，激发温度与所用电源及实验条件有关。

（4）基态原子数或元素浓度

在其他条件不变时，待测元素含量越高，被激发的基态原子数就越多，而谱线强度与基态原子密度成正比，所以谱线强度就越强。

（5）统计权重

在其他条件不变时，由谱线强度公式可以看出，其与统计权重成正比。

以上各谱线强度影响因素中，温度对谱线的影响最为重要。另外，谱线的自吸、自蚀也会影响谱线强度。

## 3. 定量方法

定量分析的依据是谱线强度与待测元素浓度的关系。根据赛伯-罗马金公式，

$$I = ac^b \tag{2.26}$$

式中　$I$——谱线强度；

　　　$c$——待测元素的浓度；

　　　$a$——光谱系数，其与试样的蒸发、激发和组成等有关；

　　　$b$——自吸收系数，当元素浓度很低时，$b \approx 1$，如 ICP 光源中 $b = 1$。当元素浓度较高时，$b < 1$，曲线发生偏移。

根据谱线强度的绝对值进行定量分析的方法称为绝对强度法或外标法，由于该法非常易受试样浓度及蒸发、激发、显影等测试条件的影响，因而实验中很少使用，而是采用内标法或标准加入法。

（1）标准加入法

当待测元素的浓度较低时，或标准样与待测样基体匹配有困难，基体干扰效应明显，难以找到合适的基体配制标准样，此时可选用标准加入法。首先取几份相同量的试样（$C_x$），依次加入不同已知量的待测元素标准液（$C_0$），各管浓度依次为 $C_x$、$C_x + C_0$、$C_x + 2C_0$、$C_x + 3C_0$ 等，在相同条件下进行激发，测定不同加入量的分析线与强度的关系。以谱线强度对加入的标准样浓度（0、$C_0$、$2C_0$、$3C_0$）作图，得一直线。将该直线反推至与横坐标相交，所得截距的绝对值即为试样中待测元素浓度。

（2）内标法

内标法是通过测量谱线相对强度来进行定量分析的方法。具体做法如下：在待分析元素谱线中选择一条谱线作为分析线，然后在试样中的主要元素或试样中不存在的外加元素中选择一条分析线作为内标线，这两条分析线相互组成分析线对。最后以分析线对的相对强度（分析线和内标线的绝对强度之比）与待分析元素浓度的关系进行定量分析。内标法公式如下：

$$I_0 = a_0 c_0^{b_0} \tag{2.27}$$

$$A = \frac{a}{a_0 c_0^{b_0}} \qquad\qquad (2.28)$$

$$\frac{I}{I_0} = \frac{ac^b}{a_0 c_0^{b_0}} = Ac^b \qquad\qquad (2.29)$$

$$\lg \frac{I}{I_0} = b \lg c + \lg A \qquad\qquad (2.30)$$

当以相板为检测器时，为

$$\Delta S = S - S_0 = \gamma b \lg c + \gamma \lg A \qquad\qquad (2.31)$$

当以光电管为检测器时，则为

$$\Delta \lg U = \lg U - \lg U_0 = \gamma b \lg c + \gamma \lg A \qquad\qquad (2.32)$$

式中　$I$，$I_0$——分析线和内标线强度；

　　　$c$，$c_0$——待测元素和内标元素浓度；

　　　$b$，$b_0$——分析线和内标线的自吸系数；

　　　$A$——常数；

　　　$S$，$S_0$——分析线和内标线的黑度；

　　　$U$，$U_0$——分析线和内标线的电压值。

以 $\Delta S$ 和 $\Delta \lg U$ 对 $\lg c$ 作图，制作标准曲线，可求得浓度。

内标元素的选择应遵循：试样中不含或含痕量的内标元素；内标元素与待测元素的蒸发等特性接近；同族元素，以使电离能接近。内标线的选择应遵循：与分析线的激发能接近；与分析线的波长和强度接近；无自吸现象，且背景值尽量少等。

# 2.7　原子吸收光谱法

原子吸收光谱是 20 世纪 50 年代出现并逐渐发展起来的一种仪器分析方法。它是基于气态元素的基态原子对其原子谱线的共振吸收而建立的微量物质分析方法，其吸光度在一定浓度范围内与蒸气中待测元素的基态原子浓度成正比。与分子光谱相比较，原子吸收属于吸收光谱，同样遵循朗伯-比尔定律。不同之处是吸光物质状态不同，分子吸收是溶液中的分子或离子，原子吸收是气态的基态原子；分子吸收为宽带吸收，原子吸收为锐线吸收，即并不是严格几何意义上的线，而是具有相当窄的频率或波长范围，即具有一定的轮廓，约 $10^{-3}$ nm。与原子发射光谱相比较，原子吸收光谱的谱线数目较少，谱线间重叠的概率降低，故选择性好；同时，由于原子吸收光谱中基态原子数多于激发态，因而测定的是大部分原子，故灵敏性好。

原子吸收光谱法具有灵敏度高，检出限低，选择性好，精密度好，试样用量少，省时，

66

应用范围广，可测固体和黏稠试样，仪器价格低廉等优点。缺点是由于原子化温度低，对于难熔元素、非金属元素测定困难；测定费时，操作不方便，不能多元素同时测定等。

## 2.7.1　基本原理

首先，在高温作用下试样产生以基态原子为主的气态原子蒸气，当辐射频率恰好等于电子从基态跃迁至较高能态（第一激发态）所需频率时，该原子就会吸收辐射能，产生共振吸收线，该过程伴随着原子吸收光谱的产生。当电子从第一激发态返至基态时，发射相同频率的光，产生的发射谱线为共振发射线。从基态跃迁至第一激发态最易发生，谱线强度最强，是该元素所有谱线中最灵敏的，常作为分析线。

原子的能级是量子化的，对辐射的吸收具有选择性。不同元素的原子结构和外层电子排布不同，因而产生的共振线不同，从而具有不同的波长，因此，共振线是元素的特征谱线。对大多数元素而言，共振线也是元素最灵敏的谱线，即分析线。原子吸收谱线主要是基态到第一激发态的跃迁产生的，谱线比较简单，主要位于紫外区和可见光区，即从铯 852.1 nm 到砷 193.7 nm。

## 2.7.2　谱线轮廓与变宽

### 2.7.2.1　谱线轮廓

原子吸收谱线服从朗伯-比尔定律，其并不是严格意义上的线，而是具有足够窄的频率或波长范围，因而原子吸收线和发射线均具有一定的宽度，称为谱线轮廓（line profile）（图 2.10），以吸收系数 $K_\nu$ 对频率 $\nu$ 作图，则吸收线轮廓意义更为明显（图 2.11）。谱线轮廓是谱线强度随频率或波长的变化曲线，由中心频率或中心波长与半宽度来描述。

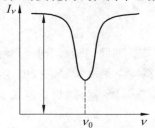

图 2.10　吸收线轮廓

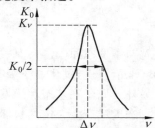

图 2.11　吸收线轮廓与半宽度

引自：杜一平编，《现代仪器分析方法》。

当频率为 $\nu$，入射光强度为 $I_{0\nu}$ 的一束平行光通过厚度为 $L$ 的原子蒸气时，透射光强度 $I_\nu$ 可表示为

$$I_\nu = I_{0\nu}\mathrm{e}^{-K_\nu L} \tag{2.33}$$

式中　$I_\nu$——透射光强度；

$L$——原子蒸气厚度；

$K_\nu$——基态原子蒸气对频率为 $\nu$ 的光的吸收系数。

#### 2.7.2.2 中心频率

中心频率指吸收系数 $K_\nu$ 最大时对应的频率，取决于原子能级分布。

#### 2.7.2.3 半宽度

由图 2.11 可知，频率 $\nu$ 处，吸收系数有最大值 $K_0$，其两侧具有一定宽度。通常半宽度是吸收系数等于最大吸收系数一半时，其所对应的谱线轮廓上两点间的频率差，以 $\Delta\nu$ 表示，数量级为 $10^{-3} \sim 10^{-2}$ nm。

除了谱线本身的自然宽度对半宽度有影响外，谱线宽度还受如下因素的影响。

## 2.7.3 使谱线变宽的因素

### 2.7.3.1 自然宽度（natural width，$\Delta\nu_N$）

当无外来因素影响时，谱线具有的宽度为自然宽度。根据量子力学的海森堡（Heisenberg）测不准原理，$\Delta E$ 由下式计算：

$$\Delta E = \frac{h}{2\pi\tau_k} \tag{2.34}$$

式中　$\tau_k$——激发态寿命或电子在高能级停留时间，这说明激发态能级具有一定宽度。

谱线的自然宽度可由下式表示：

$$\Delta\nu_N = \frac{1}{2\pi\tau_k} \tag{2.35}$$

自然变宽与激发态原子寿命有关，寿命越长，谱线越窄。不同的谱线，其自然宽度不同，一般约为 $10^{-5}$ nm，该宽度比原子吸收光谱仪本身产生的宽度小很多，一般仪器难以检测到，故可忽略。另外，原子在基态和激发态的寿命不同，由于基态停留时间长，激发态停留时间短，因而激发态谱线产生一定的自然宽度。

### 2.7.3.2 多普勒变宽（Doppler broadening，$\Delta\nu_D$）

处于热运动中的原子发射的光，如果运动方向背离观察者（检测器），对观察者而言，其发射频率比静止的原子发射频率低（$\nu - d\nu$）；反之，如果朝向观察者运动，则其发射光的频率比静止的原子发射频率高（$\nu + d\nu$），该现象称为多普勒效应。观察者实际接收到的是两者之间的频率，于是谱线变宽。由于多普勒变宽是发射原子在空间做无规则热运动所引起的，又称为热变宽。多普勒变宽一般为 $10^{-3} \sim 10^{-2}$ nm，是谱线变宽的主要因素。

当热力学达到平衡时，谱线的频率分布和气体中原子热运动的速率分布符合麦克斯韦-玻尔兹曼速率，多普勒变宽可表示为

$$\Delta \nu_D = \frac{2\nu_0}{c} \sqrt{\frac{2\ln 2 \cdot RT}{M}} \tag{2.36}$$

式中　$\nu_0$——谱线中心频率；

　　　$c$——光速；

　　　$R$——气体摩尔常数；

　　　$T$——热力学温度；

　　　$M$——相对原子质量。

将常数带入后可简化为

$$\Delta \nu_D = 7.162 \times 10^{-7} \cdot \nu_0 \sqrt{\frac{T}{M}} \tag{2.37}$$

由式（2.37）可以看出，多普勒变宽与元素的原子量、辐射温度及谱线频率有关。在其他条件一定时，多普勒变宽随温度升高而变宽，随原子量减小而变宽（表2.6），随频率增大而变宽。

表 2.6　多普勒变宽和洛伦兹变宽（$10^{-4}$ nm）

| 元素 | 原子量 | 波长/nm | $T = 2\,000$ K | | $T = 2\,500$ K | | $T = 3\,000$ K | |
|------|--------|---------|--------|--------|--------|--------|--------|--------|
| | | | $\Delta \nu_D$ | $\Delta \nu_L$ | $\Delta \nu_D$ | $\Delta \nu_L$ | $\Delta \nu_D$ | $\Delta \nu_L$ |
| Na | 22.99 | 589.00 | 39 | 32 | 44 | 29 | 48 | 27 |
| Ba | 137.24 | 553.56 | 15 | 32 | 17 | 28 | 18 | 26 |
| Sr | 87.62 | 460.73 | 16 | 26 | 17 | 23 | 19 | 21 |
| V | 50.94 | 437.92 | 20 | — | 22 | — | 24 | — |
| Ca | 40.08 | 422.67 | 21 | 15 | 24 | 13 | 26 | 12 |
| Fe | 55.85 | 371.99 | 16 | 13 | 18 | 11 | 19 | 10 |
| Co | 58.93 | 352.69 | 13 | 16 | 15 | 14 | 16 | 13 |
| Ag | 107.87 | 338.29 | 10 | 15 | 11 | 13 | 13 | 12 |
| | | 328.07 | 10 | 15 | 11 | 14 | 16 | 13 |
| Cu | 63.54 | 324.76 | 13 | 9 | 14 | 8 | 16 | 7 |
| Mg | 24.31 | 285.21 | 18 | — | 21 | — | 23 | — |
| Pb | 207.19 | 283.31 | 6.3 | — | 7 | — | 8 | — |
| Au | 196.97 | 267.59 | 6.1 | — | 7 | — | 7.5 | — |
| Zn | 65.37 | 213.86 | 8.5 | — | 9.5 | — | 10 | — |

引自：朱明华编，《仪器分析》（第四版）。

### 2.7.3.3　压力变宽（pressure broadening，$\Delta\nu_L$）

在一定蒸气压下，由于气体压力增大，吸光原子与蒸气原子或分子间相互碰撞几率增大，激发态原子平均寿命变短，吸收光量子频率改变，进而引起谱线变宽，此变宽不可忽略，称为压力变宽，也称为碰撞变宽（collisional broadening）。压力变宽又可分为洛伦兹（Lorentz）变宽和霍尔兹马克（Holtzmark）变宽。洛伦兹变宽是与其他离子（如火焰气体离子）发生非弹性碰撞而导致的变宽，用$\Delta\nu_L$表示；霍尔兹马克变宽是因和同种原子碰撞而产生的变宽，也称为共振变宽，只有在待测元素浓度很高时才起作用，一般可忽略不计。通常所说的压力变宽是指洛伦兹变宽。

$$\Delta\nu_L = 2N_A\sigma^2 p\sqrt{\frac{2}{\pi RT}\left(\frac{1}{A}+\frac{1}{M}\right)} \tag{2.38}$$

式中　$N_A$——阿伏伽德罗常数；

$\sigma^2$——碰撞的有效截面积；

$p$——外界压强；

$M$——待测元素的分子量；

$A$——外界气体的分子量。

在其他条件不变时，压力越大，越易变宽，压力变宽一般在$10^{-3}\sim10^{-2}$nm。和多普勒变宽一样，压力变宽也是谱线变宽的主要因素。

### 2.7.3.4　自吸变宽

原子化过程中，处于高低能级的粒子比例与原子化器温度有关。高能级的发射光子，低能级的吸收光子。某原子的高能级辐射被处于低能级的该原子自身吸收，导致谱线强度减弱的现象称为自吸。谱线自吸现象引起的变宽称为自吸变宽，一般影响较小。电流越大，自吸现象越明显。自吸现象严重时，辐射强度减弱明显，引起谱线轮廓中心下陷，有时候中心频率$\nu_0$处的辐射几乎完全被吸收，这种现象称为自蚀。

### 2.7.3.5　场致变宽（field broadening）

磁场或带电粒子、离子形成的电场或磁场使谱线变宽，称为场致变宽，包括光源在不是很强的电场中产生的谱线分裂所形成的斯塔克（Stark）变宽和光源在磁场中产生的谱线分裂所引起的塞曼（Zeeman）变宽，一般影响较小。

### 2.7.3.6　温度的影响

如玻尔兹曼方程所述，温度对基态和激发态原子比例影响较大。从理论上分析，由于原子吸收光谱以刚开始时未被激发的基态原子为基础，温度依赖性小，即温度升高，对吸收光谱的影响微不足道，有利于原子化效率的提高；但同时必须注意，随温度升高，多普勒现象加剧，致使谱线变宽和峰高降低。温度变化较大还可能影响待测试样的离子化程度。因此，即使是原子吸收光谱，也需要通过控制合适的原子化温度来提高分析灵敏度。

## 2.7.4　积分吸收和峰值吸收

### 2.7.4.1　积分吸收

原子蒸气所吸收的全部能量称为积分吸收（integrated absorption），即吸收曲线所包括的面积，可用下式表示：

$$\int K_\nu \mathrm{d}\nu = \frac{\pi e^2}{mc} N_0 f \tag{2.39}$$

式中　$c$——待测物质浓度；

$m$——电子质量；

$f$——振子强度，代表受到激发的单个原子所具有的平均电子数，对给定元素为定值；

$e$——电子电荷；

$N_0$——单位体积原子蒸气中吸收辐射的基态原子数，即基态原子密度。

由式（2.39）可看出，积分吸收与 $N_0$ 成正比，而 $N_0$ 与物质浓度成正比，因此，可通过测定积分吸收求出待测物质的浓度，此关系式为原子吸收分析方法的重要依据。

但是积分吸收的测量存在一系列问题，如原子吸收线的半宽度仅有 0.01～0.05 nm，甚至为 $10^{-3}$ nm，而钨丝灯和氘灯等连续光源的光谱宽度为 0.2 nm，因此，吸收值变化极小，仅为 $10^{-3}/0.2 = 0.5\%$。也就是说，吸收前后在谱带变宽范围内，原子吸收只占其中很少部分。因此，现有仪器分辨率无法达到，且仪器也无法保证如此高的信噪比。因此，直到澳大利亚物理学家瓦尔西（A. Walsh）提出以锐线光源（narrow-line source）为激发光源，测量谱线峰值吸收（peak absorption），此问题才得以解决。锐线光源是指能够发射出谱线半宽度很窄的发射线光源，一般仅为 0.5～2 pm，而半宽度为 1～10 pm，从而发射线比吸收线半宽度窄 5～10 倍。

### 2.7.4.2　峰值吸收

瓦尔西认为在温度较低，且发射线和吸收线间满足以下条件时，即

$$\Delta \nu_e \ll \Delta \nu_a \tag{2.40}$$

$$\nu_e = \nu_a \tag{2.41}$$

式中　$\nu_e$，$\nu_a$——辐射线和吸收线的频率。

峰值吸收推导简化如下：

$$A = 0.434 L K_0 \tag{2.42}$$

$$K_0 = \frac{2\sqrt{\pi \ln 2}}{\Delta \nu_D} \frac{e^2}{mc} N_0 f \tag{2.43}$$

$$A = 0.434 \frac{2\sqrt{\pi \ln 2}}{\Delta \nu_D} \frac{e^2}{mc} LN_0 f = kLN_0 \tag{2.44}$$

式中　$c$——待测物质浓度；

　　　$m$——电子质量；

　　　$e$——元电荷；

　　　$A$——吸光度；

　　　$\Delta \nu_D$——多普勒变宽；

　　　$K_0$——峰值吸收系数；

　　　$L$——火焰宽度；

　　　$N_0$——单位体积原子蒸气中吸收辐射的基态原子数；

　　　$f$——振子强度；

　　　$k$——常数。

由式（2.44）可知，吸光度与 $N_0$ 成正比。根据玻尔兹曼方程，在原子吸收光谱中，由于处于基态的原子数 $N_0$ 远多于激发态原子数 $N_i$，因此，$N_0$ 占总原子数的 99% 以上，通常认为 $N_0 = N$。

如果实验中能够控制进入火焰的试样在一个恒定的比例，而待测物质的浓度与其参与吸收辐射的原子总数成正比，因此，在一定火焰宽度 $L$ 和浓度 $c$ 范围内，式（2.44）可简化为

$$A = Kc \tag{2.45}$$

式中　$K$——常数。

因此，在一定条件下，吸光度 $A$ 与浓度 $c$ 成正比，即为原子吸收光谱的定量分析基础。

## 2.7.5　原子吸收分光光度计

原子吸收分光光度计主要由光源、原子化系统、光学系统、检测器和显示系统组成。原子吸收分光光度计有单光束（图 2.12）和双光束两种类型。前者结构简单，价格便宜，但易受光源强度变化影响；后者光源辐射被旋转斩光器分成两束光，试样光束通过火焰，参比光束不通过火焰，然后将两光束交替通过单色器后投射至检测系统，可消除光源强度变化的影响。

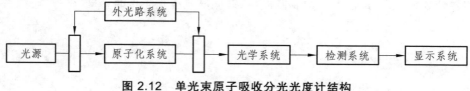

图 2.12　单光束原子吸收分光光度计结构

### 2.7.5.1　光　　源

光源的作用是辐射能被待测元素吸收的原子谱线，以形成共振线。要求光源为锐线光源，稳定性好，背景低，共振辐射强度大且寿命长，吸收线半宽度大于共振线半宽度。常用的光源包括空心阴极灯（hollow cathode lamp）、无极放电灯和高频无极放电灯。

空心阴极灯包括一个阳极和一个阴极，两极密封于充有低压惰性气体的含石英窗的玻璃壳中，其发射的光谱主要是阴极元素的光谱，因此选用不同待测元素为材料，可制成相应的待测元素空心阴极灯。空心阴极灯的稳定性与外电源稳定性有关，辐射强度与灯的工作电流有关。工作时光源需要调制，其目的在于排除待测元素原子在原子化器中再次共振辐射而使吸收线减弱等问题，或消除其他组分如自由基、等离子的带状辐射等问题造成的干扰吸收现象。

## 2.7.5.2 原子化系统

原子化系统的作用是提供能量，将待测元素转化为气态的基态原子，即蒸气原子。目前原子化的方法主要有火焰原子化法（flame atomization）和非火焰原子化法（flameless atomization），前者简单方便，适合大多数元素的测定；后者原子化效率高，灵敏度高及检出限低。

### 1. 火焰原子化法

火焰原子化器包括雾化器（nebulizer）和燃烧器（burner）两部分，雾化器的目的是将试样雾化，要求喷雾稳定性好，雾滴微小均匀等。燃烧器的作用是试样雾化结束后进入混合室，与燃气充分混合。原子吸收采用的火焰过大，则激发态原子数增多，解离度增大，基态原子减少，不利于原子吸收的分析。实验中在确保待测元素充分解离为基态原子条件下，采取低温火焰，灵敏度更高。但如果温度过低，某些元素的盐类不能解离，灵敏度反而降低，甚至产生分子吸收。

目前使用较多的火焰是空气-乙炔火焰，其次为氧化亚氮-乙炔火焰。一般而言，易挥发或电离度较低的元素，如 Pb、Cd、Zn 及碱金属、碱土金属等，常采用低温火焰，耐高温氧化物元素使用高温火焰。常见火焰温度及燃烧速率见表 2.7。

表 2.7　火焰的温度及燃烧速率

| 燃烧气体 | 助燃气体 | 最高温度/°C | 燃烧速率/cm·s$^{-1}$ |
|---|---|---|---|
| 氢 | 氩 | 1577 | — |
| 煤气 | 空气 | 1840 | 55 |
| 丙烷 | 空气 | 1925 | 82 |
| 氢 | 空气 | 2050 | 320 |
| 乙炔 | 空气 | 2300 | 160 |
| 氢 | 氧 | 2700 | 900 |
| 乙炔 | 50%氧 + 50%氢 | 2815 | 640 |
| 乙炔 | 氧 | 3060 | 1130 |
| 氰 | 氧 | 4640 | 140 |
| 乙炔 | 氧化亚氮 | 2955 | 180 |
| 乙炔 | 氧化氮 | 3095 | 90 |
| 天然气 | 空气 | 1900 | 43 |
| 天然气 | 氧 | 2800 | 390 |

引自：朱明华编，《仪器分析》（第四版）。

### 2. 非火焰原子化法

火焰原子化法中约有 90%的试液以废液排出，因此，原子化效率不高。非火焰原子化法则可提高原子化效率和灵敏度，因而近年来应用较多。非火焰原子化法是利用电热、等离子体或激光等使待测元素形成基态原子，有石墨炉原子化器、石墨棒、等离子喷焰及激光等，其中，石墨炉原子化器（atomization of graphite furnace）应用较多。其类似于电加热器，由石墨炉电源、炉体和石墨管三部分组成。石墨管被固定在两极间，通过石墨管中心进样，进样时需要在通入惰性气体的情况下进行防氧化保护。测定过程包括干燥、灰化、原子化及净化等。

### 3. 其他原子化法

（1）氢化物原子化法

氢化物原子化法（hydride atomization）是在酸性条件下，试样中待测元素与强还原剂硼氢化钠反应，通过生成气态氢化物而进行检测。其特点是原子化温度较低，一般在 700 ~ 900 °C，常用于 As、Sb、Bi、Sn、Ge、Se、Pb 及 Ti 等元素的测定，灵敏度高，基体和化学干扰均小。

（2）冷原子化法

冷原子化法（cold-vapour atomization）是基于汞在常温下以原子态存在，原子态汞有高的蒸气压，在 253.72 nm 波长处有特征性吸收。首先将试样用硫酸-过硫酸钾消化，使含汞化合物转化为 $Hg^{2+}$，在酸性条件下，用 $SnCl_2$ 或盐酸羟胺彻底还原为金属汞，利用净化空气作为载气气流，将汞蒸气带入气体测量管中进行测定。该法的特点是常温测定，灵敏度高。

## 2.7.5.3　光学系统

光学系统分为外光路系统和分光系统（单色器），分光系统由色散元件、反射镜和狭缝等组成。外光路系统使光源发射的共振线能正确地通过待测试样的原子蒸气，并将谱线投射至狭缝上。单色器的作用是将待测元素的共振吸收线与邻近线分开，其位于原子化器与检测器间，以防止火焰产生杂散光的干扰。

## 2.7.5.4　检测系统

检测系统由检测器、变换器和记录部分组成。检测器常用光电倍增管（photomultiplier tube，PMT），通过二次电子发射放大光电流，从而将微弱的光信号转变为电信号。光电信增管由一个光电发射阴极、一个阳极及若干个倍增极组成。当辐射光子撞击阴极时能够发射光电子，该光电子被电场加速后落在第一倍增极上，从而将光电倍增管的输出信号进行放大，产生更多的电子，阳极最后可检测到的电子信号可达到阴极发射电子数的 $10^5 ~ 10^8$ 倍。

# 2.7.6　谱线干扰与抑制

一般而言，原子吸收光谱的干扰较小，这是因为：原子吸收光谱使用的是锐利光源；采用的是比发射线数目少很多的共振吸收线,因而谱线重叠较少;原子吸收跃迁是从基态开始的,而基态的原子数目受温度影响较小,几乎等于总原子数。但实际操作中还存在一些问题,因此,需要了解干扰产生的原因及相应的解决办法。主要有光谱干扰、基体干扰、化学干扰和有机溶剂干扰等。

### 2.7.6.1 光谱干扰(spectral interference)

光谱干扰主要是光源和原子化器的干扰。与光源有关的光谱干扰主要有分析线附近待测元素谱线的干扰,如 Ni、Co、Fe 等多谱线元素;分析线附近的非待测元素谱线干扰,如空心阴极灯的阴极材料纯度不够或空心阴极灯连续的背景发射等;光谱线重叠现象;等等。与原子化器有关的干扰主要是指原子化器的发射和背景吸收,前者主要来自火焰,后者是由气态分子的光吸收或高浓度盐固体的散射引起的。

### 2.7.6.2 基体干扰

基体干扰是指试样在蒸发、原子化等过程中,一些物理因素引起的干扰而导致吸光度下降的现象。其不具有选择性,影响因素主要有试样溶液的黏度、密度、表面张力、溶剂蒸气压、总盐度、雾化器压力和流速等。一般可通过寻找与待测试样组成相似、黏度接近的标准溶液来克服干扰,或采用稀释法来消除。

### 2.7.6.3 化学干扰

化学干扰主要是其他组分与待测元素间的化学反应所引起的干扰,如铝、硅、硼等易生成难挥发性或热力学更稳定的化合物,从而影响元素的原子化;火焰温度升高时,原子发生电离后生成的离子不产生吸收,使谱线强度降低,如在碱金属和碱土金属中,由于电离能较低,会产生严重的干扰。对于化学干扰,常可通过在待测试样溶液或标准溶液中加入电离消除剂、干扰元素的释放剂及待测元素的保护剂等解决。

### 2.7.6.4 有机溶剂干扰

有机溶剂干扰是指通过加入有机溶剂来萃取干扰物质时,有机溶剂本身有可能对谱线产生影响。其主要体现在试样雾化和火焰燃烧过程,前者由于有机溶剂可以改变试样黏度、表面张力及溶剂蒸气压等,因而可消除上述因素带来的干扰问题;后者由于酯类和酮类燃烧完全,火焰稳定性好等,常被用来克服干扰。

## 2.7.7 火焰原子化法分析条件选择

### 2.7.7.1 分析线的选择

一般选择共振线为分析线,但当共振线受到干扰或处于远紫外区时,不适合作为分析线。

此时可通过具体实验选择灵敏度稍低但吸光度合适的谱线来解决。

### 2.7.7.2  狭缝宽度的选择

原子吸收光谱谱线重叠少，因此，操作时可选用较宽狭缝以增强光强，提高信噪比。单色器分辨能力强，光源辐射或共振吸收弱时，可考虑采用较宽狭缝；但当吸收线附近有干扰谱线时，需要通过实验确定合适的狭缝宽度。与吸光度不减少或轻微减少相对应的最大狭缝宽度，即为最佳狭缝宽度。

### 2.7.7.3  空心阴极灯电流的选择

灯电流过小或过大均不利于实验进行，过小则光强低；过高则发射线变宽，灵敏度下降。需要通过实验，测定吸光度随电流变化曲线，以确定最佳灯电流。

### 2.7.7.4  原子化条件的选择

火焰类型及雾化器等条件均会影响原子化程度。火焰类型的选择应根据具体实验要求来定，如分析线处于 200 nm 以下的远紫外区时，由于乙炔火焰此时有吸收而不能被选用。难解离化合物的元素，应选择高温的乙炔-空气火焰；反之，对易解离元素，乙炔火焰反而容易引起严重的原子电离现象。

## 2.7.8  原子吸收光谱法的定量分析

### 2.7.8.1  标准曲线法

配制与试样溶液具有相同或相近组分的一系列不同浓度的标准溶液，以空白调零，从低到高依次测定吸光度值 $A$，并与其对应的浓度制作标准曲线，得到标准方程。在相同条件下进行试样吸光度值测定，然后在标准方程上获得对应的数值。当标准样浓度过高时，标准曲线易发生末端弯曲，即末端处偏离较大，这是由压力变宽所致。实验中应尽量保持标准样 $A$ 值在 $0.1 \sim 0.8$，误差最小。标准曲线的线性程度受到压力变宽、非吸收光及电离效应的影响。

### 2.7.8.2  标准加入法

当待测试样的组成不完全明确时，可通过标准加入法进行测定。取几份体积相同的试样（$C_1$），依次按比例加入不同量的待测物标准溶液（$C_0$），则其浓度依次为 $C_1$、$C_1 + C_0$，$C_1 + 2C_0$，$C_1 + 3C_0$，$C_1 + 4C_0$ 等，然后定容至相同体积，测定其对应的吸光度值 $A_0$、$A_1$、$A_2$、$A_3$、$A_4$ 等。以 $A$ 对加入的标准溶液的量作图，拟合得到直线方程，反推该直线至与横坐标相交，交点数值的绝对值即为试样浓度。由于该法不存在标准物质和试样基体组成不同而带来的问题，因而对基体干扰消除较好，但不能消除背景干扰。测定时应在线性范围内进行，同时应设置 6 个以上不同浓度梯度，且尽可能使第一个加标量与试样浓度接近。

由于原子吸收光谱的激发光谱为线光谱（空心阴极灯），而定性分析所用激发光谱必须是连续光谱，因此，原子吸收光谱法只适用于定量分析而不适用于定性分析。

# 2.8　核磁共振光谱法

1945 年，斯坦福大学布洛赫（E. Bloch）和哈佛大学珀塞尔（E. M. Purcell）同时独立发现核磁共振（nuclear magnetic resonance，NMR）现象，并于 1952 年获得诺贝尔物理学奖。脉冲傅里叶变换核磁共振（Fourier transform NMR，FT-NMR）、二维核磁共振（2D-NMR）、三维核磁共振（3D-NMR）等技术的出现，使核磁共振成为各种有机化合物化学结构解析的最重要的波谱分析方法，特别是高分辨率 NMR 技术在蛋白质、核酸等生物大分子的结构和生物大分子与小分子相互作用研究中的应用等已成为化学、生物、医药和食品等领域的研究热点。与紫外、红外光谱不同，核磁共振主要用于获得有机化合物结构中 C—C、C—H 键的构造信息，如碳原子和氢原子的种类、各自化学环境及其数目比例和相邻关系等。核磁共振相当于将有机化合物最常见元素氢（氢谱）和碳（碳谱）作为"生色团"，因此，几乎可以分析所有化学基团的化学环境，可用于跟踪化学反应进程，研究化学反应机理，获得某些化学反应热力学和动力学参数等。但核磁共振仪灵敏度低，价格昂贵。

核磁共振是处于强磁场中的原子核自旋对无线电波辐射产生吸收，致使核自旋能级发生跃迁的一种吸收光谱。其研究对象是具有磁矩的原子核，特别适合自旋量子数 $I = 1/2$ 的原子核。当将具有磁矩的原子核置于磁场并用电磁波辐射，这些原子核将吸收特定波长的电磁波而发生共振现象，如 $^1H$、$^2H$、$^{13}C$、$^{15}N$ 和 $^{31}P$ 等。由于 $I > 1/2$ 的情况非常复杂，原子核的电荷分布不均匀，可看做椭球体；$I = 1/2$ 的原子核，电荷均匀分布在其表面，可看做球对称，其核磁共振谱线窄，谱图分辨率高，因而目前核磁共振主要研究 $I = 1/2$ 的原子核，如 $^1H$、$^{13}C$、$^{15}N$、$^{19}F$ 和 $^{31}P$，相应的核磁共振谱分别用 $^1H$ NMR、$^{13}C$ NMR、$^{15}N$ NMR、$^{19}F$ NMR、$^{31}P$ NMR表示。本章简要介绍 $^1H$ NMR，简称氢谱或质子核磁共振谱，主要提供质子的类型及其化学环境、氢的分布及核间关系等信息，但不能提供不含氢基团的共振信号，难以鉴别化学环境相似的烷烃，且谱线常重叠。

## 2.8.1　基本原理

原子核具有质量和电荷，还可作自旋运动，其自旋将产生磁矩，但并非所有原子核都具有磁矩。原子核自旋量子数 $I$ 与原子的质量数和原子序数有关。原子序数和质量数均为偶数的原子核，$I = 0$，电荷分布均匀，无自旋现象，不能产生核磁共振现象；原子序数和质量数两者均不为偶数的原子核，$I \neq 0$，有自旋现象，能产生核磁共振现象。

处于不断自旋运动的核类似于一个小磁铁，核自旋将产生磁场，磁场具有方向性，进而形成一个小的磁矩。无外磁场时，其自旋磁矩取向是混乱的。但当存在外磁场时，核磁矩（$\mu$）的取向是量子化的，只能产生 $2I + 1$ 个取向。质子 $I = 1/2$，故有两种取向：与外磁场平行或相反。两种取向的自旋具有的能量不同，与外磁场方向一致，自旋能量低，称为低能态，磁量子数 $m = +1/2$，又称α-自旋态；反之，自旋能量高，称为高能态，磁量子数 $m = -1/2$，又称β-自旋态。一般情况下，大多数原子核处于低能态的α-自旋态。常见的磁核性质见表2.8。

表 2.8　常见磁核的性质

| 同位素 | 天然丰度/% | 质子数 | 中子数 | 质量数 | 自旋量子数 $I$ | 磁旋比 /$T^{-1} \cdot s^{-1}$ | 电四极矩 /$10^{-30}\,m^2$ | 磁矩/ 核磁子 |
|---|---|---|---|---|---|---|---|---|
| $^1H$ | 99.98 | 1 | 0 | 1 | 1/2 | $26.75 \times 10^7$ | 0 | 2.79 |
| $^2H$ | $1.15 \times 10^{-2}$ | 1 | 1 | 2 | 1 | $4.107 \times 10^7$ | 0.286 | 0.86 |
| $^{13}C$ | 1.07 | 6 | 7 | 13 | 1/2 | $6.728 \times 10^7$ | 0 | 0.70 |
| $^{14}N$ | 99.64 | 7 | 7 | 14 | 1 | $1.934 \times 10^7$ | 2.044 | 0.40 |
| $^{15}N$ | 0.36 | 7 | 8 | 15 | 1/2 | $-2.713 \times 10^7$ | 0 | $-0.28$ |
| $^{17}O$ | $3.8 \times 10^{-2}$ | 8 | 9 | 17 | 5/2 | $-3.628 \times 10^7$ | $-2.558$ | $-1.89$ |
| $^{19}F$ | 100 | 9 | 10 | 19 | 1/2 | $25.16 \times 10^7$ | 0 | 2.62 |
| $^{27}Al$ | 100 | 13 | 14 | 27 | 5/2 | $6.976 \times 10^7$ | 14.66 | 3.64 |
| $^{29}Si$ | 4.7 | 14 | 15 | 29 | 1/2 | $-5.319 \times 10^7$ | 0 | $-0.55$ |
| $^{31}P$ | 100 | 15 | 16 | 31 | 1/2 | $10.84 \times 10^7$ | 0 | 1.13 |

引自：杜一平编，《现代仪器分析方法》。

低能态与高能态的能量差（$\Delta E = E_2 - E_1$）取决于外磁场磁感应强度 $B_0$ 和核磁旋比 $\gamma$。$\Delta E$ 与 $B_0$、$\gamma$ 的关系如下：

$$\Delta E = h\nu = h\gamma \frac{B_0}{2\pi} \qquad (2.46)$$

式中　$\nu$——无线电波频率；

　　　$\gamma$——磁矩与角动量之比，即磁旋比，与核的种类有关，为特征性常数；

　　　$h$——Plank 常量，$h = 6.626 \times 10^{-34}\,J \cdot s$。

当用一定频率的电磁波照射处于磁场中的原子核时，若电磁辐射能（$h\nu$）恰好等于某一原子核自旋的低能态与高能态间的能级差$\Delta E$，则低能态的α-自旋态将吸收该无线电辐射，发生自旋翻转（spin hipping），跃迁至高能态，从而产生核磁共振吸收，这种现象称为核磁共振。此时，该共振核将产生无线电辐射吸收信号，用仪器记录下来该信号，就形成了核磁共振光谱。

$$\nu = \gamma \frac{B_0}{2\pi} \qquad (2.47)$$

当原子核种类确定时，核磁共振吸收的频率取决于外磁场磁感应强度 $B_0$。

## 2.8.2　屏蔽效应和化学位移

根据式（2.47），似乎所有的氢核（核磁共振中常称为质子）和碳核在给定磁场下都只吸收同一频率的无线电辐射，产生一个相同的核磁共振信号。如果真是这样的话，核磁共振对结构解析无任何实际意义。实际上，核磁共振频率不仅取决于磁旋比和外磁场磁感应强度，还受到质子周围化学环境的影响。当质子与不同的原子或基团相连时，其所处的化学环境也就不同，质子周围的电子云密度也就不同，这正是核磁共振用于化合物结构分析的关键之处。

### 2.8.2.1　屏蔽效应

由于质子周围大量电子云时刻处于高速运动中，它们在外磁场作用下一般会形成对抗外磁场的电子环流，电子环流进而产生感应磁场强度（$B_{感应}$），因此，此时质子实际上感受到的磁感应强度（$B_{实}$）与外磁场强度不完全相同，而是低于外磁场强度，即 $B_{实} = B_0 - B_{感应}$，这种现象称为屏蔽效应（shielding effect）。质子周围电子云密度越大，屏蔽效应越强。在某些特殊情况下（如苯环平面上及 $C≡C$ 上的氢），感应磁场与外磁场一致，相当于在外磁场作用下再增加一个小磁场，则质子实际感受到的磁感应强度大于外磁场，这种现象称为去屏蔽效应（deshielding effect）。

与一个不受任何影响的氢核或孤立的氢核相比，如果电磁辐射频率不变，则受到屏蔽效应的氢，由于其实际感受到的外磁场强度减小，核磁共振信号将出现在低频区，因需要增大磁感应强度才能发生共振，其共振吸收信号将出现在高场（upfield），即谱图右侧；相反，受到去屏蔽效应的氢，由于其实际感受到的外磁场强度增大，核磁共振信号将出现在高频区，只需在较低磁感应强度下即可发生共振，其共振吸收信号将出现在低场（downfield），即谱图左侧。

### 2.8.2.2　化学位移

电子的屏蔽效应和去屏蔽效应使质子的核磁共振吸收位置向高场或低场方向移动，称为化学位移（$\delta$），单位为百万分之一（ppm）。核磁共振谱图中横坐标表示吸收峰位置，纵坐标表示吸收信号的强度。谱图的右侧处于高场（低频），磁感应强度最大，$\delta$ 最低；左侧处于低场（高频），磁感应强度最小，$\delta$ 最大。

由于核外电子屏蔽效应产生的感应磁场强度远小于外磁场，且不同氢核的化学环境差异极小（$10^{-6}$），又无法找到一个裸核作为屏蔽作用的参考点，因而难以准确测定其绝对值。另外，屏蔽作用大小与外磁场成正比，使用不同频率的仪器测得的化学位移不同，实验结果不方便进行比较。为了克服测量困难，避免因仪器不同所造成的误差，常用相对值表示。四甲基硅烷（TMS）具有化学惰性，易溶于有机溶剂，沸点低，易回收；分子中 12 个氢处于完全相同的化学环境，只产生一个强度很大的尖峰；屏蔽效果好（硅的电负性比碳小），位移大，与有机化合物的质子峰不重叠等优点，常被用作标准物质。人为规定 TMS 中质子 $\delta$ 为零，置于核磁共振谱图中的右侧，其他化合物的化学位移则出现在其左侧。其他化合物的质子信号频率与 TMS 的相对差称为化学位移，用 $\delta$ 表示，计算公式如下：

$$\delta = \frac{(\nu_{试样} - \nu_{标准})}{\nu_{标准}} \times 10^6 \tag{2.48}$$

式中　$\nu_{试样}$，$\nu_{标准}$——试样和标准品的吸收频率。

也可表示为

$$\delta = \frac{(B_{标准} - B_{试样})}{B_{标准}} \times 10^6 \tag{2.49}$$

式中 $B_{试样}$，$B_{标准}$——试样和标准品的核所受到的磁感应强度。

大多数有机化合物的质子信号 $\delta$ 在 0～20，$\delta$ 越大，出现在频率越高处（低场），越靠近谱图左边。

### 2.8.2.3 影响化学位移的因素

核外电子云密度影响化学位移的大小。因此，凡是影响电子云密度的因素对化学位移均有影响，主要有诱导效应、各向异性效应、氢键效应、共轭效应、范德华力及溶剂效应。

#### 1. 诱导效应（induction effect）

一般而言，吸电子诱导效应降低核外电子云密度，使邻近的质子受到去屏蔽效应，核磁共振信号出现在低场。对于同族元素而言，从上到下，吸电子效应减弱，因此，邻近的质子受到屏蔽作用，核磁共振信号出现在高场。距离吸电子基团越近，去屏蔽效应越明显，信号出现在低场，化学位移越大。一般而言，吸电子诱导效应随原子或基团间化学键数目的增多而降低。

以 $CH_3$—X 为例，X 的电负性越大，氢核外的电子云密度越低，发生去屏蔽效应，共振信号向低场移动，化学位移越大；反之，X 为给电子基团时，发生屏蔽效应，化学位移减小（表 2.9）。同理，电负性取代基团数量越多，共振信号的化学位移就越大；与电负性基团距离越近的氢原子，其对应的共振信号的化学位移越大。如 1-硝基丙烷，由于硝基的强吸电子效应，最邻近硝基的氢原子电子云密度降低最多，去屏蔽效应最为显著，因而其共振信号的化学位移出现在低场；随基团与硝基距离的加大，最远侧的质子峰的化学位移则出现在高场。

表 2.9　甲烷中质子的化学位移与取代元素电负性之间的关系

| 化学式 | $CH_3F$ | $CH_3OH$ | $CH_3Cl$ | $CH_3Br$ | $CH_3I$ | $CH_4$ | TMS | $CH_2Cl_2$ | $CHCl_3$ |
|---|---|---|---|---|---|---|---|---|---|
| 取代元素 | F | O | Cl | Br | I | H | Si | 2 × Cl | 3 × Cl |
| 电负性 | 4.0 | 3.5 | 3.1 | 2.8 | 2.5 | 2.1 | 1.8 | — | — |
| 化学位移 | 4.26 | 3.40 | 3.05 | 2.68 | 2.16 | 0.23 | 0 | 5.33 | 7.24 |

引自：叶宪曾编，《仪器分析教程》（第 2 版）。

#### 2. 磁各向异性效应（anisotropy effect）

从电子效应来看，不同杂化的碳原子电负性不同，导致饱和伯、仲、叔质子化学位移依次增大；但应用此规则解决以下问题时与上述规则不相符，如烯烃中质子的化学位移大于炔烃中质子的化学位移，苯环上质子的化学位移大于烯烃中质子的化学位移，醛中质子的化学位移很高等。这些问题均与分子的电子云分布及其在磁场下产生的环电流不同有关，需要从各向异性角度解释。当分子中某些基团的电子云分布非球形对称时（π 电子），在外磁场作用下，它对邻近氢原子核将产生一个各向异性的附加磁场，即抗磁环电流或顺磁环电流，从而引起不同空间位置的核受到屏蔽效应或去屏蔽效应，这一现象称为各向异性效应。

对烯烃而言，双键碳上的质子位于 π 键环流电子产生的感应磁场与外磁场方向一致区域（去屏蔽区），去屏蔽效应使得双键碳上质子共振信号移向低场，其化学位移一般为 4.5～5.7。羰基碳上氢与烯烃双键碳上的氢相似，也处于去屏蔽区，但考虑到氧的电负性较大，羰基碳上氢的共振信号应出现在比烯烃碳上的氢更低的低场，其化学位移更大，一般为 9～10。

对于乙炔而言，两个 π 键的作用导致电子云在碳原子核外围成圆柱状分布，碳上的质子所处空间位置的感应磁场方向与外磁场方向反平行，故乙炔质子实际感受到的磁场效应降低，为屏蔽效应，共振信号移向高场，其化学位移较小，一般为 2~3。

对于芳香族化合物而言，其质子所处空间位置的感应磁场方向与外磁场方向同向平行，故苯环质子实际感受到的磁场增强，为去屏蔽效应，共振信号移向低场，其化学位移较大，一般为 2~3。

碳碳单键的 σ 电子分布在 sp³ 杂化轨道上，也是非球形对称的，但各向异性效应较弱，只有当单键旋转受阻时才展现各向异性。其电子云分布类似于碳碳三键的柱形，但环电流方向是垂直于炔烃的，因而碳碳单键的去屏蔽区就变成以单键为轴的圆锥体。直立键上的氢处于屏蔽区，平伏键上的氢处于去屏蔽区，化学位移相差 0.5。

总之，苯环、碳碳双键、碳氧双键的上下平面可视为去屏蔽区，其上的氢则相应处于去屏蔽区；炔烃在轴的两个末端区域处于屏蔽区，因而其上的氢处于屏蔽区，轴外围为去屏蔽区；碳碳单键的两个末端区域处于去屏蔽区，因而其上的氢处于去屏蔽区，轴外围为屏蔽区。

### 3. 氢 键

分子内或分子间氢键的形成使电子云对氢核的屏蔽效应减弱，核磁共振信号移向低场。一般而言，分子内氢键的化学位移受试样浓度、温度等环境因素影响较小，主要取决于分子结构本身；但分子间氢键的化学位移受环境因素影响较大，质子化学位移会发生较大变化。如醇中羟基质子、胺中氨基质子的化学位移变化较宽，其原因与试样相互形成分子间氢键有关。

一些常见化合物中氢的化学位移一般如下：醛或羧酸中的质子在 9~12，苯环中的质子在 6.5~8.5，苯酚中的羟基质子及双键碳上的氢为 4.5~7.5，酰胺中 —NH₂ 的质子在 5~9.4，脂肪胺 —NH₂ 的质子在 0.5~3 等。

将与 O、S、N 直接相连的质子称为活泼氢。由于活泼氢的化学位移有一定变化范围，常用重水交换法和提高试样测定温度来判断。前者由活泼氢与氘原子发生交换，活泼氢峰消失，后者则在较高温度下活泼氢峰移向高场。一般经验，活泼氢的峰通常较宽。但当分子中出现多个活泼氢时，由于其能够快速发生交换而出现一个峰，此时可通过降低温度来降低交换速率，以观测到各个峰的存在。常见活泼氢的化学位移见表 2.10。

表 2.10　常见活泼氢的化学位移

| 化合物类型 | 化学位移 | 化合物类型 | 化学位移 | 化合物类型 | 化学位移 |
|---|---|---|---|---|---|
| 脂肪醇 ROH | 0.5~5.5 | 羧酸 RCOOH | 10~13 | 芳香胺 ArNH₂，Ar₂NH，ArNHR | 2.5~5 |
| 酚 ArOH | 4~8 | 醚的 α-H | 3~4.5 | 酰胺 | 5~9.4 |
| 酚 ArOH（缔合） | 10.5~16 | 脂肪硫醇 R—SH | 0.9~2.5 | 脂肪磺酸 RSO₃H | 11~12 |
| 烯醇（缔合） | 15~19 | 芳香硫醇 Ar—SH | 3~4 | 铵盐 | 7~8 |
| 醛 | 9~10 | 脂肪胺 RNH₂，R₂NH | 0.5~3.5 | 肟 =N—OH | 7.4~10.2 |

引自：杜一平编，《现代仪器分析方法》。

### 4. 共轭效应（conjugated effect）

共轭效应与诱导效应一样，也会影响质子周围的电子云密度，并最终影响其化学位移。苯环上的氢被给电子基团取代，由于 p-π 共轭，苯环上电子云密度增大，质子的化学位移向高场移动，苯环上的氢被吸电子基团取代，如 C=O、$NO_2$ 等；由于 π-π 共轭，苯环上电子云密度降低，质子的化学位移向低场移动。另外，苯环上的氢被吸电子基团取代并形成共轭效应，则苯环的邻、对位电子云密度下降程度比间位明显，屏蔽效应相应低于间位，于是与间位相比，邻、对位质子峰更易出现在低场，其对应的化学位移大于间位质子的化学位移。

### 5. 范德华力

当氢原子核与周围基团的空间距离接近至范德华半径时，氢核外层电子相互排斥，导致其周围的电子云密度降低，屏蔽作用减弱，即发生了去屏蔽效应，质子峰信号出现在低场，化学位移增大。

### 6. 溶剂效应

不同溶剂产生的溶剂效应也会影响质子的化学位移。溶剂效应主要是由溶剂的磁化率、各向异性效应或溶剂与待测试样分子间的氢键效应引起的。试样分子的极性越强，溶剂效应对化学位移的影响越明显。因此，在查阅和报道核磁共振谱图的数据时，必须标明所用溶剂，以便相互比较。

除上述各影响因素外，氢谱的化学位移还受温度、浓度等影响。

## 2.8.3 自旋耦合和自旋裂分

### 2.8.3.1 自旋耦合与耦合裂分

氢核并不总表现为单峰，有时表现为多重峰。如碘乙烷的 $^1H$ NMR 谱图中，亚甲基和甲基质子对应的吸收峰都不是单峰，而是四重峰（1：3：3：1）和三重峰（1：2：1），这是受邻近质子的自旋影响产生的。质子不仅受到外磁场和核外电子自旋形成的磁场影响，还受到邻近不等价质子自旋产生的小磁场的影响，导致谱线增多，这种邻近氢原子核之间的相互干扰作用称为自旋耦合（spin coupling）。邻近质子指的是相邻碳原子上的质子。相邻碳原子上的质子等价，则不裂分。自旋耦合产生的信号增多的现象称为耦合裂分（coupling splitting）或自旋裂分（spin splitting）。常见的自旋耦合主要是指同一碳原子上的 2 个质子间的耦合及相邻碳原子上 2 个质子间的耦合。一般来说，2 个质子相隔少于或等于 3 个单键（H—C—C—H）时发生耦合裂分；相隔 3 个以上单键时，耦合作用可以忽略，耦合常数为零。但也有例外，如苯环中被 π 键隔开的邻、间和对位的氢均可以发生耦合。

一般而言，一个信号被裂分的数目，取决于相邻的氢数目。例如，某氢原子有 $n$ 个等同的相邻的氢，则该氢原子信号被裂分为 $n+1$ 个峰（$n+1$ 规律）。其只适用于互相耦合的质子的化学位移差远大于耦合常数，且在质谱图中，互相耦合的两组峰强度还会出现内侧高、外侧低的情况，称为向心规则。

如果与相邻两组化学不等价的质子 $n$ 和 $m$ 耦合，则该质子的裂分峰数为 $(n+1)(m+1)$。

耦合形成的多重峰的相对强度满足二项$(a+b)^n$展开式的各项系数比，$n$为磁等价核的个数，如二重峰（1∶1）、三重峰（1∶2∶1）、四重峰（1∶3∶3∶1）、五重峰（1∶4∶6∶4∶1）及六重峰（1∶5∶10∶10∶5∶1），除1外，其他数字可认为是它上面一行对角的两个数字之和。但实际谱图中常难以观察到理论的裂分数，这是仪器原因或边峰、中心峰面积之比相差过大所致。

多重峰的中心位置为该组磁核的化学位移值。另外，相邻碳上的质子能否裂分，主要取决于两个相邻碳原子上的氢是否等价，如 1-2-二氯乙烷相邻碳原子上的氢是等价的，则 $^1$H NMR 为一个单峰，无裂分。

## 2.8.3.2　耦合常数

裂分信号中两个峰间的距离称为耦合常数（coupling constant），用 $J$ 表示，单位为 Hz。它是自旋耦合的量度，即表征核间耦合作用的强弱。由于自旋耦合是通过化学键传递的，因此，一般而言，两核间隔化学键数目越多，$J$ 值越小。

耦合常数 = 化学位移差 × 频率（或转换标尺为 Hz），然后可通过裂分峰间距获得，其大小与两核间隔的化学键数目密切相关，如化学键数目及电子云分布等，而与外磁场强度无关。相互发生耦合的氢，它们的耦合常数是相同的。$J$ 与相互耦合的核的种类、杂化类型、分子构型（如 2 个质子构成的二面角）、取代基类型等有关。如耦合常数可以区分烯烃的顺反异构，一般而言，反式烯烃耦合常数大于顺式，这是因为在反式中二面角为 180°，顺式中二面角为 0°。

## 2.8.3.3　化学等价与不等价质子

分子中处于相同化学环境的质子称为化学等价质子（chemical equivalence protons）。化学等价的质子其化学位移相同，因此，等价质子的组数代表 $^1$H NMR 谱图中信号的组数。如 $CH_4$ 分子中有 4 个等价质子，在 NMR 同一位置上只出现一组峰。$CH_3CH_3$ 分子中有 6 个等价质子，同样只有一组峰，且在同一位置。$CH_3^aCH_2^bCl$ 分子中 $H^a$ 原子有 3 个等价质子，$H^b$ 原子有 2 个等价质子，但由于它们受到氯原子的诱导效应不同，其互相不等价，因此 NMR 谱图中出现不同的两组峰。

需要注意的是，同一碳原子上的质子并非一定是化学等价的，如与手性碳相连的亚甲基上两个质子化学不等价；末端烯烃一个碳上的两个取代基相同，则另一碳原子上的两个质子化学等价，反之，则不等价；环状化合物平面上下化学环境相同则化学等价，否则化学不等价。

化学位移不相同的质子称为不等价质子。判断两个质子是否等价可将它们分别用一个实验基团取代，如两个质子被取代得到同一结构，则它们是等价的。如丙烷，两侧碳上的氢被氯原子取代后是同一结构，故两侧碳上的氢互相是等价的，但中间的氢与任一侧碳上的氢是不等价的。同一个碳上的氢，一般是等同的，但如果同一个碳上的氢所处的空间位置不同，相应的化学环境也不同，于是，同一个碳上的氢也能彼此耦合而裂分。如氯乙烯，未取代碳上的两个氢的化学环境不同，它们彼此耦合，峰形更加复杂。

## 2.8.4　积分曲线和峰面积

氢谱中有几组峰就表示分子中有几种化学不等价质子。每组峰的高度（或峰面积），与形成该组峰的质子数目成正比，因此，通过测定每组峰的面积比，可推测不同类型质子的相对数目。通常用积分曲线（integration curve）表示峰面积（peak area），即积分曲线的高度与峰面积成正比。现代核磁共振仪均具有自动积分器，可在谱图中记录积分曲线，获得相应的峰面积或强度。

## 2.8.5　核磁共振谱图的解析

由氢的谱图可得到以下结构信息：根据峰组数确定化学环境不同的质子种类；峰的高度（面积）确定每类质子的相对数目；峰的化学位移说明质子的化学环境；峰裂分数及耦合常数分别说明相邻碳原子上的质子数和化合物构型（基团间的连接关系）。

谱图解析步骤：通过分子式计算不饱和度；通过核磁信号数目推知有几种等价质子；通过化学位移推测化学环境；信号裂分及耦合常数推测相邻关系；通过积分高度获得氢核的相对数目比；判断相互耦合的峰；识别特征性吸收峰，区分杂质峰、溶剂峰等；判断有无活泼氢信号，观察有无不符合"$n+1$ 规律"等情况。

## 2.8.6　核磁共振仪

用于核磁共振光谱测定的仪器称为核磁共振光谱仪，按 $^1H$ NMR 的射频频率不同，分为 90 MHz、200 MHz、300 MHz、400 MHz、500 MHz、600 MHz 等，目前市场上已有的核磁共振仪最高已达 900 MHz。核磁共振光谱仪根据射频照射方式的不同分为连续波核磁共振仪（CW-NMR）（图 2.13）和傅里叶变换核磁共振仪（PFT-NMR）。核磁共振光谱仪主要由磁体、探头、前置放大器、射频发射器、射频接收器和信号记录仪组成。磁铁提供强而恒定均匀的外磁场，由于超导磁铁具有场强高、稳定性好等特点，核磁共振仪目前所用磁铁均为超导磁铁。探头位于磁铁中央，用以放置试样，产生和接受 NMR 信号。前置放大器用于在弱的共振吸收信号进入接收器前将其提前放大并射频输出。射频管通过高频交变电流产生稳定的电磁辐射。射频发射器产生一个与外磁场强度匹配的射频频率，来照射磁核，从而使磁核发生跃迁。射频接收器接受线圈中产生的共振信号，并传至放大器中，记录仪记录核磁共振谱图。

傅里叶变换核磁共振仪工作原理是在外磁场不变的条件下，当试样经强而短的射频脉冲照射后，处于不同化学环境中的所有同位素核同时发生共振吸收，接收线圈感应得到衰减时间域信号，再经过傅里叶变化后得到以频率为横坐标的频域核磁共振谱图，常用于研究核磁信号较弱的 $^{13}C$ 和 $^{15}N$ 等。测定氢谱时所用的溶剂一般为 $CCl_4$ 或 $CS_2$ 或其他氘代溶剂。待测试样溶液应对样品溶解性好，避免溶剂峰与试样峰重叠，试样浓度一般为 5% ~ 10%，15 ~ 30 mg。

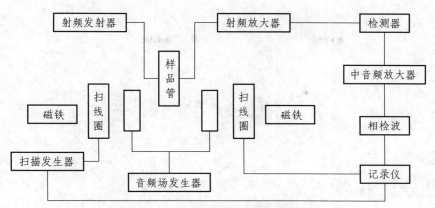

**图 2.13　连续波核磁共振仪的结构**

实现核磁共振的方法：固定磁场强度，通过连续改变电磁辐射的频率，产生共振，称为扫频法；固定电磁辐射的频率，通过连续改变磁场的强度，产生共振，称为扫场法。目前核磁共振仪都是采用扫场法。

随着核磁共振技术的不断发展，现在已出现了快速魔角旋转、高功率质子去耦、交叉极化等固体高分辨率核磁共振和脉冲傅里叶核磁共振技术，解决了以前由于固体试样的非均匀性和各向异性等导致的信号难以检测等问题，已广泛用于高分子交联聚合物、陶瓷、玻璃和木头等的研究。特别是核磁共振技术与液相色谱等的联用，使得化合物的结构和组成分析近年来出现了新的突破。

# 3 电分析化学

## 3.1 电分析化学导论

电分析化学法（electroanalytical chemistry）是仪器分析的一个分支，是研究电能和化学能相互转化的科学。它是运用电化学的基本原理、实验技术和物质的电学或电化学性质（电导、电位、电流和电量等）及其变化对物质浓度或某些电化学性质进行测定和表征的一种仪器分析方法。电分析化学与物理学、电学、材料科学及生命科学密切相关，通常是使待测试样构成一个化学电池，然后直接测定该电池中与待测物质有关的某些电化学参数等物理量的变化，来确定物质的量，从而实现待测物质的定量分析。电分析化学具有速度快、灵敏度和准确度高、选择性好、试样用量少、仪器简单和操作方便、自动化程度高等特点，已广泛用于无机元素分析，环境污染物检测，电化学传感器及微量元素测定等。

### 3.1.1 电化学分类

电分析化学法根据所测定的电化学参数的不同，主要分为电导分析法、电位分析法、电解（电重量分析法）与库仑分析法（电量分析法）、伏安法及极谱法等。IUPAC 推荐的分类为：涉及电极反应的电位分析法、电解分析法、库仑分析法、伏安法和极谱分析法；不涉及电极反应，仅涉及电双层现象的表面张力法等；既不涉及电双层，也不涉及电极反应的电导分析法等。

电位分析法是利用指示电极和参比电极与待测体系组成原电池，根据指示电极的电极电位与溶液中相应离子活度间的关系进行分析的方法。可分为两类：直接电位法，根据测定的电极电位直接获得离子的活度或浓度；电位滴定法，通过加入滴定剂，考察电极电位的变化以指示滴定终点。电位分析法是一种较为经典的电分析化学方法，如平衡常数的测定；可用于测定许多其他方法难以测定的离子，如碱金属和碱土金属离子，某些无机、有机阴离子。电位分析法所需仪器简单，操作方便，容易经过简单改装而实现自动化。

电导分析法根据溶液的电导性质不同，可分为电导法和电导滴定法，前者是通过直接分析溶液的电导或电阻与待测离子浓度间的关系而建立的方法；后者是根据在滴定过程中溶液电导的变化情况来确定滴定终点的方法，故又称容量分析法，如酸碱滴定和沉淀滴定等。

电解与库仑分析法，前者是将待测液进行电解，使待测离子以金属或其他形式在电极上析出，从而根据电解前后电极增加的量求得浓度，实质上属于重量分析法，故也可称为电重量分析法。后者是根据待测物质彻底电解时消耗的电量进行定性分析的方法。实验中根据控制电流或电位的不同需求，又分为控制电流库仑滴定法和控制电位库仑滴定法。

伏安法和极谱分析法，前者使用滴汞电极记录电解过程中的电流-电压变化曲线；后者是通过固定电极记录电解过程中的电流-电压变化曲线，固定电极有汞膜剂悬汞滴等。

本章讨论电位分析法、电导分析法、电解和库仑分析法。

## 3.1.2　电化学基础知识

### 3.1.2.1　化学电池（chemical cell）

化学电池一般由两组金属-溶液体系组成,每组体系称为电极( electrode )或半电池( half cell )。两组体系的金属部分与外电路相连，而两组电解质溶液之间相连通，构成电流通路。化学电池是化学能与电能相互转化的装置。根据能量转化方式可分为：原电池（ galvanic/voltaic cell ）和电解池（electrolytic cell），原电池负责将化学能转换为电能，电解池负责将电能转换为化学能。电荷的流动必须在电池内部和外部流通，从而构成回路。外部电路中移动的是带负电荷的电子，内部电路中移动的是带正负电荷的离子（以输送电荷），最后在金属溶液界面处发生电极反应，即离子从电极上获得电子或将电子交给电极，从而发生氧化还原反应。化学电池根据两个电极是浸在一个还是分别浸在两个电解质溶液中分为无液体接界电池和有液体接界电池。

在化学电池中，无论是原电池还是电解池，凡是失去电子，发生氧化反应的电极称为阳极（ anode ），得到电子，发生还原反应的电极称为阴极（cathode）。对于原电池，电极电位较高的为正极，较低的为负极，阳极并非正极，阴极并非负极。

如将金属锌插入 $ZnSO_4$ 溶液中，金属铜插入 $CuSO_4$ 溶液中，再用盐桥连接，则可用符号表示为

$$(-)\ Zn|ZnSO_4(\alpha_1)\|CuSO_4(\alpha_2)|Cu\ (+)$$

两侧的"|"表示金属和溶液两相界面，此界面上存在的电位差，称为电极电位。中间出现"|"，表示不同电解质溶液的界面，该界面的电位差称为液体接界电位；如果中间出现"‖"，则表示盐桥，此界面上不存在电位差，液体接界电位消除。

Zn 原子失去电子，氧化成 $Zn^{2+}$ 进入溶液，其失去的电子停留在锌电极上，通过外电路流至铜电极。$Cu^{2+}$ 接受锌电极流过来的电子，被还原成金属铜而沉积在铜电极上。因此，锌电极发生氧化反应，为阳极；铜电极发生还原反应，为阴极，即

$$Zn \rightleftharpoons Zn^{2+}+2e^-$$

$$Cu^{2+}+2e^- \rightleftharpoons Cu$$

因此，总反应式为

$$Zn+Cu^{2+} \rightleftharpoons Zn^{2+}+Cu$$

外电路电子由锌电极流向铜电极，电流的流向与此相反，由铜电极流至锌电极。习惯上将阳极写在左边，阴极写在右边，因此，电池电动势 $E$ 可表示为

$$E = \varphi_c - \varphi_a \qquad\qquad (3.1)$$

式中 $\varphi_c$，$\varphi_a$——阴极电极电位和阳极电极电位。

电池电动势值为正，表示电池能自发进行反应；反之，为非自发反应。

### 3.1.2.2 液接电位和盐桥

两种不同浓度的溶液直接接触时，其界面上会发生离子迁移现象，因不同离子的扩散速率不同而出现电位差，称为液接电位。液接电位的存在对电动势的测定非常不利，通常可在两溶液间创造"盐桥"而克服。

### 3.1.2.3 电极电位

#### 1. 平衡电极电位

当锌片处于 $ZnSO_4$ 溶液中时，金属中 $Zn^{2+}$ 的化学势大于溶液中 $Zn^{2+}$ 的化学势，于是，$Zn^{2+}$ 不断溶解至溶液中，电子留在金属锌片上，结果导致金属带负电，溶液带正电，金属与溶液两相间产生电双层，形成了电位差。这时，该电位差会对 $Zn^{2+}$ 继续进入溶液产生排斥作用，同时，金属表面的负电荷会对溶液中的 $Zn^{2+}$ 产生吸引。上述两种过程倾向平衡，最终产生相间平衡电极电位（equilibrium electrode potential）。

#### 2. 电位的测定

由于绝对的电极电位无法测量，因此，常需要选择参比电极来测定电池电动势，即两个电极电势的差值。IUPAC 规定以标准氢电极（normal hydrogen electrode，NHE）为参比电极，在氢离子活度为 1，氢气压力为 $1.01 \times 10^5$ Pa（1 个大气压下），标准氢电极在任何温度下的电极电位为零，表示为 $\varphi_{NHE} = 0$。其他任何电极与标准氢电极构成原电池时，测得的电池电动势即为该电极的电极电位，比标准氢电极的电极电位高的为正，反之为负。如前所述，电子通过外电路流向该电极时，该电极电位为正值；反之，电子由该电极流向标准氢电极时，该电极电位为负值。

### 3.1.2.4 传质及扩散电流

传质是指随电化学反应的进行，反应物不断被消耗而减少，因而需要从体系中向电极表面转移反应物，而生成物则需要从电极表面转移出去。传质从形式上可分为扩散（mass transfer）、电迁移（migration）和对流（convection）三种。扩散是指离子在浓度差作用下，从高浓度向低浓度处迁移的现象，其与一系列因素有关。电迁移是带电离子或极性分子（不全是电极反应的离子）在电场作用下的迁移，通常采用添加惰性电解质来克服迁移电流，如钾盐和铵盐等。对流的影响可通过溶液静止时测定来克服。

### 3.1.2.5 电极的极化与超电位

#### 1. 电极极化

如果电极的电极反应可逆，通过的电流比较小，可认为此时的电极反应是在平衡电位下进行的，该电极称为可逆电极。可逆电极满足能斯特方程。但当较大电流通过电池时，电极电位将偏离可逆电位，不再满足能斯特方程，电极电位变化很大而产生的电流变化很小时，产生电极极化现象（polarization）。电极大小、形状、电解质组成、搅拌程度、温度、电流大小以及反应物和产物的物理状态等均会影响极化的程度。

一般而言，极化可分为浓度极化（concentration polarization）和电化学极化（kinetic polarization）两种。浓度极化是电极表面溶液的浓度与主体溶液的浓度有差异引起的。如电解时阳离子在阴极上被还原，导致电极表面附近的阳离子浓度迅速下降，若得不到及时补充，其浓度低于内部溶液，此时为了维持原来的电流密度，需要增加额外的电压，即阴极电位将比可逆电极电位更小（负值）一些。同样，电解时阳极发生氧化反应，导致其表面的金属溶解速率加大，离子浓度比体系中非电极表面的离子浓度大，阳极电位更大（正值）一些。常通过增大电极面积和温度使浓度极化降低。

电化学极化是由某些动力学因素引起的。电极上多步反应中反应速率最慢的一步，往往需要较高的活化能，必须额外加大电压，这种由于反应速度慢引起的极化也称为动力极化。对阴极而言，更高的活化能意味着阴极电位比可逆电位更小，阳极则需要更大的电位。

### 2. 超电位

极化现象的存在使实际电位与平衡电位间出现电位差，该差值称为超电位（overpotential），以 $\eta$ 表示。超电位使阴极电位向负的方向移动，反之，使阳极电位向正的方向移动。超电位可作为电极极化程度的衡量指标，尽管其具体数值无法计算，但仍有一些经验规律，如超电位与电流密度的变化成正比；与温度的变化成反比；与电极的化学组成成分有关；金属电极及离子价态改变的电极，超电位较低，但产物为气体的电极过程，其超电位较大。

# 3.2  电位分析法

## 3.2.1  基本原理

### 3.2.1.1  电位分析法的依据

电位分析法（potentiometry）是在通过化学电池的电流为零的条件下，利用电极电位与离子浓度间的关系，测定参比电极与指示电极间的电势差（电动势），从而建立的一种测定物质量的方法。该法可用于环境检测、生化分析及临床检验的各种成分分析中，也可用于平衡常数测定及反应动力学研究。

电位分析法的理论基础是能斯特方程（Nernst equation），Nernst 方程可用于表示电极电位 $\varphi$ 与溶液中离子活度间的关系。在 25 ℃ 时，对氧化还原：

$$Ox + ze^- \rightleftharpoons Red$$

$$\varphi = \varphi^{\ominus} + \frac{RT}{zF} \ln \frac{\alpha_{Ox}}{\alpha_{Red}} \tag{3.2}$$

式中 　$\varphi^{\ominus}$——标准电极电位；

　　　$R$——摩尔气体常数，$R = 8.314 \ \text{J} \cdot \text{mol}^{-1} \cdot \text{K}^{-1}$；

　　　$F$——法拉第常数，$F = 96\,486.70 \ \text{C} \cdot \text{mol}^{-1}$；

　　　$T$——热力学温度；

　　　$z$——传递的电子数；

　　　$\alpha_{Ox}$，$\alpha_{Red}$——氧化态与还原态的活度。

将各常数代入并转换，式（3.2）可改写成：

$$\varphi = \varphi^{\ominus} + \frac{0.059}{z} \lg \frac{\alpha_{Ox}}{\alpha_{Red}} \tag{3.3}$$

利用活度与浓度的关系，即

$$\alpha_i = \gamma_i c_i \tag{3.4}$$

式中 　$\gamma_i$——活度系数，与离子强度有关。

对于金属电极，还原态为纯金属，活度定为 1。

由以上各式可以看出，通过测定电极电位，即可确定离子的活度或一定条件下的离子浓度，这是电位测定的依据。

### 3.2.1.2　电位分析法分类

电位分析法要求指示和参比两个电极与待测溶液相接触，与其相连的导线通过与电位计连接，构成一个化学电池通路。包括直接电位法和电位滴定法。直接电位法（direct potentiometry），又称为离子选择性电极法，它是将指示电极浸入待测试液，利用其敏感膜将待测离子的活度转换为电极电位，测其相对于某一个参比电极的电位，最后利用 Nernst 方程求出待测试样的浓度。该法是在体系处于平衡状态下进行测定的，电极响应的是游离离子的量。电位滴定法（potentiometric titration）是加入能与待测试样中目的物质发生化学反应的试剂，通过记录滴定过程中指示电极电位变化确定终点，并根据消耗试剂的量计算出待测物的浓度。

## 3.2.2　指示电极

电极电位的测定通常需要由指示电极、参比电极及待测试液构成化学电池。指示电极（indicator electrode）是原电池中电极电位随待测离子活度的变化而变化且能指示离子活度的电极，要求其对离子活度变化能够做出快速响应，且保持一定的稳定性，较常用的是金属电极和膜电极。

### 3.2.2.1　指示电极分类

#### 1. 金属-金属离子电极

金属浸入含有该金属离子的溶液中所组成的电极，称为金属-金属离子电极。该体系的电极电位取决于金属离子的活度。如 Ag、Cu、Zn 等及其离子，在电极反应中有电子交换反应，即氧化还原反应发生。

90

$$M^{n+} + ne^- \rightleftharpoons M$$

$$\varphi = \varphi_{M^{n+},M}^{\ominus} + \frac{0.059}{n}\lg\alpha_{M^{n+}} \qquad\qquad (3.5)$$

式中　$M^{n+}$——金属离子；

$n$——转移电子数；

$\alpha$——$M^{n+}$的氧化态活度。

#### 2. 金属-金属难溶盐及金属-金属难解离电极

金属表面涂有一层该金属的难溶盐，并将其浸入该难溶盐溶液中所组成的电极，称为金属-金属难溶盐电极。该法可间接反映体系中阴离子的活度，如 $AgCl$、$[Ag(CN)_2]^-$ 及其阴离子及甘汞电极等。

另外，金属及其离子可与另一种金属离子有共同阴离子，该金属离子与阴离子组成难溶性或难解离的配离子，这两种金属与同一种阴离子组成的体系，称为金属-金属难解离电极，如 $Ag_2C_2O_4$、$CaC_2O_4$ 等草酸盐体系。

#### 3. 惰性金属电极

惰性金属电极也称为零类电极，是由惰性金属，如 Pt、Au 等浸入含有氧化-还原电对的溶液中所组成的电极。该类电极本身不参与反应，如将铂丝插入 $Fe^{2+}$ 和 $Fe^{3+}$ 组成的溶液中。

#### 4. 膜电极

膜电极是利用离子在不同相界面上的扩散所产生的电位差而起作用的。由于该电极的膜对某种离子具有选择性，因此，膜电极也称为离子选择性电极（ion selective electrode）。该体系无电极反应和电子交换，构造上一般包括电极膜、电极管、内充溶液和内参比电极四部分。

离子选择性电极膜电位包括离子在膜上扩散所引起的扩散电位和在膜上的交换等作用所引起的界面电位。当待测离子在膜上的交换或扩散达到平衡后，形成的膜电位符合能斯特方程。离子选择性电极具体可分为基本电极和敏化电极，其中基本电极又分为晶体膜电极和非晶体膜电极，前者如聚乙烯膜电极等，后者如 pH 玻璃电极、$NO_3^-$ 电极、$Ca^{2+}$ 电极等。敏化电极分为气敏电极和酶电极，前者如 $NH_3$ 气敏电极，后者如尿素酶电极。

### 3.2.2.2　离子选择性电极测定的影响因素

影响离子选择性电极测量的因素有电极、电动势、温度、溶液 pH、干扰离子、响应时间及迟滞效应等。

#### 1. 温　度

Nernst 方程中的斜率及截距均与温度 $T$ 有关，故测定中须保持温度恒定。

#### 2. 电动势

电动势 $E$ 与实验结果的准确度直接相关。通过微分求解可看出，$\Delta c/c$ 变化对 $E$ 的误差影响较大，即

$$\varphi = \varphi^\ominus + \frac{RT}{zF} \ln c \tag{3.6}$$

$$\Delta E = \frac{RT}{zF} \frac{1}{c} \Delta c \tag{3.7}$$

将各常数代入，温度为 25 ℃，$E$ 的单位为 mV，则

$$\frac{\Delta c}{c} \times 100\% = 4\% n \Delta E \tag{3.8}$$

式（3.8）说明，价态越高的离子，测量的误差越大，因此，离子选择性电极适合测定低价离子，对于高价离子，则需要将其转换为低价态后测定。另外，$\varphi^\ominus$ 的数值大小取决于温度、试液组成、搅拌速率、膜的特性、参比溶液及液接电位等，因此，利用直接电位法测定时，要求仪器必须具有较高的灵敏度和准确度。

### 3. 干扰离子

干扰离子能通过与电极膜反应，与待测离子反应生成不溶性化合物，或不同程度地影响溶液的离子强度等，最终不仅影响离子活度，还影响电极响应时间。实验中为了消除干扰离子，常通过添加各种掩蔽剂，甚至分离干扰离子的办法来克服其带来的误差。

### 4. 溶液 pH

溶液的酸碱度会影响某些测定，pH 的恒定需要通过缓冲溶液来维持。

### 5. 待测离子浓度

在离子选择性电极的线性检测范围（$10^{-1} \sim 10^{-6}$ mol·$L^{-1}$）内，$E$ 与 $\ln c$ 成正比关系；超出该范围对实验结果有影响。该线性范围的确定与干扰离子和 pH 等因素有关。

### 6. 响应时间

响应时间是指电极浸入待测试液后，达到稳定测定电位要求时的时间。常采用电位达到95%时所需时间来表示。离子选择性电极的响应时间与待测离子的活度及迁移至电极表面的速率有关，也与体系的离子强度、干扰离子、膜的厚度及光洁度等有关。

### 7. 迟滞效应

实际测量前离子选择性电极接触的溶液种类不同，其电动势数值将会不同，这种现象称为迟滞效应。也就是说迟滞效应与测定前电极接触的试液种类、成分等有关，常通过固定测定前的电极条件来减少误差。

## 3.2.3  参比电极

参比电极（reference electrode）是指电极电势已知、稳定、不受待测试样影响且能迅速建立热力学平衡电位的电极。参比电极主要有标准氢电极、甘汞电极和银-氯化银电极等，但由于氢电极存在使用不方便等问题，实际应用较多的参比电极是甘汞电极和银-氯化银电极。

甘汞电极是由金属汞及其难溶盐 $Hg_2Cl_2$ 和 KCl 溶液组成的电极，在一定温度下，电极电位随温度和 $Cl^-$ 浓度的变化而变化，因此，当 $Cl^-$ 浓度一定时，其电极电位值恒定。在 25 ℃下，饱和氯化钾溶液中的甘汞电极最为常用，此时的电极称为饱和甘汞电极（saturated calomel electrode，SCE），一般默认的甘汞参比电极均为 SCE。

银-氯化银电极是将氯化银涂至银电极表面，然后将其插入一定浓度的 KCl 溶液中所组成的电极。同样，当温度和 $Cl^-$ 浓度恒定时，其电极电位保持恒定。60 ℃ 反应体系仍可使用银-氯化银电极，但不可使用甘汞电极。

## 3.2.4　定量分析

由于液接电位和不对称电位的存在，以及活度系数难以计算等，一般不采用 Nernst 方程计算待测试液中离子的浓度，离子浓度的测定可通过标准曲线法及标准加入法等完成。

### 3.2.4.1　标准曲线法

配制一系列已知的待测离子标准溶液，将指示电极和参比电极浸入，测定相应的电动势 $E$，以电动势 $E$ 对 $\lg c$（$\lg \alpha$）作图，绘制标准曲线。待测离子在相同条件下同法操作，获得电动势 $E_x$，代入计算得到其离子浓度 $c_x$。该法需要在测定时用总离子强度调节缓冲溶液（total ionic strength adjustment buffer，TISAB）将标准溶液和待测试液的总离子强度调至基本相同，活度系数也基本相同，故测定时可用浓度代替活度。同时，该法要求尽可能使用极稀溶液进行电极电位测定。

### 3.2.4.2　标准加入法

标准曲线法适合测定待测试液与标准溶液组成基本相同的简单情况，对于待测试液成分复杂，与标准溶液组成不一致的情况，可通过标准加入法克服。

首先测定试液的电动势 $E$，即

$$E = \varphi_{in} - \varphi_r + \varphi_j = \left( \varphi^{\ominus} + \frac{RT}{zF} \ln \gamma_x c_x \right) - \varphi_r + \varphi_j$$

$$= (\varphi^{\ominus} - \varphi_r + \varphi_j) + \frac{RT}{zF} \ln \gamma_x c_x$$

$$= K + \frac{RT}{zF} \ln \gamma_x c_x \tag{3.9}$$

式中　$c_x$——试液浓度；

　　　$\varphi_{in}$——指示电极电位；

　　　$\varphi_r$——参比电极电位；

　　　$\varphi_j$——液接电位；

　　　$K$——常数。

将体积为 $V_s$（约为 $V_x$ 的 1/100）、浓度为 $c_s$ 的标准溶液加入待测试液中，在相同条件下再次测定电动势 $E'$。

$$E'=K+\frac{RT}{zF}\ln\gamma'_x c'_x \qquad (3.10)$$

此时，由于加入标准溶液的体积很小，可认为体积基本保持不变，即 $\Delta c=\frac{c_s V_s}{V_x}$；离子强度基本不变，组成也几乎无变化，因此，可得到

$$c'_x = c_x + \Delta c \qquad (3.11)$$

$$\gamma_x = \gamma'_x \qquad (3.12)$$

令 $S = 2.303\frac{RT}{zF}$，得到待测离子的浓度计算公式，即

$$\Delta E = E' - E = \frac{RT}{F}\ln\frac{c_x + \Delta c}{c_x} = S\lg\frac{c_x + \Delta c}{c_x}$$

$$c_x = \Delta c(10^{\frac{\Delta E}{S}} - 1)^{-1} = \frac{c_s V_s}{V_x}(10^{\frac{\Delta E}{S}} - 1)^{-1} \qquad (3.13)$$

通过实验测定 $\Delta c$ 和 $\Delta E$，可求得 $c_x$。

另外，还可通过连续、多次加入标准溶液以测定 $c_x$，即格式（Gran）作图法。

## 3.2.5　电位滴定法

当滴定分析中出现有色反应或溶液变浑浊时，因无合适的指示剂，终点判断变得较为困难，此时可考虑用电位滴定法进行测定。在进行电位滴定法操作中，首先插入待测离子的指示电极和参比电极组成化学原电池，当加入滴定剂后，待测离子逐渐与滴定剂发生化学反应，引起待测离子浓度（活度）发生变化，而离子活度的变化又导致指示电极电位发生改变。当滴定达到终点附近，待测离子的浓度发生连续性的数量级变化，指示电极电位也发生相应的突跃，从而可根据滴定过程中指示电极电位的变化来确定反应的终点。再通过测定滴定剂消耗量则可计算待测物质含量。电位滴定法要求每滴定一次，待平衡后测量电动势，该法不依赖于 Nernst 方程，而依赖于物质相互反应的量的关系。

使用不同的指示电极，电位滴定法可进行酸碱滴定、氧化还原滴定、配合滴定和沉淀滴定。

# 3.3　电导分析法

当溶液中离子浓度发生变化时，其电导也随之发生改变，因此，通过测定溶液中的离子或离子基团的导电能力可求得离子浓度大小，该法称为电导分析法（conductometry）。电导分析法分为直接电导法：通过测定溶液电导来确定物质含量；电导滴定法：测定滴定所发生的化学反应引起的电导变化，从而确定反应终点。由于电导分析法测定的是溶液中所有离子电导的总和，而非单个离子的含量，因而选择性差；但该法简单快速，常用于实验室或环境

中的水质监测以及 $CO_2$、$SO_2$ 等大气中有害气体的检测。本节仅介绍直接电导法。

# 3.3.1 基本原理

## 3.3.1.1 电导和电导率

具有导电能力的物质称为导体。在外电场作用下，电解质溶液中正负离子向相反方向移动的现象称为电导，用 $G$ 表示，电导是电阻 $R$ 的倒数，服从欧姆定律，即

$$G = \frac{1}{R} = \frac{1}{\rho} \frac{A}{L} = k \frac{A}{L} \qquad (3.14)$$

式中　$G$——电导，S；

　　　$\rho$——电阻率，$\Omega \cdot cm$；

　　　$A$——导体截面积，$cm^2$；

　　　$L$——导体长度，cm；

　　　$R$——电阻，$\Omega$；

　　　$k$——电导率，是电阻率的倒数，即长度 1 cm，截面积为 1 $cm^2$ 的导体的电导，$S \cdot cm^{-1}$。

电导与导体的电阻成反比，其他条件不变的情况下，电导与通过导体的电流成正比，与两极间电压差成反比。

导体一般分为两类：一类是通过电子的定向流动而导电的电子导体，如金属及其氧化物、石墨等；另一类是通过离子的定向移动而导电的离子导体或电解质导体，包括电解质溶液和固体电解质。通常，前者的导电能力比后者强，如金属银的导电能力是硝酸银的 $10^6$ 倍。不同电解质的导电能力相差较大，一般而言，有机溶剂类电解质导电能力低于水溶剂类电解质。

## 3.3.1.2 电导池常数

当导体的截面积 $A$ 与电极间距离 $L$ 一定时，$L/A$ 为定值，即为电导池常数，用 $\theta$ 表示，即

$$\theta = \frac{L}{A} = kR = k \frac{1}{G} \qquad (3.15)$$

## 3.3.1.3 摩尔电导率

摩尔电导率可用来比较电解质导电能力的大小，是指 1 mol 电解质溶液，在长度为 1 cm 的两平板电极间所具有的电导，用 $\Lambda_m$ 表示，单位为 $S \cdot cm^2 \cdot mol^{-1}$，即

$$\Lambda_m = kV \qquad (3.16)$$

式中　$V$——1 mol 电解质溶液的体积，$cm^3$。

## 3.3.1.4 无限稀释摩尔电导率

电解质溶液的摩尔电导随浓度降低而增大，当无限稀释时，摩尔电导率达到极限值，即为无限稀释摩尔电导率。

### 3.3.1.5 影响电导率的因素

离子的迁移速度越快或离子的价数越高，电导率越大；离子浓度越大，电导率越大，但浓度过大时，离子间存在引力，电导率反而下降；温度升高，离子迁移速度加快，电导率增大。

## 3.3.2 定量分析

由于电导是电阻的倒数，因此，测定溶液的电导就转换为测定溶液的电阻。测量溶液电导时常以 6～10 V 交流电为电源，而不能采用直流电，因为直流电通过电解质溶液时会引起电解作用，且容易在两极与溶液界面处产生极化现象，引起溶液组成成分改变，最终导致电导率测定结果错误。

电导的测量装置包括电导池和电导仪，现多采用电导仪。电导仪有平衡电桥式和直读式两类，常用的测量电阻的方法是惠斯登（Wheatstone）平衡电桥法。

# 3.4 电解和库仑分析法

在两极上加一定的直流电压后，电解池向非自发方向发生电化学反应，电极电位发生改变，电解质溶液在两极上分别发生氧化还原反应，同时电流通过电解池，该过程称为电解。电解池中发生的变化是原电池变化的逆过程，其阴极与外电源的负极相连，阳极与外电源的正极相连。根据电解后物质含量的计量方式不同，将电解过程分为电解分析法（electrolytic analysis）和库仑分析法（coulometry）。无论电解分析法还是库仑分析法，均采用能将电能转化为化学能的电解池，且均不需要基准物质，是一种绝对分析法。

## 3.4.1 电解分析法

### 3.4.1.1 基本原理

电解分析法是以称量电解过程中沉积于电极表面的金属或其他形式析出的物质的重量为基础，通过电解前后增加的重量求得其含量的电分析方法，又称为电重量分析法。该法较为古老，适合高含量物质的测定，可用于某些杂质的去除或元素分离、金属纯度鉴定等。实现电解的方式有控制外加电压电解，控制阴极电位电解和恒电流电解。

### 3.4.1.2 基本概念

#### 1. 分解电压

电解过程中，被电解物质迅速、连续进行电极反应所需的最小外加电压。

96

**2. 析出电位**

物质在阴极上还原析出所需最大的阴极电位，或在阳极上氧化所需最小的阳极电位。

**3. 电极的极化和过电位**

极化是指电流通过电解系统而引起的电极电位偏离平衡电位的现象。极化导致阳极的氧化反应和阴极的还原反应难以持续，即阴极电位更小，阳极电位更大。过电位是指实际电位与平衡电位的差值。

### 3.4.1.3　电解分析法的分类

**1. 控制电流电解法**

控制电流电解法是通过控制电解过程中的电流保持不变，而不断增加外加电压，使电流恒定在 0.5~5 A，称量电极上析出物质的重量进行分析测定的一种电重量法。该法仪器设备简单，由于电解电流大且恒定，电解速度和分析速度均较快；但由于阴极电位不断负移，其他离子也可能沉淀下来，故选择性差，只能定量分析仅含有一种可还原金属离子体系。实验中常通过添加阳极或阴极去极剂以维持电位不变，从而克服选择性差的问题。去极剂（depolarizer）是指比干扰物更易还原的高浓度离子，加入它的目的在于防止干扰离子析出。

**2. 控制电位电解法**

控制电位电解法是通过控制阳极或阴极电位（常选择控制阴极电位）保持不变实现的，随电解的进行，电流越来越小，电流趋于零时，电解完成。该法能有效防止共存离子的干扰，因而选择性好。另外，该法可用于多种金属离子中某一离子的浓度测定。

## 3.4.2　库仑分析法

### 3.4.2.1　基本原理

库仑分析法是在电解分析法的基础上发展起来的，该法是以测量电解过程中待测物质在电极上发生氧化还原反应时消耗的电量为基础的电分析法，适合痕量分析，主要有恒电位库仑分析法和恒电流库仑分析法两种。

库仑分析法的理论依据是法拉第（Faraday）定律，该定律不受温度、压力、电解质浓度、电极材料和形状及溶剂性质等影响，析出物质的质量（$m$）与通过的电量（$Q$）成正比，即

$$m = \frac{M}{nF}Q \qquad\qquad (3.17)$$

式中　$m$——电极上析出物质的质量；

　　　$F$——Faraday 常数，$F = 96\ 485\ \text{C} \cdot \text{mol}^{-1}$；

　　　$M$——摩尔质量；

　　　$n$——参与电极反应的电子转移数；

　　　$Q$——电量，当恒电流电解时，$Q$ 等于通过的电流（$i$）与通过电流的时间（$t$）的乘积。

法拉第定律要求库仑分析时电流效率达到 100%，即电极反应单纯，不发生副反应，因此，必须避免工作电极上发生副反应。一些影响电流效率的因素尽可能避免，如通过控制适当的电极电位和溶液的 pH 范围来防止常用溶剂如水等的电解，电极本身在特殊条件下可能被氧化或在电解质溶液中被溶解，可通入氮气等惰性气体以防止溶解氧被还原，两个电极上的电解产物发生再次反应或一个电极上的反应物在另一电极上发生再反应，试剂或溶剂不纯（所含的微量电活性杂质易被还原），其他共存元素的电解等。

### 3.4.2.2　库仑分析法的分类

#### 1. 恒电位库仑分析法

该法是指在电解过程中，工作电极电位维持恒定，以 100%电流电解待测物，当电流趋于零时，表明该物质完全被电解，消耗的电量可通过重量库仑计、气体库仑计或电子积分仪等测量，并根据法拉第定律求得待测物的含量。该法是根据所测的电量，用法拉第定律直接计算出来的，因而对电量测定的准确度要求较高，是一种绝对分析法。该法灵敏、方便、准确，不要求待测物质在电极上沉积为金属或难溶物，特别适合有机物的分析，可用于测定反应过程中电子转移数、扩散系数或研究反应机理。缺点是仪器构造较为复杂，背景电流干扰不易消除且电解时间相对较长。

#### 2. 恒电流库仑分析法

恒电流库仑分析法是建立在恒电流电解基础上的分析法。待测物直接在电极上反应，或与电极反应产生的能与待测物反应的 "滴定剂"（本质为电子）间发生反应，当定量反应完全后，指示终点的仪器发出信号，立即停止电解，又称为库仑滴定法。该法与一般滴定分析不同的是滴定剂并非由滴定管加入，而是电解生成的，其生成量与消耗的电量成正比。该过程考察的是时间和电流，而非标准溶液的浓度和体积。指示终点的确定方法主要有化学指示剂法、电位法、电流法和光度法等，较为常用的是化学指示剂法，如淀粉指示剂在恒电流电解 KI 溶液产生滴定剂 $I_2$ 测定 As（Ⅲ）时的应用。

恒电流库仑分析法的关键在于明确滴定时间和转移电子数。该法可用于常量和微量分析；适用于解决滴定实验中诸如物质不稳定或浓度难以均一化等问题；准确度和精确度好；较容易实现自动、动态分析；适用于如酸碱滴定、氧化还原滴定、沉淀滴定和配合滴定等容量分析。但也存在不适合高含量物质测定（高含量试样需采用较大电流和较长时间，会导致电流效率降低），100%电解效率难以保证，滴定剂不稳定等不利因素。

该法目前已广泛用于环保、石油、冶金等方面。

# 4　色谱分析

1906 年，俄国植物学家茨维特（Tsvet）利用碳酸钙分离植物色素时提出色谱法，也称为层析法。20 世纪 30 年代，建立了离子交换色谱技术；1952 年，建立了气相色谱技术；1968 年，建立高效液相色谱技术；80 年代，建立了超临界流体色谱技术；90 年代，建立了毛细管电泳技术；进入 21 世纪，建立了超高速液相色谱技术。

色谱法是利用混合物在两个不同相中的作用力不同而进行分离分析的一种方法。两个不同相分别为固定相（stationary phase）和流动相（mobile phase）。当溶解于流动相中的混合物通过固定相时，与固定相不断发生相互作用，如吸附、分配和解吸附等，由于混合物各组分的结构和性质不同，与固定相相互作用力的强弱不同，因而随流动相的移动，各组分反复在两相间进行分配，被固定相所保留的时间不同，按照顺序从固定相先后流出，最终形成各单组分的"带（band）"或"区（zone）"，利用适当的检测方法可进行定性和定量分析。固定相保持不动，可为固体或结合在固体上的液体，其对组分中某化学成分具有保留作用；流动相携带组分运动，常为气体或液体，与固定相处于动态平衡状态。

色谱法具有分离效率高、灵敏度高、速度快和应用范围广等优点，但各组分的定性难度较大。

## 4.1　色谱法导论

### 4.1.1　色谱法的分类

#### 4.1.1.1　按两相状态分类

色谱法分为气相色谱、液相色谱、超临界流体色谱和毛细管电泳。流动相为气体的色谱称为气相色谱，根据其固定相是吸附剂还是固定液又可分为气-固色谱和气-液色谱。流动相为流体的色谱称为液相色谱，也可按固定相的不同分为液-固色谱和液-液色谱。以特殊的超临界流体为流动相的色谱称为超临界流体色谱，其固定相是化学键合的。也有人将化学键结合在固定相上形成的色谱称为化学键合相色谱。

#### 4.1.1.2　按色谱分离原理分类

色谱法可分为吸附色谱法、分配色谱法、化学键合相色谱法、离子交换色谱法、凝胶过滤色谱法、凝胶渗透色谱法及亲和色谱法。

## 1. 吸附色谱法

吸附色谱法（absorption chromatography）是以固定相为吸附剂，根据不同组分在吸附剂上吸附能力的差异而实现分离的方法。它是通过各种溶质分子与溶剂分子共同竞争吸附剂表面活性中心来完成分离的，在吸附色谱过程中重复发生吸附、解吸附作用，吸附作用力强的物质移动速度慢，吸附力弱的移动速度快。主要吸附力为范德华力和氢键。

吸附色谱实验成功的关键在于吸附剂和展层剂的选择。固体吸附剂多为表面积大或吸附能力强的多孔物质，含有较多的能用于溶质或溶剂吸附的活性中心，与流动相或试样组分不发生化学反应，具有溶剂抗性等，如极性较强的硅胶（硅醇基）、中等极性的氧化铝、非极性炭及分子筛等。吸附色谱法适合分离分子量小于 1 000 的非极性组分。

## 2. 分配色谱法

分配色谱法（partition chromatography）是根据不同组分在固定液中溶解度大小不同而分离的。其中，固定相是将固定液（水、甲醇和甲酰胺等）吸附在滤纸等惰性载体上，基于待分离组分在流动相和固定相中的溶解度差异而实现分离。根据极性不同，分配色谱法可分为正相分配色谱和反相分配色谱，前者的固定液是极性的，流动相是非极性的，常用于分离极性较强的待测样；而后者固定液是非极性或弱极性的，流动相反而是极性的，常用于分离极性较差的待测样。

## 3. 化学键合相色谱法

化学键合相色谱法（bonded phase chromatography，BPC）是通过化学反应使有机分子以共价键结合在硅胶等载体表面，形成牢固、均一的单分子薄层，并以此为固定相而进行分离的色谱方法。键合反应的类型有酯化键合、硅氮键合及硅烷化键合等。其中，应用最多的是硅烷化键合，其是将硅醇基 $\equiv$Si—OH 与 $C_{18}H_{37}SiCl_3$ 反应，生成十八烷基硅烷键合相 Si—O—Si—$C_{18}H_{37}(C_{18})$，该键合固定相结合牢固，在较宽的 pH 范围内稳定，是常用的非极性键合相，常用于反相键合色谱中。在 pH<2 或 pH>9 时，固定相表面键合的 Si—O—Si 键易被 Lewis 酸亲电进攻；在 pH>9 时，易被 KOH 或 NaOH 亲核进攻，引起键的断裂，从而破坏填料，因此，该法不适合酸度或碱度过大的流动相，也不适合含氧化剂的缓冲体系。该法要求流动相黏度小且沸点不能太低。

化学键合相色谱所用的流动相极性必须与固定相有显著不同，根据流动相和固定相的相对极性不同分为正相键合相色谱（normal phase chromatography）和反相键合相色谱（reversed phase chromatography）。正相键合相色谱的流动相极性小于固定相，常用非极性溶剂如烷烃类，试样组分的保留值可通过加入适当的有机溶剂，如氯仿、二氯甲烷及乙腈等调节洗脱强度，适合分离中等极性化合物，如脂溶性维生素及甾族化合物等。反相键合相色谱的流动相极性大于固定相，固定相为 $C_{18}$、$C_8$ 等，流动相以水或无机盐缓冲液为主，同时添加甲醇、乙腈或四氢呋喃等能与水互溶的有机溶剂，以调节洗脱强度。反相键合相色谱应用较为广泛，由于流动相的离子强度、pH及极性等均可调，洗脱选择性较好。另外，反相键合相色谱稳定性好，不易被极性组分污染。

## 4. 离子交换色谱法

离子交换色谱法（ion-exchange chromatography）是以离子交换剂为固定相，利用流动相携带的待测离子与固定相中的离子发生可逆置换而达到分离的目的。常用的固定相主要有阳离子交换树脂、阴离子交换树脂及交联葡聚糖凝胶等离子交换剂；流动相为具有一定离子强度和 pH 的缓冲液，可在缓冲溶液中加入少量乙醇、四氢呋喃和乙腈等有机溶剂，以提高选择性。以阳离子交换树脂为例，阳离子交换树脂由三部分组成，分别为惰性基质、通过较强化学键连接的电荷基团及与电荷基团通过静电引力相结合的平衡离子。首先通过调节 pH 使处于流动相中的待分离组分呈现阳离子状态，当其流经固定相时，与阳离子交换树脂中带正电荷的平衡离子发生交换而挂到树脂上，正电荷数目越多，静电引力越强，从而将电性不同或电荷数目不同的组分分开。该法常根据所用填料的不同而实现氨基酸（树脂）、蛋白质（交联葡聚糖凝胶等交换剂）等的分离。

### 5. 凝胶色谱法

凝胶色谱法（gel chromatography）用化学惰性的多孔凝胶为固定相，根据待测试样中各组分分子量大小的不同而分离。小分子由于可以渗透进凝胶颗粒内部，滞留时间长而后流出；大分子由于不能进入凝胶颗粒内部，只能从颗粒间隙通过，因而滞留时间短而先流出。以水溶液为流动相的称为凝胶过滤色谱，以有机溶剂为流动相的称为凝胶渗透色谱。凝胶色谱法适合分离蛋白质、核酸等生物大分子，其优点是生物大分子不易变性，且凝胶可反复使用；缺点是分离速度较慢。

凝胶不具有吸附、分配和离子交换能力，但具有分子筛效应，可通过调节无机或有机分子的浓度等制备合适孔径的凝胶，在其表面常形成亲水层，以防止对蛋白质等生物分子功能产生影响。常用的凝胶主要有葡聚糖凝胶、琼脂糖凝胶及聚丙烯酰胺凝胶等。葡聚糖凝胶商品名为 Sephadex，由葡聚糖 dextran 交联而成。琼脂糖凝胶是来源于海藻多糖琼脂的天然凝胶，稳定性比葡聚糖凝胶差。聚丙烯酰胺凝胶为人工合成凝胶，稳定性比葡聚糖凝胶强，但不耐酸，因为酸引起酰胺键水解产生羧基，从而导致聚丙烯酰胺凝胶形成一定数目的离子基团。

### 6. 亲和色谱法

亲和色谱法（affinity chromatography）是将具有生物活性的配体通过共价键结合至不溶性固体基质上，根据大分子与配体间特异的亲和力而进行分离。许多生物分子如抗原与抗体、酶与底物或竞争性抑制剂、激素与受体等间存在天然亲和力，常将其中一方挂在填料上，用来分离另一方。该法选择性强，特异性好，条件温和，如果方法得当，可一步将目的产物纯化几百倍；但也存在通用性较差等问题。

亲和色谱要求载体具有大量可供活化或与配体结合的化学基团，载体须具有高度水不溶性、较好的化学稳定性和非生物亲和性等；配体要求仅与目标物结合，与载体结合力较强等。常用的亲和色谱载体有多孔玻璃载体、聚丙烯酰胺载体、纤维素载体和各种凝胶载体等。

## 4.1.1.3 按固定相形式分类

色谱法可分为平面色谱法和柱色谱法，平面色谱法又分为纸色谱法和薄层色谱法。固定相位于柱内的色谱称为柱色谱，固定相均匀涂于平板表面的色谱称为平面色谱。薄层色谱是将固定相压成薄膜的色谱。纸色谱是利用吸附在滤纸上的水作为固定相。

## 4.1.1.4 按操作压大小分类

色谱法可分为低压色谱（操作压<0.5 MPa）、中压色谱（操作压 0.5～4.0 MPa）和高压色谱（操作压 4.0～40 MPa）。

## 4.1.2　色谱基本概念与术语

### 4.1.2.1　色谱图（图 4.1）与峰参数

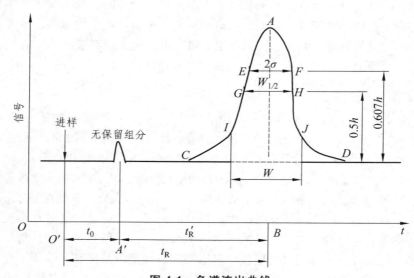

**图 4.1　色谱流出曲线**
引自：朱明华，《仪器分析》（第四版）。

#### 1. 色谱峰（peak）

当某组分从色谱柱中全部流出时，其在检测器中产生的响应信号随时间变化的峰形曲线称为色谱流出曲线，曲线上相应峰为色谱峰。如图 4.1 中 *CAD* 曲线段即为色谱峰，曲线 *CAD* 与峰底 *CD* 连线所包围的面积为峰面积 *A*（peak area），也称响应值。

#### 2. 基线（baseline）

没有组分流出，仅有纯流动相进入检测器产生响应信号时所形成的流出曲线称为基线。基线反映的是检测器噪声随时间的变化，在稳定条件下，基线应是一条水平直线。基线随时间发生缓慢的上斜或下斜，称为基线漂移（baseline drift）。各种因素引起的基线上下波动，称为基线噪声（baseline noise）

#### 3. 谱带扩展（band broadening）

纵向扩散及传质阻力等因素引起的组分在柱内谱带宽度增加的现象，称为谱带扩展。

#### 4. 峰高 *h*（peak height）

峰顶点与基线的垂直距离，即峰值最大点至峰底的距离。

#### 5. 峰底（peak base）

峰起点与终点间的连线。

102

### 6. 标准偏差 $\sigma$ ( standard deviation )

组分流出曲线上二阶导数为零的点称为峰拐点（图 4.1 中 $E$ 和 $F$ 点）。峰高 0.607 倍处对应峰宽的一半称为标准偏差（图 4.1 中 $EF$ 位于峰高的 0.607 倍处）。

### 7. 半峰宽 $W_{1/2}$ ( peak width at half height )

峰高一半处所对应的峰宽，即过峰高的中点作平行于峰底的直线，其与色谱流出曲线两个交点间的距离，其值 $W_{1/2} = 2.354\sigma$，如图 4.1 中 $GH$。

### 8. 峰底宽 $W$ ( peak base width )

峰两侧拐点的切线在基线上的截距，有时也称为基线宽度或峰宽，其值 $W = 4\sigma$（图 4.1 中 $I$ 和 $J$）。

常用标准偏差、半峰宽和峰底宽衡量柱效或反映各动力学因素对色谱的影响，它们是表示区域宽度常用的三种方法。

### 9. 拖尾峰 ( tailing peak ) 和前伸峰 ( leading peak )

后沿比前沿平缓的不对称峰为拖尾峰；反之，为前伸峰。

### 10. 鬼峰 ( ghost peak )

非试样产生的峰称为鬼峰，也称为假峰。

## 4.1.2.2  保留值

### 1. 死时间 $t_0$ ( dead time )

不被固定相保留的组分的保留时间，即分配系数为零的组分（流动相）的保留时间，其与色谱柱的空隙体积成正比，与流动相的流速接近（图 4.1 中 $O'A'$）。

### 2. 保留时间 $t_R$ ( retention time )

从开始进样至最大峰值出现时所需时间为保留时间，也可认为是组分在固定相中停留的总时间（图 4.1 中 $O'B$）。保留时间对于色谱定性分析极为重要，但由于保留时间易受流动相流速影响，在很多情况下常用保留体积表示保留值。

### 3. 调整保留时间 $t_R'$ ( adjusted retention time )

组分的保留时间与死时间的差值，即组分在固定相中滞留的时间（图 4.1 中 $A'B$）。

$$t_R' = t_R - t_0$$

### 4. 死体积 $V_0$ ( dead volume )

从进样口至检测器流通池中未被固定相占用的空间，即不被固定相吸附或溶解的组分从进样起始至出现最大浓度时所消耗的流动相体积。死体积包括固定相颗粒间隙、色谱仪中各种管路及检测器等所占空间之和。

### 5. 保留体积 $V_R$（retention volume）

从进样开始至组分出现最大浓度时所消耗的流动相体积，也称为洗脱体积。保留体积和保留时间反映的是组分与固定相间相互作用力的大小。

### 6. 调整保留体积 $V_R$（adjusted retention volume，）

对应于调整保留时间的流动相体积，即保留体积减去死体积。

### 7. 相对保留值 $r_{2,1}$（relative retention value）

相对保留值是组分 2 与组分 1 的调整保留值之比，其仅与柱温、固定相性质有关，是较为理想的定性指标。

## 4.1.2.3　相平衡参数

### 1. 分配系数 $K$（distribution coefficient）

在一定条件下，组分在固定相和流动相间达到分配平衡时的浓度比称为分配系数。分配系数与体系各部分的热力学性质、温度和压力有关，但与固定相和流动相的体积无关。分配系数在不同的色谱方法中概念有变化，如吸附色谱法中为吸附系数，离子交换色谱法中为交换系数等。

### 2. 容量因子 $k$（capacity factor）

容量因子也称为分配比，是指在一定条件下，组分在固定相和流动相间达到平衡时的质量比。容量因子除了与各部分性质、温度和压力有关外，还与流动相体积（$V_m$）和固定相体积（$V_s$）有关。容量因子可通过实验进行测定，数值上等于该组分的调整保留时间与死时间之比。

### 3. 选择因子 $\alpha$（selectivity factor）

选择因子是相邻两组分分配系数比或容量因子之比，其与组分在固定相的分配系数有关。

### 4. 相比率 $\beta$

相比率为分配系数与容量因子之比。

## 4.1.2.4　分离参数

单纯用柱效或选择性难以真实反映组分的色谱行为，需引入一个综合性概念——分离度 $R$（resolution），它是指相邻两峰的保留时间差与平均峰宽之比，即分辨率，表示两峰分离程度，通常用 $R = 1.5$ 作为相邻两组分完全分离的标志。

以上所述的是色谱流出曲线上的部分参数及术语。通过色谱流出曲线，可得到以下信息：色谱峰的个数决定组分种类；保留值有助于定性分析；峰面积或峰高有助于定量分析；保留值及区域宽度可评价柱效；峰间距大小可检验固定相或流动相是否合理等。

## 4.1.3 色谱基本理论

要使分析准确度、灵敏度高，色谱峰间距尽可能大，同时每个色谱峰尽可能窄。要使色谱峰间距大，需要通过增大组分在两相间的分配系数来满足，而分配系数与热力学有关；要使色谱峰窄，则需要改变组分在柱中的传质和扩散行为来保证，而传质和扩散行为与动力学有关，因此，色谱分离实际上是热力学和动力学过程的综合体现。热力学过程以塔板理论为代表，与分配系数相关；动力学过程以速率理论为代表，与扩散系数和传质有关，此处仅介绍塔板理论。

理论塔板数 $n$（theoretical plate number）是由 Martin 和 Synge 于 1941 年提出，该理论的核心是将色谱分离过程比作蒸馏过程，采用概率论方法推导色谱流出曲线、理论塔板高度和理论塔板数的计算公式。它可用于表征色谱柱的分离效率，也称为柱效。

塔板理论是描述组分在两相间的分配，判断色谱柱分离率的一种半经验理论，塔板概念来自于精馏塔中的塔板，对色谱理论的解释比较成功。塔板理论的提出需要一些基本假设：首先色谱柱分为许多完全相同的小段，忽略组分在每个小段达到平衡的时间（迅速平衡），每个小段柱长被称为理论塔板高度 $H$，则柱的总理论塔板数 $n = L/H$；塔板间不是连续的而是脉动式的，即以一个一个塔板体积加入且无分子纵向扩散；同一组分在每个塔板的分配系数是相同的常数，与组分的量无关。如果进样量很小，浓度很低，在吸附或分配等温线的线性范围内，色谱峰呈现对称性，符合高斯（Gauss）正态分布。

色谱流出曲线方程为

$$C = \frac{C_0}{\sqrt{2\pi} \times \sigma} \times e^{\frac{(t-t_R)^2}{2\sigma^2}} \tag{4.1}$$

式中　　$\sigma$——标准偏差；

$C$——$t$ 时某组分在柱口处的浓度；

$C_0$——初始进样浓度；

$t_R$——浓度峰值时的保留时间。

假如柱长为 $L$，则理论塔板数 $n$ 为柱长 $L$ 与塔板高度 $H$ 之比，因此，柱效方程及有效塔板数 $n_{eff}$ 可表示为：

$$H = \frac{L}{n} \tag{4.2}$$

$$n = \left(\frac{t_R}{\sigma}\right)^2 \tag{4.3}$$

$$n = 5.54\left(\frac{t_R}{Y_{1/2}}\right)^2 = 16\left(\frac{t_R}{Y}\right)^2 \tag{4.4}$$

$$n_{eff} = 5.54\left(\frac{t'_R}{Y_{1/2}}\right)^2 = 16\left(\frac{t'_R}{Y}\right)^2 \tag{4.5}$$

$$H = \frac{L}{n_{eff}} \tag{4.6}$$

式中　$t_R'$ ——调整保留时间；

　　　$W$，$W_{1/2}$ ——峰底宽和半峰宽。

理论塔板数取决于固定相的种类、粒度、粒径等，流动相的种类、流速，组分的保留时间和峰宽等，其与峰底宽成反比，与调整保留时间成正比。理论塔板数越大，则理论塔板高度越小，峰越窄，柱效越高。

尽管塔板理论对于理解色谱分离过程具有重要意义，但色谱过程毕竟不是分馏过程，因此，借鉴于精馏塔体系的塔板理论用于色谱时，并不完全合适。如塔板理论忽略动力学因素对传质过程的影响，对谱带扩展原因等不能作出解释，不能解释不同流速对同一色谱柱的柱效不同等问题，未考虑纵向扩散，无法对影响柱效的因素和提高柱效的方法等进行解释。

# 4.2　气相色谱法

气相色谱（gas chromatography，GC）是英国生物化学家 A. J. P. Martin 等在 1952 年建立的一种分析方法。它是利用混合物在固定相和载气流动相中分配系数的不同而建立的分离分析方法。气相色谱具有分离效率高、分析速度快、选择性高、灵敏度高、试样用量少等优点，但不能对待测组分进行结构鉴定，通过将气相色谱与质谱、光谱技术联用，实现单纯依赖气相色谱不能完成的任务，如结构分析等，目前已广泛用于石油化工、环境监测、生物医药、农残检测等。

## 4.2.1　基本原理及分类

### 4.2.1.1　基本原理

气相色谱通过高压气瓶供给载气，经压力调节器降压，净化器脱水和除杂，流量调节器调节进入色谱柱的流量，气化后的试样随载气进入色谱柱后与固定相间发生相互作用，由于待测组分的组成、结构及性质不同，与固定相的作用力也不同，经过反复作用后，各组分按一定次序从色谱柱中流出而实现分离。

### 4.2.1.2　分　类

气相色谱根据固定相的不同分为气-固色谱和气-液色谱。气-固色谱是待分离组分随载气流动而在吸附剂表面发生吸附、解吸附、再吸附、再解吸附等反复过程，从而使不同物质在色谱柱中保留时间不同而达到分离的目的，较适用于分离气体和低沸点化合物；气-液色谱是待分离组分随载气流动而在固定液中发生溶解、挥发、再溶解、再挥发等反复过程，使不同物质在色谱柱中保留时间不同而分离，其选择性好，应用比前者更为广泛。

## 4.2.2 气相色谱仪的组成

气相色谱仪由气路系统、进样系统、分离系统、温控系统及检测系统组成（图 4.2）。

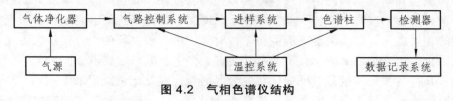

**图 4.2　气相色谱仪结构**

### 4.2.2.1　气路系统

气路系统是充满载气且连续平稳运行的密闭管路系统，该系统包括气源、净化器和载气流速控制系统。载气由高压钢瓶提供，常用载气主要为氢气、氮气和氦气等，要求纯度达到 99.9% 以上。载气经减压阀减压后进入装有分子筛的净化器，以除去水或氧等杂质，避免引起检测器噪声增大问题及影响色谱柱性能。净化后载气经过由压力表、稳压阀和针形阀等组成的载气流速控制系统后，进入气化室、色谱柱和检测器，流速控制在 $1 \sim 3 \ \mathrm{mL \cdot min^{-1}}$。

### 4.2.2.2　进样系统

进样系统由进样器、气化室和和温控部件组成。进样通常由微量注射器和进样阀完成。液体试样进样采用微量注射器或自动进样器，气化室用于将液体试样瞬间气化而不分解，因而热效应明显。固体试样溶解后同液体进样操作。气体进样采用推拉式和旋转式六通阀两种方式进样。

### 4.2.2.3　分离系统

分离系统由色谱柱、柱箱及温控等部件组成。色谱柱是色谱仪的主要部分，主要有填充柱和毛细管柱两类。

填充柱装填有固定相，试样通过载气携带进入色谱柱，其内径一般为 $2 \sim 4 \ \mathrm{mm}$，长为 $1 \sim 3 \ \mathrm{m}$，材料多为不锈钢。新制备的填充柱需老化处理以除去柱内残留的溶剂、固定液中低沸程馏分及易挥发杂质，使固定液分布均匀。

毛细管柱也称为空心柱，分为涂壁、多孔层或涂载体几种形式，其中涂壁空心柱是将固定液涂在玻璃或石英等材质的毛细管内壁上制成的，其内径一般为 $0.1 \sim 0.5 \ \mathrm{mm}$，长为 $25 \sim 100 \ \mathrm{m}$。毛细管柱分离效率高、传质阻力小及分析速度快；但毛细管柱柱容量小，对检测器要求高。

### 4.2.2.4　温控系统

温控系统贯穿于进样系统、分离系统和检测系统之中。进样系统中通过气化室控温以使液体试样瞬间气化，分离室控温以使各组分在最佳温度下得以分离，检测器控温是为防止组分被冷却。

#### 4.2.2.5 检测系统

检测系统包括检测器、微电流放大器和温控部件等部分。根据检测原理不同，检测器分为浓度型检测器和质量型检测器两种。浓度型检测器依赖于载气中组分浓度的瞬时变化，主要有热导池检测器（TCD）和电子捕获检测器（ECD）。质量型检测器则依赖于载气中组分进入检测器的速度变化，即检测器响应值与单位时间内进入检测器的组分质量成正比，主要有氢火焰离子化检测器（FID）、火焰光度检测器（FPD）及氮磷检测器（NPD）等。无论哪一种检测器，其目的都是将组分浓度变化转变为电信号，通过记录器记录。

热导池检测器是基于不同物质的导热系数不同而设计的检测器，其结构简单，对无机和有机化合物均能响应，但灵敏度不高；电子捕获检测器是根据载气在 β 射线照射下产生电离而建立的，该法对卤素、硫、磷、氮及氧的响应性和灵敏度均很高，但线性范围较窄。

氢火焰离子化检测器是以氢气和空气燃烧生成的火焰为能源，将有机化合物离子化，生成的正离子和电子定向移动形成离子流，该离子流经放大器放大后，得到检测信号。氢火焰离子化检测器由离子室和放大器组成，离子室包括气体入口、火焰喷嘴、电极和金属罩。各种待测组分在检测器中离子化机理还不明确，但目前普遍认为是化学电离机理。氢火焰离子化检测器是一种通用型检测器，特别适合于碳水化合物的检测，其检测速度快、稳定性好、死体积小且线性范围宽；但不适合在氢火焰中不电离的无机化合物，如 $CO$、$CO_2$ 等的检测。

火焰光度检测器由离子室、滤光片和光电倍增管三部分组成。当含硫试样进入离子室时，在氢-空气火焰中燃烧，有机硫化物首先被氧化成 $SO_2$，再被氢还原为 S 原子，后者生成激发态 $S_2^*$ 分子，返至基态时发射 350～430 nm 光谱。含磷试样则被氢还原为 HPO，发射 480～600 nm 光谱。火焰光度检测器对含磷和硫的有机化合物选择性高，检出限高达 $10^{-12}$ g·$L^{-1}$，常用于有机磷和硫农残分析。

### 4.2.3 气相色谱固定相

#### 4.2.3.1 气-固色谱固定相

气-固色谱的固定相适合分离永久性气体及烷烃类气体等。常用的固体吸附剂有无机材料支撑的活性炭、分子筛、硅胶和氧化铝等，也有有机化合物材料制成的多孔小球，如 GDX-101 等。其中分子筛为人工合成的硅酸盐，常用于分析永久性气体，如 5A 和 13X 型等；硅胶为多孔状，用于分离永久性气体和低沸点烃类，常进行表面改性以增强其选择性。γ 型氧化铝常用于 4 个碳原子以下的烃类异构体的分离；高分子多孔微球是以苯乙烯、二乙烯基苯为单体聚合得到的，聚合条件和单体的浓度不同，可得到不同极性和孔径的小球，因而，高分子多孔微球适合分离的化合物类型较多。

#### 4.2.3.2 气-液色谱固定相

**1. 担 体**

气-液色谱的固定相由担体（载体）和固定液组成。担体是一种多孔性化学惰性固体颗粒，其作用在于为固定液提供惰性支持表面，使固定液以薄膜状分布于其表面。要求担体具有多孔性、孔径均匀、比表面积大、表面化学惰性好、粒度均匀细小、热稳定性好且机械强度好等。气-液色谱中常用的担体可分为硅藻土型和非硅藻土型，后者如氟担体、玻璃微球担体和高分子多孔微球等。

硅藻土型又可分为红色担体和白色担体两种，不同之处是后者是在煅烧前于硅藻土中加入少量助溶剂如碳酸钙等。红色担体表面孔穴紧密、表面积大，可涂固定液多；缺点是表面有吸附活性中心，会对极性固定液产生吸附，从而引起其分布不均匀，因而不适合分离极性物质，只适合分离非极性或弱极性物质。白色担体表面孔穴疏松、孔径大、表面积小，优点是其表面极性活性中心少，所以可用于分离极性物质。

由于硅藻土型担体表面含有硅醇基等基团，在某些 pH 条件下容易发生解离，既具有吸附活性，又具有酸碱催化活性，因此会造成极性固定液分布不均匀、色谱峰拖尾，甚至发生化学反应或不可逆性吸附等，所有这些现象均对极性物质的分离不利。在具体操作中需要对担体进行适当的表面修饰或屏蔽活性中心，常用的改性方法有酸洗、碱洗及硅烷化等。

（1）酸洗及碱洗

一般使用浓盐酸、浓氢氧化钾甲醇溶液分别浸泡一定时间，以除去部分金属氧化物或氧化铝等酸性物质等。

（2）硅烷化

利用硅烷化试剂与担体表面硅醇、硅醚基反应，具有可屏蔽担体表面硅羟基易形成氢键的作用，进而防止一些不利的吸附作用。常用的硅烷化试剂有二甲基二氯硅烷及六甲基二硅烷胺等。

## 2. 固定液

常用的固定液一般为低熔点、高沸点有机物，要求其蒸气压低、黏度小、热稳定好、对试样组分具有溶解性、选择性及化学稳定性好等。选择固定液应遵循相似相溶原则，即根据试样的极性选择相似或接近的固定液，也就是说，待测组分在固定液中的溶解度大小与待测组分与固定液间的相互作用有关。固定液可根据极性大小分为非极性、中等极性、强极性和氢键型固定液。

非极性固定液通常是一些饱和烷烃和甲基聚硅氧烷类化合物，如角鲨烷 SQ 型、石蜡油等，其与待测组分间的作用力以色散力为主，适合分离非极性或弱极性化合物。

中等极性固定液通常由烷基比重较大且含少量极性基团的化合物组成，其与待测组分间作用力以色散力和诱导力为主。常用的这类固定液有硅氧烷和酯类等，前者如苯基硅氧烷和甲基硅氧烷等，后者如邻苯二甲酸二壬酯等，适合分离中等极性化合物。

强极性固定液通常含有较强的极性基团，其与待测组分间的作用力以静电力和诱导力为主，常用的这类固定液有聚酯类，如丁二酸二乙二醇聚酯、苯乙腈等，适合分离极性化合物。

氢键型固定液与待测组分间的作用力以氢键为主，常见固定液有聚乙二醇类，如 PEG-20 M 等。

下面简要介绍常见的分子间作用力：范德华力及氢键等。

（1）范德华力

范德华力包括定向力、诱导力和色散力。定向力是极性分子永久偶极间的静电作用力。极性分子的永久偶极所产生的电场可极化非极性分子而产生诱导偶极，此时永久偶极与诱导偶极间相互吸引而产生诱导力。非极性分子由于瞬间的周期性变化而产生偶极矩，虽然分子总体上偶极矩为零，在宏观上不显示偶极矩，但微观上，瞬时偶极矩产生电场，也能够极化周围分子，被极化的分子反过来加剧偶极矩变化程度，这种作用力称为色散力。

总之，极性分子间存在定向力、诱导力和色散力，极性与非极性分子间存在诱导力和色散力，非极性分子间仅存在色散力。

（2）氢键

氢键本质上仍然属于一种定向力或静电力。一个电负性强的原子与氢原子以共价键相连，该氢原子与另一个电负性强、原子半径小且具有未共用电子对的原子间形成的静电力，称为氢键。

## 4.2.4　试样处理

基体信号有可能掩盖痕量的待测组分信号，这不仅增加分析条件的难度，且容易引起较大误差，因此，需要对试样进行预处理以消除基体干扰等不利因素。

主要的预处理方法有：萃取、蒸馏、同时萃取蒸馏、吸附及顶空进样等。萃取遵循"相似相溶"原则，同时注意避免溶剂不纯；蒸馏可除去非挥发性组分，避免其对气化室和色谱柱的污染等；同时萃取蒸馏则结合萃取和蒸馏的优点；顶空进样为直接从密闭系统中试样上部的蒸气进行取样以测定。

另外，试样的各种预处理有时不能最大化满足气相色谱分析要求，此时，往往需要对试样进行衍生处理，以增加试样的挥发性、吸附性和灵敏性等。目前常用的衍生化方法有硅烷化衍生、酯化衍生、酰化衍生及成腙和成肟衍生法等，其中以酯化衍生应用最为广泛，特别是重氮甲烷法。

## 4.2.5　气相色谱操作条件的选择

### 4.2.5.1　柱长的选择

增加柱长可以增大理论塔板数，但同时也会引起峰宽加大和分析时间过长等问题。实际操作中可通过分离度及色谱分离方程计算合适的柱长。

### 4.2.5.2　流速的选择

根据 Van Deemter 方程，塔板高度最小时对应的流速为最佳流速。

### 4.2.5.3　柱温的选择

柱温升高，可加快气相或液相的传质速率，但同时也导致纵向扩散等问题。柱温太低，往往会延长分析时间。具体实验中可保证在最难分离组分可分离的前提条件下，适当降低柱温。另外，还需考虑柱温可能会对固定液造成的影响。

#### 4.2.5.4 载体粒度的选择

载体粒度越小、装填越均匀，柱效越高；但粒度太小，则阻力明显增大。

#### 4.2.5.5 进样量的选择

半峰宽不变时所对应的进样量为最大进样量，如果超过最大进样量，则线性关系变差，不利于定量分析。

## 4.2.6 定性分析

#### 4.2.6.1 根据相对保留值定性

当载气流速和温度发生微小变化时，待测组分和标准物的保留时间发生变化，但其相对保留值不变，因而可作为定性分析的依据。该法采用的基准物质通常为苯、正丁烷等，且其保留值应与待测组分保留值接近。

#### 4.2.6.2 利用加入标准品增加峰高定性

将适量标准品加入试样中，混匀后进样，对比前后色谱图，如果某个组分的色谱峰相对增高，则该组分与标准物中相对应的部分为同一物质。

#### 4.2.6.3 用经验规律和文献值定性

待测组分的纯物质无法获得时，可直接采用文献值定性或经验规律定性。经验规律主要有碳数规律和沸点规律。碳数规律是指在一定温度下，同系物的调整保留时间的对数与分子中碳原子数成线性关系；沸点规律是指同族具有相同碳原子和碳链数的化合物，调整保留时间的对数与其沸点成线性关系。

#### 4.2.6.4 与其他仪器在线联用

目前较成熟的有气相色谱-质谱联用（GC-MS）和气相色谱-傅里叶红外光谱联用（GC-FTIR）两种。前者灵敏度高，能快速准确获得化合物的分子量和结构信息；后者可实现组分的定性鉴定，但图谱自动检索功能较前者差。

## 4.2.7 定量分析

#### 4.2.7.1 峰面积

对称性峰面积 $A$ 用峰高乘半峰宽表示，即

$$A = 1.065 h W_{1/2} \quad (4.7)$$

不对称性峰面积 $A$ 用峰高乘平均峰宽表示，即

$$A = \frac{1}{2} h (W_{0.15} + W_{0.85}) \quad (4.8)$$

式中 $W_{0.15}$，$W_{0.85}$——0.15 倍和 0.85 倍峰高对应的峰宽。

### 4.2.7.2 定量校正因子

色谱分析的依据是峰面积与组分的质量或浓度成正比，但同一检测器对不同物质的响应值不同，即灵敏度不同，因而量相等的物质峰面积并不一定相等。即峰面积相同不等价于物质的量相等。因此，在相同测定条件下，需将面积乘定量校正因子，得到相应的物质的量。定量校正因子分为绝对定量校正因子 $f_i$ 和相对定量校正因子 $f_{im}$ 两种，即

$$f_i = \frac{m_i}{A_i} \quad (4.9)$$

$$f_{im} = \frac{f'_{im}}{f'_{sm}} = \frac{A_s m_i}{A_i m_s} \quad (4.10)$$

式中 $m$，$A$ ——质量和面积；

$i$，$s$ ——组分和标准物；

$f_i$ ——绝对定量校正因子；

$f_{im}$ ——相对定量校正因子。

由上可知，定量校正因子为单位峰面积对应的组分浓度或质量。实际操作中由于 $m$ 难以准确测定，故 $f_i$ 也难以准确获得，需要用 $f_{im}$ 替换 $f_i$。文献资料中的相对定量校正因子一般简写为校正因子，测定方法是通过称量待测组分和标准物，混合进样，分别测定其相应的峰面积，利用上述定义求得校正因子。

### 4.2.7.3 归一化法（normalization method）

归一化法是组分峰面积与其校正因子相乘的值与所有组分峰面积与其对应校正因子相乘后的和之比。该法的前提条件是试样中各组分全部流出色谱柱且均有相应的色谱峰。

$$w_i = \frac{A_i f_i}{A_1 f_1 + A_2 f_2 + A_3 f_3 + \cdots + A_n f_n} \times 100\% = \frac{A_i f_i}{\sum A_i f_i} \times 100\% \quad (4.11)$$

式中 $A_i$ ——组分 $i$ 峰面积；

$f_i$ ——组分 $i$ 的校正因子；

$w_i$ ——随 $f_i$ 而定，如 $f_i$ 为摩尔校正因子，$w_i$ 相应为摩尔分数，$f_i$ 为质量校正因子，$w_i$ 相应为质量分数。

加入试样各组分的校正因子非常接近，则可采用峰面积归一化法计算，即

$$w_i = \frac{A_i}{A_1 + A_2 + A_3 + \cdots + A_n} \times 100\% = \frac{A_i}{\sum A_i} \times 100\% \quad (4.12)$$

该法适合多组分含量的分析，优点是一些操作条件如进样量、载气流速等对实验结果影响较小。

### 4.2.7.4　外标法（external standard method）

外标法也称标准曲线法，用待测组分的标准物配制成一系列浓度的标准溶液，取固定体积的标准溶液在相同条件下进行气相色谱分析，并制作峰面积或峰高对组分浓度的标准曲线。然后测定待测组分的峰面积，即可求得相应的组分浓度。该法简便易用，不需要校正因子，但要求进样量准确、操作条件严格，适用于批量同种或同类物质分析。如果标准曲线的截距不为零，说明存在系统误差。

### 4.2.7.5　内标法（internal standard method）

首先选定内标物并固定其浓度，然后将其加至一系列不同浓度的标准溶液中，混匀进样，以待测组分与内标物的峰面积比（$A_i/A_s$）对标准溶液浓度（$c_{i标}$）作线性回归。固定待测组分的量，加入相同量的内标物，测得待测组分的（$A_{i样}/A_{s样}$），则待测组分浓度（$c_{i样}$）为

$$c_{i样}=\frac{(A_{i样}/A_{s样})}{(A_{i标}/A_{s标})}\times c_{i标} \tag{4.13}$$

式中　$A_{i标}$，$A_{s标}$——标准体系中待测组分和标准品的峰面积；

　　　$A_{i样}$，$A_{s样}$——待测体系中待测组分和标准物的峰面积；

　　　$c_{i样}$，$c_{i标}$——待测组分和标准物的浓度。

该法克服了外标法受实验条件影响严重及进样量变化易引起误差等缺陷；但对内标物有一定要求，如内标物须具有化学稳定性、高纯度及与待测试样不发生化学反应等。

# 4.3　高效液相色谱法

高效液相色谱（high performance liquid chromatography，HPLC）是 20 世纪 70 年代发展起来的一类分离分析技术。高效液相色谱是在经典液相色谱基础上，引入气相色谱理论，采用高压泵和高灵敏度检测器等实现物质的分离。与气相色谱相比较，高效液相色谱可在室温条件下完成，适合分离挥发性小、热稳定性差及分子量大的高分子化合物及离子型化合物，同时由于其采用了不同极性的流动相，可与固定相共同竞争试样分子，以达到更高效分离的目的。目前，高效液相色谱已广泛用于生命科学、食品科学、医药及环保等领域。

## 4.3.1　基本原理

高效液相色谱采用流体为流动相，根据组分在两相中分配系数的微小差异实现分离。待

测组分随流动相不断移动，因而可在两相间反复多次发生质量交换，最终使各组分间本来微小的差异得以放大，从而达到分离分析的目的。液相色谱与气相色谱相比较，最大的优势在于可以分离一些难挥发但具有一定溶解性的物质或热不稳定性物质，因而在化合物的分离分析中占有相当大的比例。

## 4.3.2 高效液相色谱仪

高效液相色谱仪的结构如图 4.3 所示，一般由高压输液系统、进样系统、色谱柱分离系统和检测系统组成。其中恒流泵、色谱柱和检测系统是最为重要的部件。其流程是贮液系统中的流动相经脱气过滤后，由高压泵输送至色谱柱入口。待测试样则通过进样器注入流动相系统，通过流动相的携带被运至色谱柱中进行分离。分离后的组分经由检测器检测，传输信号至数据记录和处理系统。

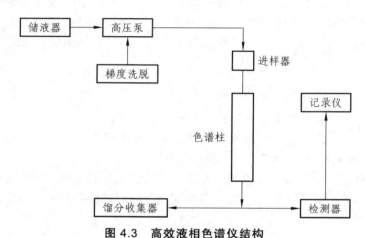

图 4.3　高效液相色谱仪结构

### 4.3.2.1　高压输液系统

高压输液系统由溶剂贮液系统、溶剂脱气装置、高压输液泵和梯度洗脱装置组成。溶剂贮液系统用于贮存符合 HPLC 要求的流动相，具有化学惰性，由不锈钢、玻璃等耐腐蚀性材料制成。贮液瓶位置应高于泵位置，以产生静压差。在使用过程中，贮液系统应保证密闭，以防止因蒸发而引起流动相组成发生改变或气体进入。

当溶剂中的气体流经柱子时，气泡受压而收缩或逸出，当进入检测器时，因压力骤降而释放，使基线不稳，噪声增大，甚至仪器不能正常运行，因此，溶剂进入高压泵前必须进行脱气处理。溶剂脱气分为离线脱气和在线真空脱气，前者包括真空脱气、超声波脱气和氦脱气，较常用的是真空脱气，使用 0.45 μm 滤膜（有机相膜和水相膜须分清）并减压至 0.06 MPa即可。除此之外，还有加热回流法脱气。

高压输液泵的性能对色谱图结果影响极大。输液泵必须控制流量稳定、流量可调范围宽、输出压高、密封性能好、泵死体积小等。泵的使用和维护同等重要，如流动相不可含有腐蚀性成分，流动相须脱气，泵不能空转等。输液泵分为恒流泵和恒压泵，目前应用较多的是恒流泵。

114

梯度洗脱方式分为高压和低压两种。梯度洗脱须注意溶剂的互溶性、高纯度性、黏度及每次洗脱结束后对色谱柱的再生处理。

### 4.3.2.2 进样系统

进样系统负责将试样运送入色谱柱，包括取样和进样两个方面。要求密封性好，死体积小，保证柱中心进样，进样时流量波动小及有利于自动化等。进样方式分为隔膜进样、停流进样、阀进样及自动进样，目前应用较多的是六通进样阀或自动进样。

### 4.3.2.3 色谱柱分离系统

色谱柱是色谱仪的心脏，商品化的 HPLC 填料，如硅胶、硅胶为基质的键合相及氧化铝等，其粒度通常为 3 μm、5 μm、7 μm 及 10 μm。色谱柱分为分析型和制备型，制备型色谱柱固定相粒度通常较大，而分析型色谱柱固定相的粒度通常较小。色谱柱分离系统由保护柱、色谱柱及柱温箱组成。其中色谱柱装填等对整个色谱实验成功与否起到决定性作用。要求装好的色谱柱均匀紧密，无裂纹和气泡，无颗粒破坏且颗粒度需有良好的均一性。另外，色谱柱也需要经常清洗以清除残留的各种杂质。柱温箱通常控制温度在 30 ~ 40 ℃。HPLC 填充柱效可达 50 000/m ~ 160 000/m 理论塔板数。

### 4.3.2.4 检测系统

检测器分为通用型和专用型检测器。前者包括示差折光检测器、介电常数检测器、电导检测器等，易受温度、流动相流速和组成变化影响；专用型检测器特异性针对待测组分某种理化性质，包括紫外检测器、荧光检测器和质谱检测器等。

目前应用较多的检测系统是紫外检测器、荧光检测器及电化学检测器。紫外检测器有可变波长和二极管阵列检测器，属于非破坏性检查器，主要由光源、分光系统、流通池和检测系统组成。紫外检测器的检测原理基于朗伯-比尔定律，吸光度与待检测组分浓度成正比，即为紫外检测的定量分析依据。紫外检测法适合具有 π-π 共轭或 p-π 共轭结构的化合物，但也存在不适合无紫外吸收组分，流动相的截止波长（不同频率电磁波有两种状态：传输与截止，传输和截止之间的临界状态时的波长）必须小于检测波长等缺陷。

荧光检测器用于能在紫外光激发下产生荧光的组分的检测，或利用荧光剂进行柱前或柱后衍生，从而利用荧光检测器进行检测，其灵敏性远大于紫外检测器，适合某些酶、维生素和氨基酸等的检测。荧光强度与荧光物质浓度成正比，即

$$F = 2.3QKI_0\varepsilon cL \tag{4.14}$$

式中　$K$——荧光效率；

　　　$Q$——荧光量子产率；

　　　$I_0$——入射光强度；

　　　$c$——荧光物质浓度。

由式（4.14）可以看出，荧光强度与荧光物质浓度成正比。实验中需要确定合适的激发

波长和发射波长，以提高检测的灵敏度和选择性。

电化学检测器对于无紫外吸收或不能发生荧光的物质来说，是一种可能的选择。它是基于物质在电离过程中产生的电参数变化来测定物质含量的，多用来检测具有电活性的物质，主要有电导、极谱和库仑检测器。目前在食品添加剂、环境污染物及医药领域应用较多。

## 4.3.3　高效液相色谱的固定相和流动相

### 4.3.3.1　固定相

根据固定相所能承受高压的能力，分为刚性固体和硬胶两大类。刚性固体以 $SiO_2$ 为基质，可承受高达 $7 \times 10^8 \sim 9 \times 10^8$ Pa 高压。如果 $SiO_2$ 表面键合某些化学基团，即构成键合固定相，是目前应用最为广泛的固定相。硬胶主要用于离子交换和尺寸排阻色谱，由聚苯乙烯和二乙烯苯基交联而成，可承受 $3 \times 10^8$ Pa 高压。

根据固定相的孔隙度，分为表面多孔型和全多孔型两类。表面多孔型固定相的母体部分是实心玻璃珠，表面含有多孔活性材料，如硅胶、氧化铝、离子交换剂及聚酰胺等。其具有多孔层厚度小、死体积小、柱效高及装柱容易等优点；但也存在装载容量小等不足。全多孔型固定相是由直径为 10 nm 的硅胶颗粒凝聚而成，具有比表面积大、柱容量大及传质速率快等优点。

### 4.3.3.2　流动相

#### 1. 流动相要求

液相色谱的流动相一般采用低沸点有机溶剂与水或缓冲液组成混合物，参与固定相对试样组分的竞争。流动相要求化学稳定性好，纯度高，不改变填料的任何性质，不发生副反应，不影响检测，对试样溶解性好，选择性好，低黏度及低毒、安全等。由于大多数高效液相色谱采用的是紫外检测器，流动相应不具有或具有较弱的紫外吸收。溶剂使用前需纯化处理，如醚长期存放易产生过氧化物而发生爆炸。低沸点溶剂易发生蒸发，导致浓度发生改变，高沸点溶剂易因高黏度引起流速非线性化。

#### 2. 溶剂的特性及参数

HPLC 分离性能的高低很大程度上取决于流动相的选择。高效液相色谱常用的溶剂及其部分特性见表 4.1。

表 4.1　HPLC 流动相常用溶剂的部分特性

| 溶剂* | 截止波长 /nm | 折射率 （25 ℃） | 沸点 /℃ | 黏度/mPa·s （25 ℃） | 极性参数 $P'$ | 溶剂强度 参数 $\varepsilon^{0**}$ | 介电常数 （20 ℃） | 溶解度 参数 $\delta$ |
|---|---|---|---|---|---|---|---|---|
| 正庚烷 | 195 | 1.385 | 98 | 0.40 | 0.2 | 0.01 | 1.92 | 7.4 |
| 正己烷 | 190 | 1.372 | 69 | 0.30 | 0.1 | 0.01 | 1.88 | 7.3 |

| 溶剂* | 截止波长 /nm | 折射率 （25 ℃） | 沸点 /℃ | 黏度/mPa·s （25 ℃） | 极性参数 P' | 溶剂强度 参数 $\varepsilon^0$** | 介电常数 （20 ℃） | 溶解度 参数 $\delta$ |
|---|---|---|---|---|---|---|---|---|
| 环己烷 | 200 | 1.404 | 49 | 0.42 | −0.2 | 0.05 | 1.97 | 8.2 |
| 1-氯丁烷 | 220 | 1.400 | 78 | 0.42 | 1.0 | 0.26 | 7.4 | |
| 溴乙烷 | | 1.421 | 38 | 0.38 | 2.0 | 0.35 | 9.4 | |
| 四氢呋喃 | 212 | 1.405 | 66 | 0.46 | 4.0 | 0.57 | 7.6 | 9.1 |
| 丙胺 | | 1.385 | 48 | 0.36 | 4.2 | | 5.3 | |
| 乙酸乙酯 | 256 | 1.370 | 77 | 0.43 | 4.4 | 0.53 | 6.0 | 8.6 |
| 氯仿 | 245 | 1.443 | 61 | 0.53 | 4.1 | 0.40 | 4.8 | 9.1 |
| 甲乙酮 | 329 | 1.376 | 80 | 0.38 | 4.7 | 0.51 | 18.5 | |
| 丙酮 | 330 | 1.356 | 56 | 0.3 | 5.1 | 0.56 | 37.8 | 9.4 |
| 乙腈 | 190 | 1.341 | 82 | 0.34 | 5.8 | 0.65 | 32.7 | 11.8 |
| 甲醇 | 205 | 1.326 | 65 | 0.54 | 5.1 | 0.95 | 80 | 12.9 |
| 水 | 187 | 1.333 | 100 | 0.89 | 10.2 | | | 21 |

注：*除水外，此表采用黏度≤0.5 mPa·s，沸点>45 ℃；**在氧化铝上液-固色谱的溶剂强度参数。

引自：叶宪曾编，《仪器分析教程》（第 2 版）。

### 3. 溶剂的强度与极性

溶剂的强度与极性可通过溶解度参数、溶解强度参数和极性参数来表示。溶解度参数是溶剂与溶质分子间各种作用力的总和。文献资料中所用的溶解度参数通常是纯液体中各相互作用力的综合。极性参数也可用于极性强弱的量度，在正相色谱中，极性参数越大，容量因子 $k$ 越小；在反相色谱中，极性参数越大，则容量因子 $k$ 越大。溶剂强度参数可用来表征溶剂对某种物质洗脱能力的大小，在液-固色谱中，表示溶剂分子对吸附剂的亲和程度，如溶剂强度参数大，则表明其容易被吸附剂吸附，从而可将吸附剂上已吸附的组分洗脱下来。

# 4.3.4　高效液相色谱的分类

根据分离原理的不同，液相色谱分为液-液分配色谱、化学键合相色谱、液固-吸附色谱、离子交换色谱、尺寸排阻色谱和亲和色谱等。按流动相与固定相的极性不同，可分为正相色谱和反相色谱。

## 4.3.4.1　液-液分配色谱

液-液分配色谱（liquid-liquid partition chromatography，LLPC）的固定相是涂在细的惰性载体上的液体，其分离原理类似于萃取，即根据待分离组分在两个互不相溶的液体中的溶解度或分配系数不同而分离，适合各类试样的分离分析。常用的固定相有极性较强的$\beta, \beta$-氧二丙腈、中等极性的聚乙二醇和非极性的角鲨烷等。流动相尽最大可能不与固定相互溶，极性差距越大越有利于液-液分配色谱的分离。由于液-液分配色谱的固定相是结合在惰性载体上的液体，不可避免地会产生固定液损失的问题，现在几乎完全被化学键合相色谱取代。

根据所用固定相和流动相的极性程度，可将液-液分配色谱分为正相分配色谱和反相分配色谱。流动相的极性小于固定相极性，为正相分配色谱，反之为反相分配色谱。正相分配色谱由于其固定相对极性化合物的保留时间长，因而适合极性化合物的分离，反相色谱由于其固定相对非极性化合物的保留时间长，故适合分离非极性或弱极性化合物。

### 4.3.4.2 化学键合相色谱

利用固定相载体（常为硅胶）表面硅醇基的活性，与各种有机分子间进行化学反应成键，从而得到具有不同性能的固定相。利用该键合固定相进行液相色谱分离称为化学键合相色谱法（chemically bonded phase chromatography，CBPC）。如前所述，键合固定相非常牢固稳定，使用过程中不易丢失，其最大优点是可通过改变流动相的组成和种类，分离非极性、极性和离子型等各种类型化合物；缺点是不能使用酸碱度过大或氧化性较强的流动相。

**1. 键合固定相类型**

键合固定相通常会形成以下类型：载体表面衍生不同长度的非极性基团，如苯基及长链烷基等；载体表面衍生不同的极性基团，如氨基、氰基、醚和醇等；载体表面衍生不同的可发生离子交换的基团，如用于阴离子交换的季铵盐及用于阳离子交换的磺酸基等。

**2. 键合固定相的制备**

键合固定相主要通过酯化及烷基化等有机化学反应完成。酯化是最常用的键合固定相制备方法，常采用醇等与硅醇基通过酯化反应而偶合在一起，该类键合固定相热稳定性不好，易水解。硅烷化是硅醇基与氯代硅烷间的反应，该类键合固定相热稳定性好，不易吸水，应用较为广泛。

**3. 正相和反相键合相色谱**

化学键合相色谱分为正相和反相键合相色谱。正相键合相色谱是通过极性基团如—$NH_2$、—CN 等键合在硅胶表面作为固定相，非极性或极性小的溶剂加少许醇或乙腈等作为流动相，主要用于分离异构体等化合物。

反相键合相色谱法的固定相极性较小，如硅胶-$C_{18}H_{37}$ 及硅胶-苯基等，流动相反而采用极性较大的溶剂，如醇-$H_2O$、乙腈-$H_2O$，甚至无机盐缓冲液等，在多环芳烃等极性较低化合物的分离分析中具有广泛的应用。目前几乎 90%的高效液相色谱是依赖于反相键合相色谱法完成的。

**4. 离子型键合相色谱**

当各种可解离基团如 —$SO_3H$、—COOH 和季铵盐等键合在硅胶载体上时，就形成了可交换性质的离子键合相色谱，其原理类似于离子交换色谱。

### 4.3.4.3　液-固吸附色谱

固体吸附剂表面的吸附中心与流经其表面的流动相发生吸附作用，当携带试样的流动相流经其表面时，不可避免地会被固定相部分保留，从而与先前已结合的流动相溶剂分子发生竞争置换作用，即为液-固吸附色谱（liquid solid adsorption chromatography，LSAC），其实质是基于物质在固定相上吸附作用的不同而分离的。液-固吸附色谱的吸附等温线有直线型、凸线型和凹线型三种，形成的峰形相应为正常峰、拖尾峰和前伸峰。

固定相多为表面有吸附中心的多孔性固体颗粒吸附剂，如硅胶、氧化铝和聚酰胺等，实验中由于硅胶具有吸附容量大、机械性好、不溶胀及化学惰性较强等特点而应用最多。流动相也可称为洗脱剂，一般而言，试样的极性越强，相应的洗脱剂极性也应越强。

### 4.3.4.4　离子交换色谱

如前所述，离子交换色谱（ion exchange chromatography，IEC）是利用待测组分所带电荷与固定相表面电荷基团之间的相互作用来进行分离分析的。这些相互作用主要是离子与离子、离子与偶极间的相互作用。它可用于分离无机离子，也可用于分离能够解离的氨基酸、核酸及蛋白质等生物大分子。

以离子交换剂为固定相，其基质分为三类：聚苯乙烯类合成树脂、纤维素和硅胶，根据离子交换剂电荷性质和强弱的不同，离子交换色谱法分为强阳、强阴、弱阳、弱阴离子交换色谱法四种。离子交换剂固定相主要有多孔型离子交换树脂、薄膜型离子交换树脂、表面多孔型离子交换树脂及离子键合固定相。其中，多孔型离子交换树脂应用较为普遍，由聚苯乙烯和二乙烯基苯交联而成，具有交换容量大、不易受温度变化影响等优点；但也具有在水相或有机相中容易膨胀等缺点，及由此引发的一系列问题。

离子交换色谱中的流动相通常为具有一定 pH 和离子强度的缓冲溶液。具体实验操作中，可通过变换盐离子种类、浓度以及一定范围内的 pH 来改进分离效果。

### 4.3.4.5　尺寸排阻色谱

尺寸排阻色谱（size exclusion chromatography，SEC），又称凝胶色谱（gel chromatography，GC），基本原理如前所述，此处仅介绍其固定相和流动相。固定相较为常用的是软性凝胶，类似于分子筛，如葡聚糖凝胶和琼脂糖凝胶，其交联程度不大，溶剂吸入程度大，易膨胀。除此之外还有刚性凝胶，如多孔硅胶和多孔玻璃等。流动相的溶剂要求黏度较小，常用的流动相溶剂有四氢呋喃、甲苯、二甲基甲酰胺等。

根据一系列分子量已知的标准物的洗脱体积与其分子量的关系，制作标准曲线，测定待测组分的洗脱体积，将其带入上述标准曲线，可计算组分的分子量。

### 4.3.4.6　亲和色谱

亲和色谱（affinity chromatography，AC）主要是利用生物大分子与固定相表面偶联的配体间的天然亲和力的大小进行分离的。具有这种性质的生物大分子有抗原与抗体、激素与受体、酶与底物、酶与竞争性抑制剂、互补的 DNA 或 RNA 等。首先在载体表面键合环氧臂等间隔臂，随后偶联上述生物大分子中的一方，当含有另一方的混合物随流动相经过固定相时，该配体先于其他组分与载体结合，其他组分在理想状况下则先流出；通过改变流动相的离子强度或 pH 等逐渐降低待分离组分的亲和力，使其被洗脱下来而得以检测。

## 4.3.5 液相色谱的定性和定量分析

### 4.3.5.1 定性分析

液相色谱用于定性的难度较大，这是因为影响液相色谱中各溶质组分迁移的因素太多，且相互之间存在干扰等，同一组分在不同条件下，甚至同一条件下其保留值相差很大。现有的定性方法有利用保留值定性、检测器上响应信号强度及 HPLC-MS 或 HPLC-NMR 等两谱联用技术等。其中，保留值定性分为利用已知物保留值定性、文献数据中保留值定性、已知物增加峰高法定性等，但必须明确，保留时间相同并不能肯定是同样组分；HPLC-MS 可弥补 HPLC 不能定性未知化合物的不足，通过对未知化合物进行多级质谱分析，推测未知化合物结构，进而达到定性的目的，该方法已广泛用于中药及天然植物化学成分的快速筛选、中药品种鉴别、药代动力学研究及环境监测等领域；HPLC-NMR 适合药物杂质鉴定、天然活性物质筛选等。

### 4.3.5.2 定量分析

定量方法主要有归一化法、标准曲线法、标准加入法、内标法等。按照测量参数可分为峰面积法和峰高法。在特定条件下，待测组分浓度与检测器响应值成正比，即

$$c_i = f_i A_i \qquad\qquad (4.15)$$

$$c_i = f_i H_i \qquad\qquad (4.16)$$

式中　$c_i$——组分浓度；

　　　$A_i$——组分响应面积；

　　　$f_i$——响应因子；

　　　$H_i$——组分响应高度。

**1. 归一化法**

归一化法是指所有出峰组分之和以 100%计算的定量方法。该法不需要标准物，且与进样量无关，但要求所有组分必须全部流出。全部都能在检测器上产生信号，且所有响应因子均非常接近。由于液相色谱检测器为选择性检测器，对很多组分不能响应，同时该法准确性不高，因而液相色谱很少采用归一化法。该法计算公式如下：

$$w_i = \frac{f_i A_i}{\sum f_i A_i} \times 100\% \qquad\qquad (4.17)$$

式中　$w_i$——组分 $i$ 的质量分数；

　　　$A_i$——组分 $i$ 的响应峰面积；

　　　$f_i$——组分 $i$ 的质量校正因子，在归一化法中认为其相等，故可消去。

当 $f_i$ 为摩尔校正因子或体积校正因子时，所得结果分别为组分 $i$ 的摩尔数或体积分数。

### 2. 标准曲线法

该法定量较为准确，适合痕量组分分析，但要求待测组分浓度处于标准曲线线性范围内，以提高准确度。首先配制一系列不同浓度的标准物溶液，分别测定其响应峰面积，以峰面积对浓度作图，绘制标准曲线。待测试样在相同条件下同法操作，获得其峰面积值，带入标准曲线求得待测组分 $i$ 的浓度 $c_i$。计算公式如下：

$$c_i = f_i A_i + a \tag{4.18}$$

式中　$c_i$——组分 $i$ 的浓度；

　　　$A_i$——组分 $i$ 的响应峰面积；

　　　$f_i$——标准曲线斜率；

　　　$a$——常数。

### 3. 内标法

内标法是将已知量的内标物 $w_s$ 加至已知量的试样 $w_i$ 中。计算如下：

$$w_i = f_i A_i \tag{4.19}$$

$$w_s = f_s A_s \tag{4.20}$$

$$w_i = \frac{f_i A_i}{f_s A_s} w_s = f_i' \frac{A_i}{A_s} w_s \tag{4.21}$$

式中　$A_i$，$A_s$——待测组分和内标物的响应面积；

　　　$f_i$，$f_s$——待测组分和内标物的质量校正因子；

　　　$f_i'$——待测组分和内标物的质量相对校正因子。

该法可以抵消仪器不稳定、进样量不准确等原因造成的定容误差。

### 4. 标准加入法

当难以选择合适的内标物时，以待测组分的纯物质为内标物，将其加至待测体系中，然后在相同条件下，测定加入前后的峰面积或峰高，最后计算待测组分的含量，该方法称为标准加入法，也称为外标法。该法不需要另加内标物，进样量的准确性要求不高，两次色谱条件相同以保证校正因子相同。其计算公式如下：

$$w_i = f_i A_i$$

$$w_i + \Delta w_i = f_i' A_i'$$

$$f_i = f_i'$$

$$w_i = \frac{\Delta w_i}{\dfrac{A_i'}{A_i} - 1} \tag{4.22}$$

式中　$A_i$——组分 $i$ 的响应面积；

　　　　$w_i$——组分 $i$ 的质量；

　　　　$f_i$——组分 $i$ 的质量校正因子。

### 5. 影响定量分析的因素

（1）试样的制备

尽可能分离干扰物，待测组分尽可能不损失，试样处理和制备过程中尽可能防止被损失或污染等。

（2）进样

采用归一化法、内标法及标准加入法时，进样所引起的误差可以忽略。但对标准曲线法，需注意进样装置的稳定性以及操作人员的熟练程度、重复性等。

（3）色谱条件

分离度较好时，柱效变化对峰高定量产生影响，但不影响峰面积定量；流动相流速对标准曲线法峰面积定量的影响大于峰高法定量，但对归一化法、内标法及标准加入法无影响。

（4）检测器性能

检测器的稳定性和线性范围选择对定量法分析的影响较大。进样量应能确保检测器的响应值处于其线性范围内，以减少误差。另外，检测器的型号及各种参数的设置均需要多次实验摸索确定。

# 4.4　毛细管电泳

早期的一些经典电泳技术，由于柱径大、柱长短及分离效率低等原因，存在诸如定量分析困难、温度敏感及操作步骤冗余等问题，已不适应化学、生命科学等自然科学进一步发展对分析技术的需要。毛细管电泳（capillary electrophoresis，CE）是指以高压电场为驱动力，以毛细管为分离通道，利用各组分淌度的不同和分配行为的差异而实现分离分析的电泳技术。毛细管电泳包括电泳和色谱两方面的内容，使分析化学从微升进入纳升水平，极大地促进了单细胞和单分子研究。

与高效液相色谱相比，其具有以下优点：第一，毛细管电泳技术采用内径约 50 μm、长约 50 cm 的石英毛细管和高达数千伏甚至上万伏的直流电压，使产生的热效应能够快速发散，大大减少了温度效应的影响，使电压的增大成为可能；第二，电压的增大，引起电场推动力增大，又进一步引起柱径变小及柱长增加；第三，高效毛细管电泳的柱效远高于高效液相色谱技术，理论塔板数可达几十万块/米以上。但毛细管电泳在迁移时间上的重现性、进样的准确性及检测的灵敏度方面稍低于高效液相色谱，其较适合微量制备，存在光路太短，色谱填充管需要专门的灌注技术及吸附导致的难以分离等较难克服的问题。

自 20 世纪 80 年代以来，毛细管电泳由于具有高灵敏度、高分辨率及试样用量少（nL 级）等优点，已逐渐成为分析化学领域发展最快的分离技术之一，现已广泛应用于化学、生命科学、食品科学、医药和环境等领域。

## 4.4.1 基本原理

### 4.4.1.1 电双层

在 pH>3 时，毛细管内壁的硅醇基发生解离，带负电荷，为了满足电荷平衡，该离子通过静电引力与流经其表面液体中的正离子形成双电层，双电层与毛细管壁间存在电位差，该电位差称为 Zeta（$\zeta$）电势。Zeta 电势可表示为：

$$\zeta = \frac{4\pi\delta e}{\varepsilon} \tag{4.23}$$

式中　$\delta$ —— 双电层外的扩散层的厚度，与离子浓度成反比；

$\varepsilon$ —— 溶液的介电常数；

$e$ —— 单位面积上的过剩电荷。

Zeta 电势与溶液的介电常数成反比，与过剩电荷及双电层外的扩散层厚度成正比。

### 4.4.1.2 电泳淌度

带电离子的迁移率可表示为

$$v_e = \mu_e E \tag{4.24}$$

式中　$v_e$ —— 电泳速率；

$E$ —— 毛细管进样端与检测端的电场强度，$V \cdot cm^{-1}$；

$\mu_e$ —— 溶质电泳淌度（mobility），即单位场强、单位时间溶质的移动距离（也即单位场强下的电泳速率），$cm^2 \cdot V^{-1} \cdot S^{-1}$。

对于给定电荷 $q$ 的球形离子，有

$$\mu_e = \frac{\varepsilon\zeta}{6\pi\eta} \tag{4.25}$$

$$v_e = \frac{\varepsilon\zeta E}{6\pi\eta} \tag{4.26}$$

式中　$\varepsilon$，$\eta$ —— 介质的介电常数和黏度；

$\zeta$ —— 粒子的 Zeta 电势，$\xi = q/\varepsilon r$，于是得

$$\mu_e = \frac{q}{6\pi\eta r} \tag{4.27}$$

对于棒状粒子，得

$$\mu_e = \frac{q}{4\pi\eta r} \tag{4.28}$$

由式（4.28）可知，带电粒子的电泳淌度 $\mu_e$ 与其电量 $q$ 成正比，与离子半径 $r$ 及黏度 $\eta$ 成反比。电泳淌度与电量成正比，但与物理化学中的定义不同。物理化学中的电泳淌度为绝对淌度（absolute mobility，$\mu_{ab}$），即无限稀释溶液中，单位电场强度下离子的平均迁移率，在一定条件下为一个特征性常数，可查阅有关手册了解。实验中测得的实际电泳淌度为有效淌度（$\mu_{eff}$）

### 4.4.1.3 电渗和电渗流

#### 1. 电渗和电渗流的定义

当 pH>3 时，毛细管内壁 Si—OH 电离为阴离子而带负电荷（紧密层），与其接触的电解质溶液中的阳离子（扩散层）形成双电层，于是，毛细管内壁溶液表层形成一个圆筒形的阳离子套。当施加高电压后，扩散层中的阳离子被吸引移向负极，由于这些阳离子是溶剂化的水合阳离子，于是，其将拖动毛细管柱中的液体整体向负极（多为负极）移动，这种管内液体相对于固体表面移动的现象称为电渗流（electroosmotic flow，EOF）。电渗流速率 $v_{EOF}$ 及电渗流淌度 $\mu_{EOF}$ 公式表示如下：

$$v_{EOF} = \frac{\varepsilon \zeta E}{\eta} \tag{4.29}$$

$$\mu_{EOF} = \frac{\varepsilon \zeta}{\eta} \tag{4.30}$$

式中　$E$ ——电场强度；

　　　$\zeta$ ——毛细管壁双电层的 Zeta 电势，约等于扩散层与紧密层界面上的电位；

　　　$\eta$ ——介质黏度；

　　　$\varepsilon$ ——电泳介质的介电常数。

#### 2. 电渗流的方向和大小

电渗流的方向与毛细管内壁表面电荷的性质有关。在毛细管电泳中，电渗流的方向一般是从阳极到阴极。但如果加入阳离子表面活性剂，则管壁因带正电荷而吸引溶液中的阴离子，此时，电渗流方向发生反转，从阴极流向阳极，这种手段常用于加速阴离子的分离。

电渗流速率大小与电场强度 $E$、Zeta 电势 $\zeta$ 及介电常数 $\varepsilon$ 成正比，与介质黏度 $\eta$ 成反比。在有电渗流条件下，带电粒子的迁移速率等于电泳速率与电渗速率之和，即

$$v = v_e + v_{EOF} = (\mu_e + \mu_{EOF})E \tag{4.31}$$

毛细管电泳中，EOF 方向一般从正极到负极，因而，阳离子迁移速率最快，最先流出；阴离子向阳极移动，但电渗迁移率远大于电泳迁移率，阴离子也随电渗流而缓慢转移至阴极，因此，阳离子、中性分子和阴离子按先后顺序流出，并进一步被检测。

#### 3. 影响电渗流的因素

当 pH>3 时，石英毛细管内壁的硅醇基解离，带负电荷，电荷密度变大，Zeta 电势 $\zeta$ 增大，电渗流速率随之增大；当 pH<3 时，由于电荷密度趋于零，电渗流也接近零。不同的介质成分和

浓度大小对电渗流也会产生不同影响，需具体查阅资料进行分析。增加离子强度后，双电层压缩程度略有增强，Zeta 电势降低，电渗流速率降低。温度升高，溶液黏度下降，电渗流增加。

**4．电渗流的流型**

电渗流具有平面流型和同向性等优势。平面流型的径向扩散对谱带扩散的影响降至最低，由于 HPLC 的径向流速有差异，因而 CE 比 HPLC 分离效率高。同向性是指无论电性如何，几乎所有待分析物均朝同一方向运动，原因在于离子电渗流速率大于单独离子的电泳速率，前者约为后者的 6 倍，因此，即使离子电泳淌度的方向与电渗流方向相反，仍可随电渗流方向运动，实际上相当于一次分析中同时包括了阳离子和阴离子。

### 4.4.1.4　迁移时间

从进样口迁移至检测系统所用时间为迁移时间，数值上等于毛细管有效长度与迁移速率之比。

## 4.4.2　毛细管电泳仪

毛细管电泳仪包括高压电源、进样系统、毛细管、检测器等（图 4.4）。

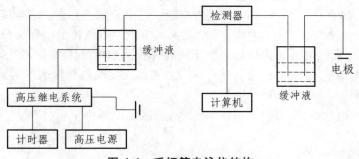

**图 4.4　毛细管电泳仪结构**

### 4.4.2.1　高压电源

高压电源采用 0～30 kV 的连续可调直流电压电源，包括电源、电极和电泳槽等。尽管高电压可以提高分离效率，缩短时间，但也会产生热量，实际工作中需要进行条件优化。

### 4.4.2.2　进样系统

先将毛细管与试样溶液混合，然后通过重力、电场力或其他动力驱动试样进入管中。常用的进样方式主要有电动进样、压力进样和扩散进样。电动进样是利用电场的作用力使试样通过电迁移或电渗作用进入管内。压力进样是给毛细管两端不同压力环境，通过管中溶液的流动，带动试样进入。扩散进样是利用试样在毛细管口界面处的浓度差而向管内扩散。

### 4.4.2.3 毛细管

毛细管应具有化学惰性和电惰性,可透过紫外光和可见光。组成材料一般是聚四氟乙烯、玻璃和石英等。聚四氟乙烯的缺点是毛细管内径的均一性难以保证,对样品有吸附作用,且热传导性差。玻璃的电渗效果最好,但玻璃往往含有杂质。石英表面杂质少,仅对溶质产生氢键吸附,表面硅醇基是毛细管产生电渗流的主要原因,常用作毛细管材料。

一般而言,毛细管内径越小,分辨率越高;但内径太小,进样量无法得到保证,且对组分的检测提出更高要求。毛细管越长,分离效果越好;但由于高压电源的限制,毛细管太长,则电场强度降低较多,延长了电泳时间。

通常通过毛细管管壁改性以抑制吸附。主要的改性方法有直接在缓冲液中添加阳离子表面活性剂,如加入十四烷基三甲基溴化铵(TTAB),在毛细管内壁形成吸附层,可使电渗流反向,加入聚胺、聚乙烯亚胺或甲基纤维素等,形成亲水覆盖层;采用各种物理、化学涂层、交联和化学键合等技术进行改性,如聚醚类等,类似 HPLC 所用方法。

另外,毛细管在使用过程中容易被污染,因此,应经常进行清洗。毛细管如吸附有蛋白质等有机分子,可用 $0.1 \sim 1 \ mol \cdot L^{-1}$ 硝酸清洗 10 min,再常规清洗。

### 4.4.2.4 检测器

检测器有紫外-可见检测器、激光诱导荧光检测器、电化学检测器、质谱检测器和激光类检测器等。其中,紫外-可见检测器应用较为广泛,其由光源、光路、信号接收和处理系统组成。紫外或可见光透过石英管,可实现蛋白质等具有紫外生色团的生物大分子的"在柱"检测,因此,紫外-可见检测器无死体积,也无由死体积造成的区带变宽等现象。

检测方式分为固定/可变波长和二极管阵列检测器或波长扫描检测器两类,后者可实现药物分析等定性鉴别。

另外,毛细管电泳峰宽一般为 $2 \sim 5$ mm,检测区宽度须小于组分宽度。

## 4.4.3 影响毛细管电泳分离的因素

### 4.4.3.1 进 样

当进样塞长度太大时,易引起峰宽大于纵向扩散,分离效率下降。实际操作中保持进样塞长度小于或等于毛细管总长的 $1\% \sim 2\%$。

### 4.4.3.2 热效应

电流通过毛细管,温度升高产生热量,一方面热量使溶液黏度下降,电渗流增大;另一方面,热量可引起温度在介质中的不均匀分布(中心温度高,两侧低),严重时可造成层流或湍流,导致峰加宽。一般可减小毛细管内径或通过外部冷却方法来散热。另外,也可通过合适的电压和电解质来提高柱效。

### 4.4.3.3 吸附作用

毛细管壁表面负电荷与介质中的阳离子形成静电引力，产生吸附作用，容易造成峰拖尾或不可逆吸附，可通过在毛细管壁涂聚乙二醇等抗吸附性物质，增强酸性，以抵抗硅醇基的解离，或加入两性离子代替强电解质，以降低或消除吸附引起的负面影响。另外，蛋白质及肽类物质含有较多的疏水残基，与毛细管壁的吸附作用不容忽视。

### 4.4.3.4 电渗流

如前所述，电渗流与电场强度 $E$、毛细管壁 Zeta 电势 $\zeta$ 和介电常数 $\varepsilon$ 成正比，与溶液黏度 $\eta$ 成反比。电势又与毛细管材料、表面特性、组成和性质等有关，因此，一般可通过以下途径进行电渗流大小和方向的控制：添加较高浓度的中性盐以改变离子强度，使电泳介质的离子强度增大，溶液黏度增大，电渗流下降；调节介质溶液的 pH 或组成、浓度等；降低温度，使黏度增大，电渗流下降；毛细管壁的改性，如改变硅醇基数目即电荷分布等。

### 4.4.3.5 电分散和层流

当组分与缓冲溶液区带的电导性不同时，也易导致谱带变宽，可通过选择与试样淌度匹配的电解质溶液来克服。当毛细管两侧存在压力差时，容易出现抛物线形的层流现象。

### 4.4.3.6 添加剂

溶液离子强度会明显影响电渗流大小，其与电渗流成反比，加入浓度较大的中性盐，则溶液离子强度增大，电渗流减小；加入表面活性剂，可改变电渗流的大小和方向，阳离子表面活性剂使电渗流减小，阴离子表面活性剂使毛细管壁内表面负电荷增加，电渗流增大；有机溶剂如甲醇、乙腈等，使溶液的黏度减小，电渗流增大。

另外，溶液 pH 增高，表面电荷数增多，Zeta 电势增大，电渗流增大；阴离子种类不同，也易使电渗流有很大的不同。

## 4.4.4 毛细管电泳的分类

毛细管电泳可分为毛细管区带电泳（capillary zone electrophoresis，CZE，毛细管自由电泳）、胶束电动力学毛细管色谱（micellar electrokinetic capillary chromatography，MECC/MEKC）、毛细管凝胶电泳（capillary gel electrophoresis，CGE）、毛细管等电聚焦（capillary isoelectric focusing，CIEF）、毛细管等速电泳（capillary isotachophoresis，CITP）、毛细管电色谱（capillary electrochromatography，CEC）和亲和毛细管电泳（affinity capillary electrophoresis，ACE）等。

### 4.4.4.1 毛细管区带电泳

毛细管区带电泳是最基本、最普通的一种分离模式，其分离条件也是其他分离类型的基础。它是基于试样中各组分荷质比不同而实现分离的，毛细管中分离介质只有缓冲液。

影响毛细管区带电泳的因素有缓冲液种类和浓度、pH、各种盐类添加剂、电压、温度、毛细管尺寸及管壁修饰等。缓冲液浓度增大虽然可改善电泳效果，但也会使电渗流降低，从而延长电泳时间。电压增大或盐浓度过高易增加热量。另外，常向电泳缓冲液中添加各种有机溶剂，如甲醇、乙腈等，目的是增加试样的溶解性，缓解试样的吸附效应等。温度可影响体系黏度，最终影响电渗流大小。

毛细管区带电泳可以分离氨基酸、蛋白质及某些药物等。分析阳离子时不必处理毛细管壁；但分析阴离子时，由于电渗流与离子移动方向相反，须用十二烷基三甲基溴化铵等烷基铵盐处理毛细管壁。另外，由于中性分子的电泳淌度为零，故该法不适合中性分子的分离。

## 4.4.4.2 胶束电动力学毛细管色谱

胶束电动力学毛细管色谱是以胶束为准固定相，并结合了电泳技术和色谱技术的一种电动色谱。与毛细管区带电泳相比，胶束电动力学毛细管色谱可分离中性分子，只不过在分离中性分子时，常添加临界浓度以上的各种表面活性剂（如十二烷基硫酸钠，SDS），通过表面活性剂分子间的疏水基团聚集在一起形成胶束，最终形成疏水基团朝内、负电荷亲水基团朝外的动态胶束结构。胶束由于带负电，向正极移动，缓冲液则向负极移动，由于各溶质分子的疏水性不同，在缓冲液相和胶束相间分配系数有差异而得以分离。

胶束电动毛细管色谱法不仅可分离带电组分，还可分离中性分子，特别是在中小分子药物分析研究中应用较多。

## 4.4.4.3 毛细管凝胶电泳

毛细管凝胶电泳是通过将填充剂或其他具有分子筛效应的介质如聚丙烯酰胺凝胶、葡聚糖凝胶及琼脂糖凝胶等在毛细管柱内交联，生成具有一定孔径的凝胶而建立的一种电泳技术。试样分子在凝胶网状结构中运动时，大分子所受阻力大，迁移速度慢，小分子则受到阻力小，迁移速度快，从而得以分离。该法能有效减少组分扩散，峰形尖锐且分离效率高，常用于蛋白质、寡核苷酸、RNA 和 DNA 片段分离及聚合酶链式反应（PCR）产物分析等。但该法存在凝胶管制备困难及均一性差等问题。目前已成功实现了聚丙烯酰胺、甲基纤维素、羟丙基甲基纤维素、聚乙烯醇及葡聚糖等非筛填料剂在 DNA 和蛋白质研究中的应用。

## 4.4.4.4 毛细管等电聚焦

毛细管等电聚焦是基于待分离分子的等电点不同而建立起来的分析方法，适合分离氨基酸、多肽、核苷酸及蛋白质等两性物质。当分子所带正电荷数目等于其所带负电荷数目时，溶液 pH 即为该分子的等电点（isoelectric point，pI）。两性物质分子所带电荷与溶液 pH 密切相关，当 pH< pI 时，对分子而言为酸性环境，带正电荷；当 pH>pI 时，对分子而言为碱性环境，带负电荷。当直流电压通过两性电解质载体时，将形成从正极到负极逐渐升高的 pH 梯度。于是，不同的蛋白质，由于等电点不同，在电场中迁移至与其 pI 相等的 pH 位置处，形成较窄区带而得以分离。该法常用于蛋白质的分离分析，可分离蛋白质分子间 pI 差异小于 0.01 pH 单位的两种蛋白。

### 4.4.4.5 毛细管等速电泳

毛细管等速电泳是选用电泳淌度差别较大的两种不同缓冲体系，从而形成前导离子和尾随离子，待测试样处于其间。前导负离子淌度较大，尾随负离子淌度较小，所有溶质均从阴极进样，在阳极进行检测。于是，当接通电压后，前导负离子、尾随负离子及带负电的试样均向阳极迁移，但前导负离子迁移速度快且以相同速度向阳极迁移，因而形成分开的区带。

### 4.4.4.6 毛细管电色谱

毛细管电色谱是在毛细管中填充或在其内壁涂布（或键合）固定相微粒，以电渗流为流动相推动力，使溶质分子依据其在固定相和流动相中分配系数不同及组分淌度的差异而实现分离的。该法选择性好，相应的毛细管柱也开发出多种类型，有一定发展前景。

### 4.4.4.7 亲和毛细管电泳

亲和毛细管电泳是指在电泳过程中具有生物亲和力的两种分子间发生特异性相互作用，形成配体-受体复合物，从而得以分离的一种电泳技术。通过研究分子结合前后电泳谱图变化，可获得亲和力大小等方面的信息。该法常用于蛋白质、核酸、抗生素、手性分析及药物研究等。

## 4.4.5 毛细管电泳的应用

毛细管电泳可通过添加手性选择剂或在电泳系统中提供手性环境等拆分手性化合物，再根据对映异构体与手性选择剂间的相互作用力大小不同而分离。常用的手性选择剂有冠醚、胆盐、表面活性剂及环糊精等。毛细管电泳还可用于药物真伪、寡核苷酸、引物、探针、DNA测序与突变、限制性片段长度多态性（RFLP）和单链构象多态性研究（SSCP）以及刑侦和法医鉴定等。毛细管电泳用于蛋白质的研究较为广泛，主要有纯度分析、微量制备、肽图及蛋白质组学研究等。

# 4.5 超临界流体色谱法

超临界流体色谱法（supercritical fluid chromatography，SFC）是20世纪80年代逐渐发展起来的一个色谱分支，它是利用超临界流体作为流动相并依靠其溶剂化能力，以硅胶等固体吸附剂或键合至毛细管壁上的高聚物为固定相进行分离分析的一种色谱方法。在分离性能和分析速度方面，其具有气相色谱与液相色谱的优势，可克服气相色谱不能分析的高沸点、低挥发性试样或高效液相色谱缺少检测基团等问题，是对气相色谱和液相色谱的重要补充。但超临界流体色谱要求整个分离分析体系均在高压下进行，目前可用的流动相仅限于$CO_2$等为数不多的流体，且存在仪器昂贵等问题。

## 4.5.1 基本原理

在较低温度下增加气体压力，某些纯物质将由气体转变为液体；反之，升高温度时，其液体体积增大或变为气体。即物质随温度和压力的不同，在固态、液态和气态间相互转化。某些纯物质具有三相点和临界点（图 4.5）。当物质处于三相点时，气、液和固三态处于平衡状态，当物质处于临界温度（$T_c$）和临界压力（$p_c$）以上，即超临界状态时，其物理性质介于气体和液体之间，既非气体也非液体，而是一种流体。无论是从液体还是气体变成超临界流体，均无相变发生，因此，不存在表面张力。

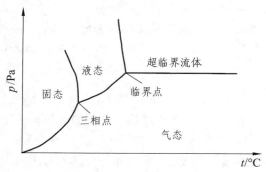

**图 4.5 纯物质的相图**

超临界流体的密度、黏度、溶解度和介电常数等物性发生急剧变化（表 4.2）：其扩散系数和黏度接近气体（低黏度），可减少在柱中遇到的传质阻力，从而达到高效分离；密度与液体接近（高密度），从而保证其具有强溶解性，适合低温下分离某些热不稳定物质。同时，由于超临界流体的扩散系数、黏度、溶剂力和溶解度等均是密度的函数，通过改变流体的密度，也可达到控制流体性质的目的，从而更大可能地满足实验需求。表 4.2 和表 4.3 分别列出超临界流体与气体、液体的物理性质比较及部分性质。

**表 4.2 超临界流体与气体、液体的物理性质比较**

| 状　态 | 密度/$g \cdot cm^{-3}$ | 扩散系数/$cm^2 \cdot s^{-1}$ | 黏度/$g \cdot cm^{-1} \cdot s^{-1}$ |
|---|---|---|---|
| 气　体 | $(0.6 \sim 2) \times 10^{-3}$ | $0.1 \sim 0.4$ | $(1 \sim 3) \times 10^{-4}$ |
| 超临界流体 | $0.2 \sim 0.5$ | $10^{-3} \sim 10^{-4}$ | $(1 \sim 3) \times 10^{-4}$ |
| 液　体 | $0.6 \sim 1.6$ | $(0.2 \sim 3) \times 10^{-5}$ | $(0.2 \sim 3) \times 10^{-2}$ |

引自：刘约权主编，《现代仪器分析》（第二版）。

**表 4.3 常见超临界流体的部分性质（Reid，et al，1987）**

| 流体 | 超临界温度/℃ | 超临界压力/$10^6$ Pa | 超临界密度/$g \cdot cm^{-3}$ |
|---|---|---|---|
| $CO_2$ | 31.1 | 72.9 | 0.47 |
| $H_2O$ | 374 | 217.8 | 0.322 |
| $CH_4$ | $-82.6$ | 45.4 | 0.162 |
| $CH_3CH_3$ | 32.3 | 48.1 | 0.203 |

| 流体 | 超临界温度/℃ | 超临界压力/$10^6$ Pa | 超临界密度/g·cm$^{-3}$ |
|---|---|---|---|
| CH₃CH₂CH₃ | 96.8 | 41.9 | 0.217 |
| CH₂＝CH₂ | 9.4 | 49.7 | 0.215 |
| CH₃CH＝CH₂ | 91.9 | 45.4 | 0.232 |
| CH₃OH | 239.6 | 79.8 | 0.272 |
| CH₃CH₂OH | 240.9 | 60.6 | 0.276 |
| 丙酮（C₃H₆O） | 235.1 | 46.4 | 0.278 |
| N₂O | 36.5 | 71.7 | 0.45 |
| NH₃ | 132.5 | 112.5 | 0.24 |

## 4.5.2 超临界流体色谱仪

　　超临界流体色谱仪的很多部件类似于高效液相色谱仪和气相色谱仪，但具有以下几点不同之处：一是色谱柱具有精密的温控装置，以实现对流动相温度的精确控制。二是具有一个限流器（反压装置），以维持合适的柱压力，使流体在整个分离过程中始终保持超临界流体状态；同时，通过限流器还可实现相的瞬间转变。为了防止高沸点组分冷凝，限流器一般维持在 300～400 ℃。三是整个超临界流体色谱仪均处在足够的高压下，以使流动相处于高密度状态，从而有利于洗脱效率的提高。四是当使用极性较差的流体分离极性化合物或分子量较大的化合物时，常需添加极性改性剂如甲醇、乙醇、乙腈和异丙醇等改进分配系数 $K$，以增强极性试样的溶解性，提高分离效果；也可添加微量的三氟乙酸、乙酸等以改进色谱峰形。

　　超临界流体色谱仪包括高压泵、色谱柱、固定相、流动相和检测器。高压泵一般采用无脉冲的注射泵，具有较高的精密度和稳定性。超临界流体色谱法中的色谱柱包括填充柱和交联毛细管柱，前者一般可选用液相色谱柱，如硅胶柱、氨基柱、氰基柱等，某些应用还可使用 C₁₈ 等反相色谱柱。固定相一般选用硅胶或硅胶吸附剂，或其他高聚物键合至毛细管壁等。流动相主要是 CO₂ 流体、N₂O、NH₃、正己烷及甲醇等。超临界 CO₂ 流体具有一系列优点：临界温度和压力较低，易于工业化；不可燃，无毒，化学稳定性好，不会产生副反应；CO₂ 来自化工副产物，有助于减少温室气体排放；可通过调节流体的压力改善溶解能力，使其处理后的产物无溶剂残留等。目前，超临界 CO₂ 流体已广泛用于萃取、材料加工、超细微粒及聚合反应介质的制备等。

　　高效液相色谱系统中采用的紫外检测器、荧光检测器、蒸发光散射检测器及质谱等均可用于超临界流体色谱中；气相色谱中的氢火焰离子化检测器（FID）及电子捕获检测器（ECD）等也可用于超临界流体色谱。氢火焰离子化检测器是利用 CO₂ 作为流动相时常用的检测器，其次是紫外检测器等。另外，流体 CO₂ 在核磁共振中不产生氢信号，因此，超临界流体色谱与核磁共振的联用目前应用较多。

### 4.5.3　超临界流体的应用

#### 4.5.3.1　在医药行业的应用

利用超临界流体的一系列优点，可解决传统中药提取工艺中存在的一系列问题，如提取物为混合物，需使用大量有机溶剂，工艺冗余且耗时耗能，易造成热敏成分降解及挥发性成分损失等。在药物分析方面，超临界流体色谱法兼具气相色谱和液相色谱的优点：高效快速，且能与多种仪器联用，已广泛用于脂肪酸、维生素及萜类等手性药物的分离制备，具有良好的发展前景。

#### 4.5.3.2　在化学工业的应用

在石油化工领域，超临界流体主要用于渣油脱沥青，得到的脱沥青油可用作催化裂解的原料或润滑油生产的原料；精细化工领域主要用于分离制备芳香族化合物及天然香精香料的提取；煤化工领域主要用于萃取石蜡及煤焦油等。

#### 4.5.3.3　在食品工业的应用

利用超临界流体色谱技术可提取食品中的香料成分，如香辛料、芹菜精油、花生油、菜籽油、姜油、芫荽籽精油、茴香油、薄荷醇、当归油、黄花蒿、桂花香料及肉豆蔻油等；提取食用天然色素，如辣椒红色素、辣椒碱、叶黄素、$\beta$-胡萝卜素、番茄红素、可可色素、栀子黄色素、玉米黄素及枸杞红色素等；食品的脱色脱臭等。利用超临界流体技术可提高农副产品的附加值，既实现了废弃资源的变废为宝，也减少了环境污染等问题。目前已实现了啤花有效成分萃取及咖啡豆脱咖啡因的产业化生产。

#### 4.5.3.4　在材料领域的应用

利用超临界流体制备碳纳米管复合材料、分子筛复合材料及聚合物微粒等高分子材料，其中，聚合物微粒常用于控制药物缓释；利用超临界流体技术制备超细微粒的"纳米粒子"，可使原来难溶性药物及大分子量的生物大分子药物的溶解性增强，被机体吸收的程度提高，药效得到明显提升，这也是"纳米药物"研究的一部分。另外，利用超临界流体技术还可制备高孔密度泡沫材料，如聚合物、陶瓷或复合材料等。

# 5  质谱分析

质谱（mass spectrometry，MS）是英国学者 J. J. Thomson 在研究正电荷离子束的基础上发展起来的，它是将分子电离成分子离子和碎片离子，并根据质荷比（$m/z$）不同进行分析测定的一种分析方法。通过质谱的分子离子峰的 $m/z$ 可获得分子量，碎片离子的 $m/z$ 可获得裂解方式及分子结构等有关信息。高分辨率的质谱仪还可通过测定质量来确定化合物的分子式。与紫外光谱、红外光谱和核磁共振不同，质谱不是吸收光谱，其发生的不是分子能级的跃迁，而是气态分子的裂解，因此，从本质上讲，质谱不是光谱或波谱，而是质量谱。但由于质谱往往需要与紫外光谱仪、红外光谱仪和核磁共振光谱仪联用，以便更高效地发挥其作用，故将它们合称四大"谱"。

质谱法具有试样用量少（$10^{-5}$ mg），灵敏度高（$10^{-14}$ g）及几乎是唯一能够确定有机化合物分子式的方法等优点；但也存在对立体异构体区分能力不足，重复性不佳和测试仪器价格昂贵等不足。近年来，计算机在质谱上的应用，色谱技术与质谱的联用及诸如快原子轰击、电喷雾电离、基质辅助激光解析电离等各种软电离技术的不断发展，使得质谱的应用更为广泛，已延伸至生命科学、环境科学、药物检测和食品科学等领域。

按照学科领域，质谱仪分为有机质谱仪、无机质谱仪、同位素质谱仪、气体分析质谱仪。有机质谱仪可分为气相色谱-质谱联用仪（GC-MS）、液相色谱-质谱联用仪（LC-MS）及其他有机质谱仪，如基质辅助激光解析飞行时间质谱仪（MALDI-TOF-MS）和傅里叶变换质谱仪（FT-MS）等，其主要研究有机物裂解机理、规律及通过质谱数据推导有机化合物结构；无机质谱仪包括火花源双聚焦质谱仪（SSMS）、感应耦合等离子体质谱仪（ICP-MS）及二次离子质谱仪（SIMS）等，其主要是对试样进行微区分析或表面分析；同位素质谱仪主要用于轻元素（H、C、S）和重元素（U、Pu、Pb）的同位素分析；气体分析质谱仪主要有呼气质谱仪和氦质谱检漏仪等（以上分类并不十分严谨，因为有些仪器带有不同附件，因而具有不同功能）。

另外，近年来发展起来的生物质谱主要集中在蛋白质的分子量测定和结构分析，如核酸质谱、糖或糖蛋白质谱等。典型代表是美国科学家约翰、芬恩和日本科学家田中耕一因研究生物大分子质谱分析技术而荣获 2002 年诺贝尔化学奖。

## 5.1  基本原理

试样分子首先在高真空条件下气化，然后在离解室内被高能量电子轰击或用强电场处理，使其失去一个外层电子而成为带正电的分子离子（molecular ion，$M^{+}\cdot$），即带正电荷的自由基分子离子。由于试样分子获得足够多的高能电子束能量，生成的大多数分子离子具有过剩能量，因而会继续发生某些化学键的规律断裂，生成各种更小的碎片离子，如正离子、自由基、中性分子和自由基正离子。所有带正电荷的碎片离子在电场和磁场作用下进入分析管，并在弧形磁场作用下发生曲线轨迹偏离（中性分子或自由基由于不带电而不会被加速，被真空系统抽出）。不同离子的 $m/z$ 不同，$m/z$ 越小，离子的偏离半径越大。当不断增强磁场强度时，这些离子依次经过离子出口狭缝而被分离，随后收集并定量记录这些信息，得到质谱图。

不同 $m/z$ 的离子，当其被加速时势能转换为动能，动能与加速电压和电荷有关，即

$$\frac{1}{2}mv^2 = zeU \tag{5.1}$$

式中  $v$ ——离子被加速后的运动速度；

$U$ ——加速电压；

$z$ ——离子电荷数；

$m$ ——离子质量；

$e$ ——元电荷，即一个电子的电荷，$e = 1.6 \times 10^{-19}$ C。

当离子垂直进入高真空的磁分析器后，受扇形磁场的影响将做圆周运动，当离心力与向心力（磁场引力）相等时，则

$$m\frac{v^2}{r} = Bzev \tag{5.2}$$

式中  $v$ ——离子的运动速度；

$B$ ——磁感应强度；

$r$ ——离子运动的轨道半径。

于是

$$r = \frac{1}{B}\sqrt{\frac{2U}{e} \times \frac{m}{z}} \tag{5.3}$$

由以上各式可知，如果改变离子的加速电压 $U$ 或磁场强度 $B$，离子的偏转半径 $r$ 就会发生相应的改变，因此，不同 $m/z$ 的离子可在不同磁场强度 $B$ 的作用下先后通过分析器狭缝，得到 $m/z$ 从小到大排列的质谱。

## 5.2  质谱表示方法

质谱有质谱图和质谱表两种表示方法。质谱表是用表格形式表示的质谱数据，表中通常提供 $m/z$ 和相对强度两项数据。质谱图的每一条细线表示一个峰，其高度代表某一 $m/z$ 碎片的相对丰度。为了简化谱图，质谱图用棒图表示。横坐标是不同离子的 $m/z$，由于大多数碎片只带一个正电荷且电子的质量很小，因此，$m/z$ 等于其分子离子的质量，也等于化合物的分子量。纵坐标为各离子的相对丰度或强度，规定最高离子峰的相对强度或相对丰度为100%，称为基峰（base peak），其他离子峰的峰高则为基峰的相对百分比，即相对强度。

有时候有些化合物在电子轰击质谱中容易裂解，难以得到分子离子峰，如醇易脱水得到脱水峰，此时可适当降低电子束能量，或采用电喷雾质谱解决上述问题。

# 5.3　质谱仪

质谱仪是按照电磁学原理进行离子分离的装置，按分析器类型分为五大类：四级杆质谱仪、磁质谱仪、飞行时间质谱仪、傅里叶变换离子回旋共振质谱仪和离子阱质谱仪。磁质谱仪主要由进样系统、离子化源、分析系统、检测系统、记录系统及真空系统等部分组成（图5.1）。质谱仪操作复杂，须专人操作和严格控制条件。试样操作时，除记录和显示系统外，其他各部分均必须保持高真空状态，以防止离子损失。真空度太低，易造成离子化源灯丝损坏，本底增高及实验结果复杂化等。

**图 5.1　质谱仪构造示意图**

具体过程如下：离子化源将试样分子气化并形成正离子，且使其加速、聚焦为离子束，然后通过一个孔径可变的狭缝进入分析系统。被加速的正离子在可变弧形磁场作用下按照弯曲轨道前进，轨道半径取决于各离子的 $m/z$，不同的离子流沿各自轨道曲率半径进入收集和记录系统。

质谱仪中曲率半径是固定的，故常采用电压扫描或磁场扫描，使所有正离子按 $m/z$ 大小先后进入收集系统。不同 $m/z$ 的离子流进入收集系统时产生信号，其强度与离子数成正比。

## 5.3.1　进样系统

进样系统将待测试样引入离子化源，在此过程中，必须确保不降低质谱仪的真空度。试样引入方式主要有间歇式进样、直接进样和色谱进样三种，间歇式进样主要用于气体、低沸点液体和高蒸气压固体试样的进样。直接进样适合已纯化的化合物分析，特别是一些热稳定性好、气化温度不高的试样，可用探头直接进样。色谱进样用于复杂混合物分析，混合物中各组分被分离后依次进入质谱中。低沸点混合物经毛细管气相色谱分离后，直接将色谱柱插入质谱仪的离子化源中。高沸点混合物则经液相色谱后，通过电喷雾电离等方式电离待测试样，获得质谱信息。

## 5.3.2　离子化源

离子化的作用是将进样系统引入的气态试样分子转化为离子。离子化方法有电子轰击电离（electron impact，EI）、化学电离（CI）、快原子轰击电离（fast atom bombardment，FAB）、电喷雾电离（ESI）、大气压化学电离（atomspheric pressure chemical ionization，APCI）、基质辅助激光解析电离（matrix-assisted laser desorption-ionization，MALDI）及场解吸电离（field desorption，FD）等。

同一物质，使用不同的电离源，质谱图是不同的。在离子源能量强弱方面：电子轰击电离为硬电离源，其余均为软电离源；在工作状态方面：电喷雾电离和基质辅助激光解析电离为大气压工作状态，其余均为真空状态；在离子化方式方面：电子轰击电离、化学电离为气相离子源，其余为解吸离子源等。

### 1. 电子轰击电离

电子轰击电离是质谱应用最为广泛且最成熟的离子化方法之一，主要用于挥发性试样的电离。在高真空中利用电流炙热钨制成的灯丝发射高能电子束，电子经约 70 V 电压加速后进入电离区（电子得到 70 eV 能量），并与气化后的待测试样分子发生撞击，待测试样分子获得能量后丢失一个电子，电离成分子离子，有时多余能量使分子离子继续发生碎裂，生成碎片离子，通过质谱分析可得到待测试样的分子结构信息。该法电离效率高，操作方便，离子碎片多，提供的结构信息丰富；但也存在分子离子峰较弱，不适合分析热不稳定和难挥发化合物等缺陷。

### 2. 化学电离

电子轰击电离有时候不存在分子离子峰，或由于得到大量碎片而分子离子峰强度很低，因而很可能检测不到分子离子信号，此时需采用较温和的化学电离法。化学电离将大量气体如甲烷、氢、氦和氨等引入离子源，灯丝发射的电子首先将反应气电离，然后试样气体分子与反应气离子发生离子-分子反应（非用强电子束电离）而被电离，进一步生成准分子离子，这些离子再与试样分子发生诸如质子转移或亲电加成，甚至电荷转移等而得以电离。

### 3. 电喷雾电离

电喷雾电离是近年来新出现的一种软电离方式，主要用于难挥发、分子量大或热稳定性差的极性化合物的分析。电喷雾溶剂对试样溶解性及溶剂极性等均有影响，常用溶剂如甲醇和乙腈等极性溶剂较适合电喷雾电离，烷烃类、芳香类化合物等非极性溶剂不适合电喷雾电离。电喷雾电离由于容易形成多电荷离子，与传统的质谱相比，其可用于分子量较大的蛋白质的分析。该法较适合蛋白质、肽类、氨基酸、核苷酸和糖等生物分子的分子量及结构分析等研究，特别是小分子药物及代谢产物的测定。

### 4. 快原子轰击电离

快原子轰击电离是另外一种应用广泛的软电离技术。氩气等惰性气体被中性的原子束电离后被电压加速，氩分子离子在充满氩气的原子枪内与氩气发生电荷交换，生成高能量中性氩原子，该氩原子束轰击试样分子使其离子化后进入真空，并在电场作用下进入分析器。该法质谱图中的准分子离子峰较强，结构信息丰富，其分子量信息并非针对分子离子峰，而是准分子离子峰；另外，碎片峰也相对较少。该法不需要加热气化，因而适用于热不稳定、难挥发、强极性和分子量较大化合物的分析，特别是抗生素、有机金属配合物、药物、多糖和蛋白质的分析。

### 5. 基质辅助激光解析电离

基质辅助激光解析电离是按照试样/基质约 1：10 000 的比例形成共结晶薄膜，然后用一定波长的脉冲式激光照射试样与基质，试样分子吸收来自基质分子的能量而进入气相，并发生电离。基质辅助激光解析电离适合电离一些难电离化合物，特别是生物大分子，如蛋白质和核酸等。另外，该法很少产生碎片离子，可用于混合物的直接分析，但会产生背景干扰。

# 5.3.3  分析系统

质量分析器是质谱仪分析系统的核心部分，其作用是将离子化源中的离子按 $m/z$ 分开并送入检测器检测。其主要类型有磁偏转分析器、飞行时间质量分析器、四极杆质量分析器、离子阱分析器及离子回旋共振分析器等。

### 1. 磁偏转分析器

磁偏转分析器（magnetic-sector analyzer）是在外加扇形磁场作用下，根据不同 $m/z$ 的离子在飞行过程中发生偏转的角度不同而实现分离。磁偏转分析器分为单聚焦和双聚焦两种，前者仅有扇形磁场，后者除了扇形磁场，还有扇形电场。单聚焦质量分析器由于不能聚焦 $m/z$ 相同但速度不同的离子，因而分辨率较低。常用的双聚焦分析器是在离子化源和磁分析器间放置一个静电分析器，当在扇形电极上施加直流电压 $U_e$ 时，离子通过此扇形区域的半径 $r_e = U/U_e$，即动能相同的离子，其离子偏转半径相同，即此时发生了能量聚焦。通过改变直流电压 $U_e$ 的大小，可以使不同能量的离子先后进入磁分析器。

### 2. 飞行时间质量分析器

飞行时间质量分析器（time of flight mass analyzer，TOF）中离子飞行的速度 $v$ 可表示为

$$v = \sqrt{\frac{2zU}{m}} \qquad (5.4)$$

式中　$m$ ——离子质量；

　　　$z$ ——离子电荷数；

　　　$U$ ——加速电压。

离子经过长度为 $L$、无电场和磁场的漂移管区时间为 $t$，$t$ 等于漂移管长度与速度之比。

$$t = L\sqrt{\frac{m}{z} \times \frac{1}{2U}} \qquad (5.5)$$

由以上各式可看出，离子飞行时间 $t$ 取决于离子的 $m/z$ 和电压，在电压及漂移管长度一定时，不同 $m/z$ 的离子飞出漂移管的时间不同，因而得以分离。该分析器不需要磁场和电场，灵敏度高，可测质量范围宽，适合与色谱联用，在生命科学领域的研究中使用较多。但由于离子进入漂移管前存在时间分散、空间分散及能量分散等问题，该法的分辨率较低。

### 3. 四极杆质量分析器

四极杆分析器（quadrupole mass filter），又称为四极滤质量分析器，由四根平行的棒状

电极组成，在其中的两根相对电极上施加电压（$U + U\cos wt$），另两根施加一定的射频交流电压 $-(U + U\cos wt)$，$U$ 为直流电压，$U\cos wt$ 为射频电压。四根棒状电极组成一个四级电场。在一定的直流电压和射频条件下，只有符合一定 $m/z$ 的离子可通过四极杆到达检测器，其他离子由于碰撞电极而被过滤或吸收，因此，通过改变直流电压和交流电压，或电压不变而改变交流电频率，最终使不同 $m/z$ 的离子按照一定次序到达检测器。该分析器的优点是结构简单、价格低廉，扫描速度快，适合与色谱联用；缺点是分辨率不高。

### 4. 离子阱分析器

离子阱分析器（ion trap analyzer）是由上下两个端盖电极和位于其间的一个环电极构成的。端盖电极施加直流电压或接地，环电极施加射频电压，此时施加适当电压即可形成势能阱，即离子阱。离子阱捕获、储存一定质量范围的离子，当其数量达到一定水平时，增高了环电极上的射频电压，此时，离子按质量从大到小顺序依次离开离子阱进入检测系统。该法的特点是仪器结构体积小、灵敏度高，可用于 GC-MS 及 LC-MS 分析。

## 5.3.4 真空系统

在非真空状态下，由于离子在飞行过程中存在散射效应、复合反应、离子-分子反应、记忆效应或与分子发生碰撞而引起离子损失等不利因素，质谱仪所有部分均要求处于高度真空状态，如离子源要求 $1.3 \times 10^{-4} \sim 1.3 \times 10^{-5}$ Pa，质量分析器要求 $1.3 \times 10^{-6}$ Pa。质谱仪需要采用机械泵预先抽真空，再通过扩散泵或涡轮分子泵保持真空状态。近年来质谱仪大多采用分子泵替代扩散泵。

## 5.3.5 检测器

检测器主要有电子倍增器、光子倍增器、法拉第环、闪烁计数器及照相底片等。此处介绍电子倍增器，当离子轰击阴极引起电子发射时，电子在电场作用下按照一定次序轰击下一级电极而被放大，其放大倍数一般在 $10^5 \sim 10^8$，最后，电子倍增器产生的信号通过检流计被检出。信号与倍增器电压有关，提高电压虽可以提高灵敏度，但会降低倍增器寿命。

# 5.4 离子的类型及影响其形成的因素

## 5.4.1 离子的主要类型

质谱中出现的离子主要有分子离子、同位素离子、碎片离子、重排离子、多电荷离子和亚稳离子等。

## 1. 分子离子

分子离子的 $m/z$ 即为分子量，如能确定质谱图中的分子离子峰，就可直接在质谱图上获得该化合物的分子量。大多数化合物都有分子离子峰，其在质谱中的相对强度取决于有机化合物的稳定性和分子结构。一般而言，分子离子峰是质谱中荷质比最高的离子峰，但质量最高的离子峰并不一定都是分子离子峰。除需要判断其是否具有分子离子峰的特点外，还需要排除杂质离子峰或碎片离子峰的干扰。分子离子不稳定，其还会裂解生成带正电的碎片和不稳定的游离基，带正电的碎片还可进一步裂解。

试样分子失去外层电子形成分子离子时，其失去的电子可以是已成键电子，也可以是 n 电子。失电子的容易程度依次为 n 电子、π 电子和 σ 电子。芳香族化合物失去 π 电子后形成的苄基正离子能与苯环发生共轭效应，因而其分子离子峰比较稳定且强度大，常作为基峰。支链烷烃和醇类的分子离子极不稳定，分子离子峰强度通常较弱，甚至不存在。炔烃的分子离子峰较弱。

分子离子的稳定性顺序为芳香族化合物>共轭烯烃>烯烃>脂环烃>酮>直链烷烃>醚>酯>胺>羧酸>支链烷烃>醇。

## 2. 碎片离子

分子离子进一步裂解生成更小的离子，称为碎片离子（fragment ion）。裂解形式较多，主要有 α 裂解、β 裂解、σ 键均裂和重排等。生成的碎片离子越稳定，丰度越大，而丰度又与其分子离子的结构密切相关，这对于推测分子结构有重要意义。

## 3. 同位素离子

有机化合物中 C、H、O、N、S、Cl、Br、I 等元素具有同位素，将含这些同位素的离子称为同位素离子（isotopic ion）。同位素比一般常见元素重，因而其同位素峰通常会出现在相应分子离子峰或碎片离子峰的右侧附近，形成丰度较小的 $M+1$，$M+2$ 峰等，峰强度与其丰度相近。

根据碎片可推测有机化合物的结构，也可比较试样质谱图与标准质谱图，以鉴定样品属于哪种化合物。

## 4. 亚稳离子

某些特殊情况下，质谱图会出现一些比通常离子峰稍宽、相对强度较低且 $m/z$ 通常不是整数的离子峰，这些离子峰通常是分子离子或碎片离子从离子化源到达检测器的过程中，在较短时间内相互碰撞、裂解而生成的，称为亚稳离子。

## 5. 多电荷离子

大多数分子电离时只失去一个电子，产生一个带单位正电荷的离子，为单电荷离子，但有些化合物的离子会失去两个或两个以上电子，此时产生的离子称为多电荷离子，其 $m/z$ 与单电荷离子相比要小一些，可用于测定大分子的分子量。如具有 π 电子共轭体系的芳环、杂环等，常失去 2 个电子而形成双电荷离子。

## 6. 重排离子

分子离子裂解为碎片离子时，常伴随简单的键断裂，分子内原子或基团重排生成的碎片离子称为重排离子。如麦氏重排（Mclafferty），麦氏重排一般含 $C=O$、$C=S$、$C=N$ 及 $C=C$，且与双键相连的 $\gamma$-碳上有氢原子。

## 5.4.2　离子形成的影响因素

### 1. 易脱去一个稳定的中性分子

裂解时很多情况下都可以脱去一个小的中性分子，如 CO、$H_2O$、HCN 等，同时生成另一离子。

### 2. 碎片离子的稳定性

键断裂不仅形成正离子，还形成中性分子和自由基，这些碎片离子的稳定性直接影响键断裂。稳定性强的碎片离子，其对应的反应是键断裂的主要途径，如伯、仲、叔碳正离子的稳定性依次增强，故叔碳正离子的生成反应是主要的裂解途径。

# 5.5　质谱裂解规律

分子离子被轰击变成各种碎片离子的过程称为裂解。主要有以下几种裂解方式：均裂、异裂和半异裂。一般而言，有机分子断裂部位主要集中在失去电子后形成的正电荷中心和自由基中心附近，相对而言，自由基中心引发的断裂更容易进行，且随中心原子电负性增加而减弱。

离子的裂解遵循"偶数电子规律"：含奇数电子的自由基离子分裂产生自由基和正离子，或产生含偶数电子的中性分子和自由基正离子。含偶数电子的离子分裂不能产生自由基，只能生成含偶数电子的中性分子和正离子。

# 5.6　定性分析

## 5.6.1　分子量的测定

一方面，分子离子峰的 $m/z$ 可用于准确测定物质的分子量；另一方面，分子离子峰并不一定是最高 $m/z$ 对应的峰，因此，对分子离子峰的判定显得尤为重要。判断分子离子峰应遵循以下几点：一般而言，除同位素峰外，分子离子峰为最高质量对应的峰，但某些试样会产生质子化离子峰、去质子化离子峰或缔合离子峰；分子离子峰须符合"氮律"（nitrogen rule），即由 C、H、O 组成的有机化合物，分子离子峰一定是偶数，但由 C、H、O、N、P 和卤素等元素组成的物质，若含奇数个 N，分子离子峰质量为奇数，含偶数个 N，分子离子峰的质量为偶数；分子离子峰与相邻峰的质量差是否合理，如不合理，则不是分子离子峰；分子结构与分子离子稳定性有关，碳原子数较多、碳链较长和有分支的分子，分裂几率大，分子离子峰不稳定，而具有 π 共轭体系的分子离子较稳定，分子离子峰强度大。

## 5.6.2 化学式的确定

高分辨率质谱仪可将质量测定有效数字精确至小数点后 4~6 位，因此，通过测定分子离子或碎片离子的 $m/z$，然后根据元素的确切质量（表 5.1）计算其元素组成。

表 5.1 常见元素同位素的确切分子量和天然丰度

| 元素 | 同位素 | 确切分子量 | 天然丰度/% | 元素 | 同位素 | 确切分子量 | 天然丰度/% |
|------|--------|-----------|-----------|------|--------|-----------|-----------|
| H | $^1$H | 1.007 825 | 99.98 | P | $^{31}$P | 30.973 763 | 100.00 |
|   | $^2$H（D） | 2.014 102 | 0.015 | S | $^{32}$S | 31.972 072 | 95.02 |
| C | $^{12}$C | 12.000 000 | 98.9 |   | $^{33}$S | 32.971 459 | 0.75 |
|   | $^{13}$C | 13.003 355 | 1.07 |   | $^{34}$S | 33.967 868 | 4.25 |
| N | $^{14}$N | 14.003 074 | 99.63 |   | $^{36}$S | 35.967 079 | 0.01 |
|   | $^{15}$N | 15.000 109 | 0.37 | Cl | $^{35}$Cl | 34.968 853 | 75.76 |
| O | $^{16}$O | 15.994 915 | 99.76 |   | $^{37}$Cl | 36.965 903 | 24.24 |
|   | $^{17}$O | 16.999 131 | 0.04 | Br | $^{79}$Br | 78.918 336 | 50.69 |
|   | $^{18}$O | 17.999 161 | 0.20 |   | $^{81}$Br | 80.916 290 | 49.31 |
| F | $^{19}$F | 18.998 403 | 100.00 | I | $^{127}$I | 126.904 477 | 100.00 |

引自：叶宪曾编，《仪器分析教程》（第 2 版）。

除此之外，还可以通过同位素丰度比求分子式。

## 5.6.3 结构鉴定

一种方法是将未知化合物的质谱图通过计算机检索数据库进行比对；另一种方法是分析谱图中各碎片离子、亚稳离子、分子离子的化学式及 $m/z$ 等信息，再结合化合物的分裂规律，最终推测分子结构。但很多情况下，需要质谱联合紫外光谱、红外光谱或核磁共振光谱等信息才能完成化合物的结构分析。

当化合物的分子量和分子式确定后，可按下列步骤完成质谱解析：首先计算化合物的不饱和度；解析主要的碎片离子峰；综合以上所获信息，推断分子的可能结构；再结合紫外光谱、红外光谱或核磁共振光谱信息进一步确认分子结构；最后与标准谱图进行对比验证。

# 5.7 定量分析

由于质谱定量分析须满足一些必要条件，如组分中至少有一个与众不同的峰；各组分的裂解模式和灵敏度具有重现性；各组分对峰的贡献具有加和性等，现在对多组分分析时，一般先采用色谱分离后再进行质谱分析。如 GC-MS 得到的总离子色谱图，其峰面积与相应组分的含量成正比，可采用色谱分析中的归一化法、外标法和内标法等完成分析；LC-MS 通常采用与待测组分相对应的特征离子的质量质谱图来完成分析。

# 6　热　分　析

1977 年在日本召开的国际热分析协会第七次会议将热分析（thermal analysis）定义为：基于热力学原理和物质的热力学性质，通过程序控制温度来测量物质的物理化学性质与温度关系的一类技术。温度控制一般是指线性升温或降温，也包括恒温、循环和非线性升温或降温。可测定的物理性质主要是指物质在加热或冷却过程中，其质量、温度、热量、尺寸、力、声、电、光及磁学等性质。热分析法具有可在大温度范围内研究试样，对试样物理状态无特殊要求，试样用量少，仪器灵敏度高及易与其他技术联用分析等优点，已广泛用于化学化工、冶金、地质、物理、生物化学、环保及食品等领域。

本章着重介绍应用较为广泛的热重分析法、差热分析法和差示扫描量热法。表 6.1 列出几种重要的热分析技术及其原理。

表 6.1　热分析方法及物理性质

| 名　称 | 缩　写 | 物理性质 | 仪　器 |
|---|---|---|---|
| 热重分析法 | TG | 质量 | 热天平 |
| 微商热重分析法 | DTG | 质量 | 热天平 |
| 差热分析法 | DTA | 温度 | 差热分析装置 |
| 差示扫描量热分析法 | DSC | 焓（热量） | 差示扫描量热分析装置 |
| 逸出气体检测法 | EGD | 质量 | 逸出气体检测系统 |
| 逸出气体分析法 | EGA | 释放气体的性质、数量 | 质谱、气相色谱等 |
| 热膨胀分析法 | TD | 尺寸 | 热膨胀仪 |
| 比热测定 | | 比热 | 差动量热法 |
| 温度滴定 | | 温度随时间变化 | 温度滴定装置 |
| 热机械分析 | TMA | 力学性质 | 热机械分析仪 |
| 动态热机械法 | DMA | 黏弹性 | 动态热机械仪 |
| 热电学法 | | 电学性质 | 电桥等 |
| 高温 X 射线衍射 | | 晶面间距 | X 射线衍射仪 |
| 联用技术 | TG-DTA、DTA-MS | 光谱、色谱 | 质谱、色谱、光谱 |

# 6.1 热重分析法

## 6.1.1 基本原理

在程序控制温度下，当试样在各种热效应下发生化学变化、分解或成分改变时，其质量随温度或时间的变化而变化的热分析方法称为热重分析法（thermogravimetry，TG）。热重图是试样质量残余量 $Y$（%）对温度 $T$ 的曲线，或试样质量残余量 $Y$（%）随时间的变化率 $dY/dt$ 对温度 $T$ 的曲线表示（微商热重法），该曲线称为热重曲线。热重分析法可用于了解试样的热分解过程，测定物质的熔沸点，利用热分解或升华等分析固体混合物，研究高聚物的性质等。

## 6.1.2 热重分析仪

热重分析仪主要由热天平、炉子、程序控温系统和记录系统组成。

热天平与一般的天平原理相同，不同之处在于其能在受热情况下连续称重，且连续记录质量与温度的关系。根据试样与天平刀线的相对位置不同，热天平分为下皿式、上皿式和水平式。下皿式的优点是质量较轻，结构简单；上皿式的优点是试样更换容易，试样室更换方便；水平式的优点是结构简单，气流的波动对热重测定结果影响很小。最常用的热天平测量方法有变位法和零位法两种。变位法是根据天平梁倾斜度与质量变化成正比的关系，利用差动变压器检测倾斜度并记录。零位法是采用差动变压器和光学法测定天平梁倾斜度，然后根据此信息调整电流，使线圈恢复天平梁。

## 6.1.3 影响热重分析法的因素

### 1. 升温速度

升温速度越快，温度滞后越大，反应起始温度和反应终止温度越高，温度区间越宽。无机化合物一般选择 $10 \sim 20\,K \cdot min^{-1}$。

### 2. 气氛及其流速

常用气氛有空气、$O_2$、$N_2$ 及 He 等。气氛不同，反应过程、机理及热重曲线形状也不同。另外，如果处于动态气氛，气氛流量也可影响试样分解温度、控温精确度和热重曲线形状，一般气流采用 $40 \sim 50\,mL \cdot min^{-1}$。

### 3. 其 他

试样粒度和填装密度要适中且均一；试样皿材质可能会对试样或产物等产生作用，如聚四氟乙烯类试样不宜用陶瓷和石英等试样皿。

144

# 6.2 差热分析法

## 6.2.1 基本原理

差热分析法（differential thermal analysis，DTA）是在程序控制温度下，通过测定某种试样和参比物（在测定范围内不发生任何热效应的物质）间的温度差与温度关系而建立的一种分析技术。当试样发生相转变、熔化、晶型转变等变化时，释放或吸收的热量会使试样温度高于或低于参比物温度，以温度 $T$ 或时间 $t$ 为横坐标，试样与参比物间温度差$\Delta T$ 为纵坐标制作差热曲线，从而得到相应的放热峰或吸热峰。

差热曲线的纵坐标向上表示放热反应，向下表示吸热反应。一般而言，如果试样受热发生熔融、脱水或相转变等为吸热反应；如试样发生结晶、氧化或交联等现象为放热反应。差热曲线可提供峰位置、形状和数目等信息。差热分析中放热峰和吸热峰产生的原因见表 6.2。

表 6.2　差热分析中放热峰和吸热峰产生的原因

| 现　象 | 吸　热 | 放　热 | 现　象 | 吸　热 | 放　热 |
|---|---|---|---|---|---|
| 物理原因 | | | 化学吸附 | | √ |
| 结晶转变 | √ | √ | 析出 | √ | |
| 熔融 | √ | | 脱水 | √ | |
| 气化 | √ | | 分解 | √ | √ |
| 升华 | √ | | 氧化度降低 | | √ |
| 吸附 | | √ | 氧化（气体） | | √ |
| 脱附 | √ | | 还原（气体） | √ | |
| 吸收 | √ | | 氧化还原反应 | √ | √ |
| 化学原因 | | | 固相反应 | √ | √ |

引自：武汉大学化学系编，《仪器分析》。

## 6.2.2 差热分析仪

差热分析仪由加热炉、测量系统、温度控制系统、差热放大器、记录仪及气氛控制系统组成。加热炉分立式和卧式、中温和高温等；测量系统有热电偶、坩埚、支撑杆等；温度控制系统是按照给定程序使炉温发生变化；差热放大器的作用是将只有几微伏或几十微伏的温差信号放大至毫伏级而被记录仪记录；气氛控制系统根据需求可调为真空或各种不同气体的气氛。

### 6.2.3　影响差热分析的因素

#### 1. 气氛和压力

试样的某些理化性质会受到气氛和压力的影响。如某些试样容易发生氧化，常需要通入氮气等惰性气体进行保护。

#### 2. 升温速率

升温速率影响峰位置及峰面积。升温速率快，峰位置移向高温区，峰面积大，峰尖，易发生基线漂移，分辨效果不好。升温速率慢，基线漂移小，峰宽而浅，且峰与峰不发生重叠；缺点是实验时间较长。

#### 3. 试样预处理程度

试样用量太多会使峰与峰间出现部分重叠，分离效果不好；同时试样用量过多易造成内部传热差，温度均一性不好。试样粒度最好在 100 ~ 200 目，颗粒小，传热效果好；但太细则结晶度差。参比物的细度、装填精密程度与试样保持一致。

#### 4. 参比物选择

参比物在加热过程中不发生任何热效应，其比热、导热系数、粒度尽可能与试样接近。

#### 5. 稀释剂

除了上述参比物外，还有其他惰性材料也常被用作稀释剂，如石英粉、$\alpha\text{-}Al_2O_3$ 等，其目的是改善基线、试样传热性，增强试样透气性等；但稀释剂易造成灵敏度下降。

另外，由于差热分析法存在以下缺点：升温速率非线性变化引起的校正系数 $k$ 发生变化，从而导致定量出现困难；试样、参比物和环境间发生热交换，从而降低热效应测量的精确性，定量受到一定程度影响。这些问题需要用差示扫描量热法来解决。

# 6.3　差示扫描量热法

## 6.3.1　基本原理

差示扫描量热法（differential scanning calorimetry，DSC）是在差热分析法的基础上发展起来的一种热分析法。试样与参比物在程序控温的相同环境中，通过补偿器测量试样与参比物间温度差为零时所需吸收或放出的热量，以温度或时间为横坐标，热量变化率（试样与参比物的功率差）为纵坐标，绘制补偿能量曲线，即为差示扫描量热曲线。曲线中峰或谷包围的面积代表热量的变化。

与差热分析法相比，差示扫描量热法始终保持试样与参比物的温度相同，且可用于定量分析。差示扫描量热法在高分子领域应用较为广泛，可用于测定蛋白质或其他生物大分子的稳定性、玻璃化转变温度 $T_g$、反应热及反应动力学参数。

## 6.3.2　差示扫描量热仪

差示扫描量热仪主要由加热炉、程序控温系统、气氛控制系统、信号放大器和记录系统组成，可分为功率补偿型（power compensation）和热流型（Heat flux）两类。功率补偿型要求试样和参比始终保持相同温度，测定为满足此条件时试样与参比间所需的能量差，将其以热量差 $\Delta Q$ 信号输出；热流型则是保证试样和参比在相同功率的条件下，测定试样和参比间的温度差，根据热流方程将温度差 $\Delta T$ 转换为热量差，并以信号形式输出。

## 6.3.3　差示扫描量热法的影响因素

### 1. 气　氛

气氛不同，差示扫描量热曲线有时也不同。气氛分为静态气氛和动态气氛，静态气氛实验结果不易重复；相反，动态气氛由于产生的气体被不断带走，对流作用能够保持相对的稳定，实验结果容易重复。

### 2. 升温速率

加热速度过快，峰温高，峰形大而尖，峰面积偏大，有时会降低分辨率；加热速度过慢，大分子可在较低温度下吸热解冻，玻璃化温度向低温移动。一般采用 $10\ ℃ \cdot min^{-1}$。

### 3. 试样量

试样量与对照物接近，以防止热容相差太大而引起基线漂移。一般而言，试样量少，峰小而尖，分辨率高；试样量大，则峰大而宽，峰温向高温移动，同时也容易导致试样内部传热慢，峰形变大，分辨力下降。

### 4. 试样粒度及装填方式

试样粒度大小不同，对一些表面反应或受扩散控制的反应的影响较大。粒度小，峰温移向低温；粒度大，热阻效应明显，试样的熔融温度和熔融热焓偏低。通常采用薄膜或细粉状试样装填，并使试样铺满底部。

### 5. 试样的几何形状

高聚物的几何形状对峰温的影响较大。通常采用增大试样与底盘的接触面积或减少试样的厚度并适当减慢升温速率来克服。

# 7 流动注射分析和微流控技术

## 7.1 流动注射分析

### 7.1.1 基本原理

流动注射分析（flow injection analysis，FIA）是 1974 年丹麦技术大学化学家鲁奇卡（J. Ruzicka）和汉森（E. H. Hansen）提出的一种管道化、连续流动分析技术。该技术是通过将试样以"塞子"（plug）的形式注入流动性好且无气泡间隔的试剂载流中，由于对流和扩散作用，试样将在反应管道中形成具有浓度梯度的试样区带（zone），试样区带与载流中的某些试剂组分混合，发生化学反应，生成可被检测的物质，随后被带进检测器中进行分析，记录吸光度、电极电位或其他参数信号。该法不需要反应完全即可进行检测，摆脱了传统分析必须在稳态条件下才能完成的束缚，将化学分析提前至非平衡阶段，从而使分析速度大大加快，非常有利于一些要求快速检测的工业化技术工艺。流动注射分析具有速度快，试样用量少，精确度高，设备简单及适用范围广等特点；缺点是灵活性差，气泡体积难以控制等。

### 7.1.2 流动注射分析仪

流动注射分析仪由蠕动泵、进样系统、反应管道系统及检测系统组成。其流程是基于物理和化学非动态平衡条件下进行的，过程可视为常规化学分析方法的微型化和自动化。主要分为三个阶段：物理混合过程及分散、化学动力学过程及能量转换过程。

**1. 蠕动泵**

蠕动泵的作用是驱动载流进入管道，并维持流体以一定流速在体系中流动，再通过转动的滚轴将液体压进塑料管或橡胶管。蠕动泵的稳定性对结果分析极为重要。

**2. 进样系统**

进样系统有注射器和进样阀两种，在流动注射分析中主要是通过进样阀进样。目前应用最多的进样阀是类似于高效液相色谱中的旋转式六通阀。每次注入试样体积为 5～200 μL，大多数情况下为 10～30 μL。

### 3. 反应管道系统

反应管道系统是试样塞在载流中分散、发生化学反应并生成可检测信号的场所。有开放式反应管和填充式反应管两种。反应管多由聚乙烯管和聚四氟乙烯管组成，内径一般为 $0.5 \sim 0.8$ mm。

### 4. 检测系统

检测系统负责将流经组分的理化性质转换为可识别信号，主要由流通池、传感设备及记录仪组成。原子吸收和发射光谱技术、荧光光谱技术、传感器技术及离子选择电极检测器等均可用于流动注射分析，一般其峰位为尖峰。

# 7.2 微流控技术

## 7.2.1 基本原理

微流控技术（microfluidic）是指微升或纳升体积的流体流动在至少有一维为微米或纳米尺度的通道结构中，进行传质或传热的技术。微流控芯片采用类似半导体的微机电加工技术在芯片上构建微流路系统，从而将实验与分析过程转移至芯片上。由于微流控技术研究介于宏观尺度和纳米尺度，电渗和电泳淌度与其尺寸无关，但层流现象明显，传质过程以扩散为主，比表面积增大，表面张力增强。微流控技术具有分析速度快、试样用量少及可微型化分析等优点，广泛用于生化分析和环境监测等领域。

## 7.2.2 微流控芯片及其应用

微流控芯片，又称芯片实验室（lab on a chip），它是将化学和生物学等领域的试样采样、预处理、试剂添加、生物与化学反应、分离及检测等过程集成在一块几平方厘米的具有通道结构的微芯片上的一门新技术。微流控芯片采用可控流体完成常规化学和生物实验室的各种功能，具有小型化、集成化、高通量及分析快速等特点，在生物医学、环境监测与保护、新药合成筛选、农作物选育、司法鉴定等领域具有广泛的应用前景。

### 1. 在生命科学研究中的应用

微流控芯片技术可用于核酸扩增和测序，DNA 物理机械行为研究；氨基酸分离分析，蛋白质富集、纯化、分离和结晶等；细胞培养、细胞分选、细胞裂解、细胞计数、细胞凋亡、细胞迁移，单细胞的胞内成分及形态等；临床血液、尿液、抗体、癌症等诊断以及药物筛选等方面。

### 2. 在食品检验方面

微流控技术可用于食品中致病菌、农药残留、抗生素类兽药残留、重金属及食品添加剂检测等方面。食品中的合成色素、防腐剂、漂白剂、消毒剂等食品添加剂目前已可采用微流控芯片技术进行检测。除此之外，微流控技术还可用于食品中其他有害物质的检测，如甲醛等。但由于食品体系的复杂性，目前微流控芯片的实际应用还存在诸多不足，高灵敏度、高选择性和微型化的检测方法仍然是其应用所面临的挑战。纳米技术与微流控技术的不断结合，有可能开辟微流控技术在食品检验方面的新领域。

### 3. 在环境监测方面

微流控芯片技术可用于大气、水及土壤中化学污染物和细菌等的检测。如敌百虫、敌敌畏、久效磷和甲拌磷等有机磷脂类化合物属于神经毒性物质，可运用微流控芯片技术进行检测；TNT炸药生产中产生的含硝基芳香族化合物是环境中毒性较大的一类有机物，传统测定方法繁琐，且需加入有毒的有机溶剂，而采用电泳芯片分离，结合电化学技术则可实现高效检测。另外，酚类化合物、氨基甲酸酯类及芳香胺等也可利用该技术进行检测。

### 4. 在药物分离检测方面

微流控芯片的手性拆分有酶法拆分、色谱拆分及电泳法拆分等。目前已有报道采用自组装微流控芯片检测甜菜碱在中药中的含量；另外，微流控芯片技术也用于法医 DNA 检测、毒剂或毒物检测、毒品检测等。

第二部分　仪器分析实验

# 8　基础实验

## 实验1　比色法测定油脂的过氧化值
### （参考 GB/T 5009.37—2003）

油脂是食品的重要组成部分，是机体主要的能量来源。油脂在光、热、射线及金属离子作用下易发生氧化酸败。油脂酸败会导致食品其他成分（如蛋白质等）发生变化，引起风味变化，降低营养价值，甚至产生毒性，成为食品卫生问题之一。过氧化值是反映油脂和脂肪酸等被氧化程度的一项指标，用于判断食品因氧化而变质的程度。它用 1 kg 样品中的活性氧含量来表示，以过氧化物的毫摩尔数表示。长期食用过氧化物超标的食物有损人体健康，因为过氧化物能破坏细胞膜结构，导致胃癌、肝癌、动脉硬化、心肌梗死、脱发和体重减轻等病症。油脂氧化酸败的关键产物是脂肪酸过氧化氢，此化合物称为过氧化物，可通过分解、聚合产生自由基，出现不愉快的辛辣味。因此，除了食用油质量检测时需要测定过氧化值，当加工食品的原材料中涉及油脂、脂肪时，也要检测其过氧化值。过氧化值的测定方法主要有碘量法、比色法、试纸法、基于酶促反应法、紫外检测法、近红外光谱检测法、气相色谱、液相色谱法等。本节课我们主要学习利用比色法测定植物油的过氧化值。

## 一、目的及要求

（1）理解食品过氧化值的测定意义。
（2）了解分光光度计的基本构造，并掌握其使用方法。
（3）理解和掌握比色法测定过氧化值的原理和方法。

## 二、实验原理

食用油脂用三氯甲烷-甲醇混合溶剂（体积比 7∶3，下同）溶解，油样中的过氧化物可将二价铁离子氧化成三价铁离子，三价铁离子与硫氰酸盐反应，生成橙红色的硫氰酸铁配合物，在波长 500 nm 处有最大吸收，且吸收值与配合物浓度呈正比，可用标准曲线法定量。

# 三、实验器材与试剂

## 1. 实验器材

分光光度计、10 mL 具塞玻璃比色管、容量瓶、试剂瓶。

## 2. 试 剂

盐酸、过氧化氢、三氯甲烷、甲醇、氯化亚铁、硫氰酸钾、还原铁粉。

# 四、实验步骤

## 1. 试样溶液的制备

精密称取 0.01～1.0 g 试样（准确至 0.000 1 g），置于 10 mL 容量瓶中，加三氯甲烷-甲醇混合溶剂溶解并稀释至刻度，混匀。

## 2. 标准曲线制作

（1）铁标准储备液的配制：称取 0.100 0 g 还原铁粉，量于 100 mL 烧杯中，加 10 mL 盐酸（10 mol·L$^{-1}$）、0.5～1 mL 30%过氧化氢（H$_2$O$_2$）溶解后，于电炉上煮沸 5 min，以除去过量的 H$_2$O$_2$。冷却至室温后移入 100 mL 容量瓶中，用水稀释至刻度，混匀，此溶液每毫升含铁 1.0 mg。

（2）铁标准使用溶液的配制：用移液管吸取 1.0 mL 上述铁标准储备溶液（1.0 mg·mL$^{-1}$）于 100 mL 容量瓶中，加三氯甲烷-甲醇混合溶剂稀释至刻度，混匀，此溶液每毫升含铁 10.0 μg。

（3）测定吸光度：分别精密吸取铁标准使用溶液（10.0 μg·mL$^{-1}$）0，0.2，0.5，1.0，2.0，3.0，4.0 mL（各自相当于铁浓度 0，2.0，5.0，10.0，20.0，30.0，40.0 μg·mL$^{-1}$）于干燥的 10 mL 比色管中，用三氯甲烷-甲醇混合溶剂稀释至刻度，混匀。加 1 滴（约 0.05 mL）硫氰酸钾溶液（300 g·L$^{-1}$），混匀。室温（10～35 ℃）下准确放置 5 min 后，移入 1 cm 比色皿中，以三氯甲烷-甲醇混合溶剂为参比，于波长 500 nm 处测定吸光度，以标准溶液各点吸光度减去零号管吸光度为纵坐标、铁浓度为横坐标绘制标准曲线或计算直线回归方程。

## 3. 试样测定

精密吸取 1.0 mL 试样溶液于干燥的 10 mL 比色管内，加 1 滴（约 0.05 mL）氯化亚铁（3.5 g·L$^{-1}$）溶液，用三氯甲烷-甲醇混合溶剂稀释至刻度，混匀。加 1 滴（约 0.05 mL）硫氰酸钾溶液（300 g·L$^{-1}$），混匀。室温下准确放置 5 min 后，移入 1 cm 比色皿中，以三氯甲烷-甲醇混合溶剂为参比，于波长 500 nm 处测定吸光度。将试样吸光度减去零号管吸光度后与曲线比较或代入回归方程求得试样中铁的含量。

## 4. 计 算

试样的过氧化值按照下式计算：

154

$$X = \frac{c}{m \times \dfrac{V_2}{V_1} \times 55.82 \times 2}$$

式中  $X$——试样的过氧化值，meq·$kg^{-1}$；

$c$——由标准曲线上查得试样中铁的质量，μg；

$V_1$——试样稀释总体积，mL；

$V_2$——测定时取样体积，mL；

$m$——试样质量，g；

55.84——铁的原子量；

2——换算因子。

## 五、注意事项

（1）二价铁离子需新鲜配制，且防止三价铁离子污染。

（2）生成的硫氰酸铁配合物不稳定，因此吸光度测定必须在 20 min 内完成。

（3）三氯甲烷在空气和光照条件下易被氧化成光气（$COCl_2$），含有光气的三氯甲烷可导致过氧化值测定结果偏高，因此检验前需检测三氯甲烷是否被氧化。

（4）三氯甲烷和甲醇皆为有毒性的有机溶剂，实验中应注意通风和防毒。

## 六、思考题

（1）过氧化值测定在油脂分析中有什么意义？

（2）比色法测定过氧化值的原理和方法是什么？

（3）为什么实验中选择三氯甲烷-甲醇混合溶液为溶剂？

# 实验 2　紫外分光光度法测定饮料中的咖啡因含量

## （参考 GB/T 5009.139—2003）

咖啡因又称咖啡碱，化学名为 1, 3, 7-三甲基黄嘌呤，是从茶叶、咖啡果中提取出来的一种嘌呤类生物碱，可溶于水、醇、氯仿、二氯甲烷等溶剂。适量的咖啡因能够促进血液流通、扩张血管，并且有利尿、兴奋中枢神经等功能，临床上常用于治疗神经衰弱和昏迷复苏。但大剂量或长期使用会对人体造成损害，特别是它易使人成瘾，一旦停用会出现精神委顿、浑身困乏疲软等各种症状。由于咖啡因的耐受特性，当用药量不断增加时，咖啡因不仅作用于大脑皮层，还能直接兴奋延髓，引起阵发性惊厥和骨骼震颤，损害肝、胃、肾等重要内脏器官，诱发呼吸道炎症、妇女乳腺瘤等疾病；甚至导致吸食者下一代智能低下，肢体畸形，因此被列入受国家管制的精神药品范围。

咖啡因作为饮料和茶叶的一个重要品质和限量指标，测定它的含量一直受到分析工作者的广泛关注。常见的测定方法有重量法、碘量法、比色法等。这些方法步骤繁杂，耗时过多，影响因子较多，误差大，分析速度慢。目前较为精准的测量方法主要有紫外法、气相色谱法、高效液相色谱法等，尤其是紫外法，因其操作简单，省时快速，重现性高而被推广。

# 一、目的及要求

（1）了解咖啡因在食品、饮料中的存在意义。
（2）熟悉紫外法测定咖啡因的原理和操作方法。
（3）熟悉紫外-可见分光光度计的仪器构造和使用方法。

# 二、实验原理

咖啡因结构（如下）中有嘌呤环，具有共轭双键体系，因而在紫外区具有独特的吸收光谱，如咖啡因在三氯甲烷溶液于波长 276.5 nm 处有最大吸收，且吸收值的大小与咖啡因浓度成正比。因此，利用此特性可对食品样品中的咖啡因进行定量分析。

# 三、实验器材与试剂

### 1. 实验器材

紫外-可见分光光度计、10 mL 具塞玻璃比色管、容量瓶、分液漏斗、真空泵、布氏漏斗。

### 2. 试　剂

重蒸三氯甲烷、无水硫酸钠、乙酸锌、亚铁氰化钾、咖啡因标准品、高锰酸钾、亚硫酸钠、硫氰酸钾，市售百事可乐、咖啡、茶叶。

# 四、实验步骤

## 1. 试样处理

（1）含 $CO_2$ 型饮料：含 $CO_2$ 型饮料需进行脱气处理，可采用超声或煮沸 10 min。取 250 mL 三角瓶，准确加入 10～20 mL 经脱气处理的试样，加入 5 mL 15 g·L$^{-1}$ 高锰酸钾溶液，摇匀，静置 5 min。加入 10%亚硫酸钠+10%铁氰酸钾混合溶液（体积比 1：1）10 mL，摇匀。加入 50 mL 重蒸三氯甲烷，封口，磁力搅拌 5 min，转入 250 mL 分液漏斗中，静置分层，收集三氯甲烷相。水相继续加入 40mL 重蒸三氯甲烷，萃取、分液，收集三氯甲烷相。合并 2 次三氯甲烷萃取液，并用重蒸三氯甲烷定容至 100 mL，摇匀，备用。

（2）咖啡、茶叶等固体样品：将固体样品粉碎至 30 目以下，取均匀试样 0.5～2.0 g，置于 500 mL 白瓷缸中，加入自来水 100 mL，加盖，煮沸 30 min，抽滤，滤渣用少量水洗 2～3 次，合并滤液，转入容量瓶并定容至 100 mL。加入 2 mL 200 g·L$^{-1}$ 乙酸锌溶液，加入 2 mL 亚铁氰化钾溶液，摇匀，静置，抽滤，收集滤液，用水定容至 100 mL。取滤液 5～10 mL，加入 50 mL 重蒸三氯甲烷，封口，磁力搅拌 5 min，转入 250 mL 分液漏斗中，静置分层，收集三氯甲烷相。水相继续加入 40mL 重蒸三氯甲烷，萃取、分液，收集三氯甲烷相。合并 2 次三氯甲烷萃取液，并用重蒸三氯甲烷定容至 100 mL，摇匀，备用。

## 2. 标准曲线的绘制

取一定量咖啡因标准品，配制成 1 mg·mL$^{-1}$ 的储备液，用重蒸三氯甲烷稀释成浓度分别为 0，5，10，15，20 µg·mL$^{-1}$ 的系列标准溶液。以重蒸三氯甲烷为参比，调节零点，用 1 cm 光径比色池在紫外区进行波长扫描，确定咖啡因的最大吸收波长为 276.5 nm。再分别在最大波长处测定上述系列标准溶液的吸光度，以咖啡因浓度（$c$）为横坐标、吸光度值（$A$）为纵坐标，绘制标准曲线，并求出拟合曲线的回归方程和相关系数。

## 3. 样品测定

取上述试样的三氯甲烷萃取液 10 mL，加入具塞比色管中，并加入 5 g 无水硫酸钠，摇匀，静置。取澄清液，用 1 cm 光径的比色池于 276.5 nm 处测定吸光度，根据标准曲线计算样品吸光度对应的咖啡因浓度 $c$（µg·mL$^{-1}$）。同时用重蒸三氯甲烷做试剂空白。

## 4. 计 算

按下列公式计算：

$$X_1 = \frac{(c - c_0) \times 100}{V} \times \frac{1000}{1000}$$

$$X_2 = \frac{(c - c_0) \times 100 \times 100 \times 100}{V_1 \times m \times 1000}$$

式中 $X_1$——可乐型饮料中咖啡因含量，mg·L$^{-1}$；

$X_2$——咖啡、茶叶等固体试样中咖啡因含量，mg·100 g$^{-1}$；

$c$——试样吸光度相当于咖啡因的浓度，µg·mL$^{-1}$；

$c_0$——试样空白吸光度相当于咖啡因的浓度，$\mu g \cdot mL^{-1}$；

$m$——称取试样的质量，g；

$V$——移取试样的体积，mL；

$V_1$——试样处理后水溶液的体积，mL。

## 五、注意事项

（1）三氯甲烷具有毒性，实验中应注意通风，且操作者应注意自身防护。

（2）含气饮料注意脱气，否则影响测定。

## 六、思考题

（1）试说明实验中加入乙酸锌和亚铁氰化钾的作用。

（2）为什么咖啡因在紫外区有最大吸收？

（3）实验中加入无水硫酸钠的作用是什么，可否用其他试剂代替？若可以，哪些试剂可代替？

（4）本实验中加入高锰酸钾溶液的作用是什么？

（5）试说明紫外-可见分光光度计的一般操作技术。

# 实验3　有机化合物的红外光谱测定与谱图分析

当用一定频率的红外光照射试样分子时，如果某个分子基团的振动频率与外界辐射频率一致，二者就会产生共振，此时，光子的辐射能量通过分子的偶极矩变化而转移给分子，该基团吸收一定频率的红外光，产生振动能级跃迁，形成红外吸收光谱。采用连续变换频率的红外光照射某试样，由于分子含有不同基团，能选择性吸收不同频率的红外辐射，发生特征性的振动能级间跃迁，并形成各自独特的红外吸收光谱。因此，可用红外光谱对物质进行定性和初步定量分析。

## 一、目的及要求

（1）掌握利用红外光谱法进行化合物定性分析的原理。

（2）了解红外光谱仪的工作原理、构造和使用方法，并熟悉其基本操作。

（3）掌握压片法制备固体试样的压片要求和技术。

（4）通过谱图解析及标准谱图的检索，初步了解由红外光谱鉴定未知物的一般过程。

## 二、实验原理

苯甲酸在官能团区具有以下特征性吸收：3400~2 400 cm⁻¹处为羧基 O—H 键的伸缩振动峰；3 020~3 000 cm⁻¹处为芳香烃 C—H 键的伸缩振动峰；1 692 cm⁻¹处为 C=O 键的强伸缩振动峰；1 600，1 582，1 495，1 450 cm⁻¹处为苯环中 C=C 键伸缩振动峰；1 300 cm⁻¹处为 C—O 键的伸缩振动；715 和 690 cm⁻¹处为单取代苯 C—H 键的变形振动峰。

## 三、实验器材与试剂

### 1. 实验器材

傅里叶变换红外光谱仪、压片机、玛瑙研钵、可拆式液体池、红外线干燥器。

### 2. 试　剂

溴化钾、苯甲酸、丙酮（均为优级纯试剂）。

## 四、实验步骤

### 1. 固体试样的制备

取 1~2 mg 苯甲酸，加入 100~200 mg 溴化钾粉末，在玛瑙研钵中充分研磨至颗粒约为 2 μm。均匀混合后，在红外干燥器中烘 10 min，取出约 80 mg 混合物均匀铺在压模内，压片机在 29.4 MPa 下工作 1 min 得 1 mm 厚的透明薄片。

### 2. 固体试样的扫描

将此透明片固定于样品架上，并插入红外光谱仪的样品池中，在 4 000~400 cm⁻¹进行波长扫描，得到苯甲酸的红外吸收光谱。

## 五、注意事项

（1）晶片必须无龟裂、无雾白，保持玻璃状透明。晶片发白，可能是研磨时间过长，也可能是压制的晶片不均匀所致。晶片出现模糊，表明其有可能受潮。

（2）溴化钾盐片易吸水，取盐片时应带上指套。扫描完毕后，用四氯化碳清洗盐片，并立即将盐片放回干燥器内保存。

## 六、思考题

（1）测试红外光谱为什么选用溴化钾、氯化钠制样?有何优缺点?

（2）用傅里叶变换红外光谱仪测试样品为什么要先测试背景？

（3）一张高质量的红外光谱图应符合哪些要求？

（4）如何获得高质量的红外光谱图？

# 实验 4　多维葡萄糖粉中维生素 $B_2$ 含量的测定（荧光法）

多维葡萄糖粉中含有维生素 A、$B_1$、$B_2$、C、$D_2$ 及葡萄糖，其中维生素 A、C 和葡萄糖在水溶液中不发荧光，维生素 $B_1$ 本身无荧光，在碱性溶液中用铁氰化钾氧化后才产生荧光，维生素 $D_2$ 用二氯乙酸处理后才有荧光，它们都不干扰维生素 $B_2$ 的测定。

## 一、目的及要求

（1）了解维生素 $B_2$ 的结构及荧光特点．

（2）掌握荧光分光光度法测定维生素 $B_2$ 的基本原理。

（3）了解荧光分光光度计的构造、工作原理及性能，掌握其基本操作。

## 二、实验原理

维生素 $B_2$，又叫核黄素，常温下呈橘黄色结晶，结构如下。

维生素 $B_2$ 在中性或酸性溶液中性质稳定，对热稳定，受光照易分解。在碱性溶液中光解转化为光黄素，具有比核黄素更强的荧光，故测核黄素时溶液应控制在酸性范围内。维生素 $B_2$ 溶液在 430～470 nm 蓝光的照射下，发出的绿色荧光最大发射波长在 525 nm 附近，且在 pH=6～7 的溶液中荧光强度最大。其荧光强度与维生素 $B_2$ 的浓度成线性关系，即

$$I_F = Kc$$

故可采用标准曲线法测定食品中维生素 $B_2$ 的含量。

160

# 三、实验器材与试剂

## 1. 实验器材

荧光分光光度计、容量瓶、吸管、烧杯、量筒、烧瓶。

## 2. 试　剂

核黄素标准品（纯度 ≥99%）、冰醋酸，多维葡萄糖粉。

# 四、实验步骤

## 1. 系列标准溶液的配制

（1）维生素 $B_2$ 标准储备液（$10.0\ \mu g \cdot mL^{-1}$）的配制：准确称取 $10.00\ mg$ 维生素 $B_2$ 标准品，溶于少量 1% 冰醋酸溶液后，移入 $1\ 000\ mL$ 容量瓶，用去离子水定容，摇匀，暗处保存。

（2）维生素 $B_2$ 系列标准溶液的配制：取 7 只 $50\ mL$ 容量瓶，分别加入维生素 $B_2$ 标准储备液 0，0.50，1.00，1.50，2.0，2.50，3.0 mL，定容至刻度，摇匀，得系列标准溶液。

## 2. 测定荧光激发光谱和荧光发射光谱

取 3 号标准溶液，设置发射波长范围 400 ~ 600，点击"search λ"搜索激发波长和发射波长。初步确定为发射波长 525 nm，激发波长 455 nm。

固定 525 nm 为发射波长，在 250 ~ 400 范围内扫描激发光谱，记录最大激发波长为 455 nm。

固定最大激发波长 455 nm，在 400 ~ 600 nm 范围内扫描，得到荧光发射光谱，从光谱上找出最大发射波长 $\lambda_{Em}$ 和荧光强度。

## 3. 标准曲线绘制

取 1 号标准溶液，将荧光强度调零，设置激发波长为 374 nm，发射波长为 525 nm，分别测定 2~7 号样品的荧光强度，并制作标准曲线，计算曲线方程和相关系数。

## 4. 样品测定

称取 1.0 g 多维葡萄糖粉，用 1% 乙酸溶解后，去离子水定容至 50 mL。取多维葡萄糖溶液 2 mL，如上述标准曲线法测定其荧光强度，并由标准曲线计算出多维葡萄糖粉中维生素 $B_2$ 的浓度，以 $mg \cdot g^{-1}$ 表示。

# 五、注意事项

（1）维生素 $B_2$ 见光易分解，为准确测定，实验中注意避光。

（2）维生素 $B_2$ 具有强荧光，因此需探索标准曲线和样品浓度，尽量利用稀溶液测定，否则荧光强度太高引起自吸现象，造成测定值不准确。

（3）维生素 $B_2$ 在碱性溶液中易光解转化为光黄素，因此核黄素溶液要控制在酸性范围内测定。

## 六、思考题

（1）荧光法与紫外分光光度法相比较，那种灵敏度更高？试解释原因。

（2）维生素 B₂ 在 pH 为 6～7 的溶液中荧光强度最大，但测定时为什么尽量控制在酸性范围内？

# 实验5　石墨炉法原子吸收法测定食品中的铜元素含量
## （参考 GB/T 5009.13—2003）

铜是人体不可缺少的微量元素之一，它是多种酶（如细胞色素氧化酶、多巴氧化酶等）的活化剂，同时对造血、细胞生长及内分泌腺功能等也具有重要作用。缺乏铜会对人体造成很大的危害，导致神经系统失调，大脑功能发生障碍。而人体需要的铜不能自身合成，只能从外界摄取，因此食品中铜的测定具有重要的现实意义。

## 一、目的及要求

（1）了解食品中铜元素的测定意义。

（2）掌握石墨炉法测定微量铜的原理和方法。

（3）熟悉石墨炉原子化器的基本构造。

## 二、实验原理

原子吸收光谱测定元素的方法主要有火焰法和非火焰法（如石墨炉法）。火焰法在常规分析中广泛使用，但它具有雾化效率低、灵敏度低、上样量多等缺点，对于测定痕量元素具有一定的局限性。石墨炉法是分析痕量元素最灵敏的分析方法之一，灵敏度高达 $10^{-10} \sim 10^{-14}$，且上样量少。石墨炉法利用高温石墨管，使样品完全蒸发、充分原子化后，铜元素吸收 324.8 nm 共振线，其吸收值与铜含量成正比，与标准系列比较可进行定量分析。

## 三、实验器材与试剂

### 1. 实验器材

捣碎机、马弗炉、原子吸收分光光度计等。

### 2. 试　剂

硝酸（$HNO_3$）、石油醚、金属铜等。

（1）铜标准溶液：准确称取 1.0 g 金属铜，分次加入 40% $HNO_3$ 溶解，总量不超过 37 mL，用去离子水定容于 1 000 mL 容量瓶中。此溶液每毫升含 1.0 mg 铜。

（2）铜标准使用液：吸取 1.0 mL 铜标准溶液，用 0.5% $HNO_3$ 溶液稀释至 1 000 mL。此溶液每毫升含 1.0 μg 铜。

# 四、实验步骤

## 1. 试样处理

（1）谷类（除去外壳）、茶叶、咖啡等磨碎，过 20 目筛，混匀。蔬菜、水果等试样取可食部分，切碎、捣成匀浆。称取 1.00～5.00 g 试样，置于石英或瓷坩埚中，加 5 mL $HNO_3$，放置 0.5 h，小火蒸干。继续加热碳化，移入马弗炉中，(500±25)℃ 灰化 1 h，取出冷却，再加 1 mL $HNO_3$ 浸湿灰分，小火蒸干。再移入马弗炉中，500 ℃ 灰化 0.5 h，冷却后取出，以 1 mL $HNO_3$-水（体积比 1:4）溶液溶解，移入 10.0 mL 容量瓶中，用水稀释至刻度，备用。取与消化试样相同量的 $HNO_3$，按上述方法做试剂空白试验。

（2）水产类：取可食部分捣成匀浆。称取 1.00～5.00 g，按照（1）法操作。

（3）乳、炼乳、乳粉：称取 2.00 g 混匀试样，按（1）法操作。

（4）油脂类：称取 2.00 g 混匀试样，固体油脂先加热融成液体，置于 100 mL 分液漏斗中，加 10 mL 石油醚，用 10% $HNO_3$ 提取 2 次，每次 5 mL，振摇 1 min，合并 $HNO_3$ 提取液于 50 mL 容量瓶中，加水稀释至刻度，混匀，备用。并同时做试剂空白试验。

（5）饮料、酒、醋、酱油等液体试样，可直接称取测定，固形物较多时或仪器灵敏度不足时，可把上述试样浓缩，按（1）步骤操作。

## 2. 测 定

（1）标准溶液的配制

吸取 0.0，1.0，2.0，4.0，6.0，8.0，10.0 mL 铜标准使用液（1.0 μg·$mL^{-1}$），分别置于 10 mL 容量瓶中，加 0.5% $HNO_3$ 稀释至刻度，混匀。容量瓶中溶液每毫升分别含 0，0.10，0.20，0.40，0.60，0.80，1.00 μg 铜。

（2）石墨炉法测定

分别取处理后的样液、试剂空白液和各容量瓶中铜标准液 10～20 μL，分别导入调至条件最佳的石墨炉原子化器进行测定。参考条件：灯电流 3～6 mA，波长 324.8 nm，光谱通带 0.5 nm，保护气体 1.5 L·$min^{-1}$（原子化阶段停气）。操作参数：干燥 90 ℃，20 s；灰化，20 s；升到 800 ℃，20 s；原子化 2 300 ℃，4 s。分别以标准溶液铜含量为横坐标、对应吸光度为纵坐标，绘制标准曲线或计算直线回归方程。试样吸收值与曲线比较或带入方程求其含量。

（3）氯化钠或其他物质干扰时，可在进样前用硝酸铵（1 mg·$mL^{-1}$）或磷酸二氢铵稀释，或进样后（石墨炉）再加入与试样等量的上述物质作为基体改进剂。

## 3. 结果计算

试样中铜的含量按下式进行计算：

$$X = \frac{(C_1 - C_2) \times 1\,000}{m \times (V_1 / V_2) \times 1\,000}$$

式中　$X$ ——试样中铜的含量，mg·kg$^{-1}$ 或 mg·L$^{-1}$；

　　　$C_1$ ——测定用试样消化液中铜的含量，μg·mL$^{-1}$；

　　　$C_2$ ——试剂空白液中铜的含量，μg；

　　　$m$ ——试样质量（或体积），g 或 mL；

　　　$V_1$ ——试样消化液的总体积，mL；

　　　$V_2$ ——测定用试样消化液的总体积，mL。

## 五、注意事项

（1）在使用移液器进样时，要快速一次性将移液器中液体注入石墨管中，以免枪头有残留。

（2）进样不同样品应更换枪头，以免交叉污染。

## 六、思考题

（1）试比较火焰法和石墨炉法原子吸收的优缺点。

（2）石墨炉原子化法测定过程中，哪些条件对分析结果影响较大？

# 实验 6　直接电位法测定水溶液的 pH

## 一、目的及要求

（1）掌握直接电位法测定水溶液 pH 的原理。

（2）掌握双标准 pH 缓冲溶液法测定水溶液 pH 的方法。

（3）掌握玻璃电极响应斜率的测定方法。

## 二、实验原理

以玻璃电极为指示电极，饱和甘汞电极为参比电极，Ag-AgCl 电极为内参比电极，利用电位法测量溶液 pH。电池可表示为

$$(-)\ \text{Ag,AgCl} \mid 内参比溶液 \mid 玻璃膜 \mid 试液 \parallel 饱和KCl \mid Hg_2Cl_2,Hg\ (+)$$
$$\qquad\qquad \varepsilon_6 \qquad\quad \varepsilon_5 \qquad\quad \varepsilon_4 \qquad\ \varepsilon_3 \qquad\ \varepsilon_2 \qquad\qquad \varepsilon_1$$

该电池的电池电势为：

$$E_{\text{电池}} = (\varepsilon_1 - \varepsilon_2) + (\varepsilon_2 - \varepsilon_3) + (\varepsilon_3 - \varepsilon_4) + (\varepsilon_4 - \varepsilon_5) + (\varepsilon_5 - \varepsilon_6)$$

$$E_{\text{SCE}} = \varepsilon_1 - \varepsilon_2$$

$$E_{\text{Ag, AgCl}} = \varepsilon_6 - \varepsilon_5$$

$$E_{\text{膜}} = (\varepsilon_4 - \varepsilon_3) - (\varepsilon_4 - \varepsilon_5) = \varepsilon_5 - \varepsilon_3$$

$(\varepsilon_2 - \varepsilon_3)$ 为试液与饱和 KCl 溶液间的液接电位 $E_j$，则可得

$$E_{\text{电池}} = E_{\text{SCE}} - E_{\text{膜}} - E_{\text{Ag, AgCl}} + E_j$$

式中，$E_{\text{SCE}}$、$E_{\text{Ag, AgCl}}$ 及 $E_j$ 均为常数，且

$$E_{\text{膜}} = k + \frac{RT}{nF} \ln \alpha_{\text{H}}$$

$$E_{\text{电池}} = K - \frac{RT}{nF} \ln \alpha_{\text{H}} = K + 0.059\, \text{pH}$$

0.059 即为玻璃电极在 25 ℃ 时的理论响应斜率。由于玻璃电极常数项 $K$ 的电位值无法准确测定，故在实际 pH 测量中常采用相对法，即与 pH 已知的标准缓冲溶液进行比较，从而得到待测试液的 pH。因此，pH 被定义为其溶液所测电势与标准溶液的电势差有关的函数（pH 实用定义），即

$$\text{pH}_x = \text{pH}_s + \frac{E_x - E_s}{2.303RT} F$$

式中　$\text{pH}_x$，$\text{pH}_s$——待测试液和标准溶液的 pH；

　　　$E_x$，$E_s$——待测试液和标准溶液的电势。

通常在 25 ℃ 时，pH 电位计设计为单位 pH 变化 59 mV。如玻璃电极响应斜率与之不符，就会因为电极响应斜率与仪器不一致而引入测量误差。为了提高灵敏度，通过双标准 pH 缓冲溶液进行定位，校正仪器，从而使 pH 计的单位 pH 电位变化与电极电位变化一致，并且要求未知溶液的 pH 尽可能落在此两个标准 pH 溶液的 pH 间。电位计的单位 pH 变化率（$S$）为

$$S = \frac{E_{s2} - E_{s1}}{\text{pH}_{s2} - \text{pH}_{s1}}$$

式中　$E_{s1}$，$E_{s2}$——标准溶液 1 和 2 的电势；

　　　$\text{pH}_{s1}$，$\text{pH}_{s2}$——标准溶液 1 和 2 的 pH。

综合以上各式可得

$$\text{pH}_x = \text{pH}_s + \frac{E_x - E_s}{S}$$

从而消除了电极响应斜率与仪器原设计值不一致时引起的误差。

单标准 pH 缓冲溶液法准确度不高，适用于待测试液 pH 与标准缓冲溶液的 pH 差小于 3 个 pH 单位。我国建立了 6 个 pH 标准缓冲溶液体系，见附录 H。

# 三、实验器材与试剂

## 1. 实验器材

pH/mV 计、玻璃电极（2 支，其电极响应斜率须有一定差别）、饱和甘汞电极。

## 2. 试　剂

邻苯二甲酸氢钾标准 pH 缓冲溶液、磷酸氢二钠与磷酸二氢钾标准 pH 缓冲溶液、硼砂标准 pH 缓冲溶液、未知 pH 试样溶液（至少 3 个，选 pH 分别在 3，6，9 左右为好）。

# 四、实验步骤

## 1. 玻璃电极响应斜率的测定

（1）安装玻璃电极和甘汞电极。

（2）选定仪器"mV"档，用蒸馏水冲洗电极，并用滤纸小心吸干电极表面的水珠，然后将电极浸入待测试液中，切勿碰撞杯壁。

（3）开始测量，读取"mV"值。取出电极后用蒸馏水冲洗，滤纸吸干。

（4）测定至少 3 种不同 pH 的标准缓冲液，以 $E$ 对 pH 作图，直线的斜率即为玻璃电极的响应斜率。

## 2. 单标准 pH 缓冲溶液法测量溶液 pH

（1）选用仪器"pH"档，将清洗干净的电极浸入待测标准 pH 缓冲溶液中，按下测量按钮，调节大小使仪器 pH 稳定等于该标准缓冲溶液 pH。

（2）取出电极，用蒸馏水冲洗几次，小心用滤纸吸去电极上的水。

（3）将电极置于待测试液中，按下测量按钮，读取稳定值 pH，记录。取出电极，按（2）清洗，继续测定下一个试样。测量完毕，清洗电极。

## 3. 双标准 pH 缓冲溶液法测量溶液 pH

（1）按单标准 pH 缓冲溶液方法步骤（1）和（2），选择两个标准缓冲溶液，用其中一个对仪器定位。

（2）将电极置于另一个标准缓冲溶液中，调节使仪器显示的 pH 等于该标准缓冲溶液的 pH。

（3）取出电极，用蒸馏水冲洗几次，用滤纸吸去电极上的水。将其再次浸入第一次测量的标准缓冲溶液中，测量，前后两次读数相差不超过 0.05 pH。

（4）当测量系统调定后，将洗干净的电极置于待测试液中，测量 pH。取出电极，冲洗干净。

# 五、注意事项

（1）玻璃电极敏感膜非常薄，易被损坏，因此，使用时勿与硬物碰撞。电极上的水分只能用滤纸吸干，不可擦洗。

（2）不能用于含氟离子溶液的测定。不可用浓硫酸、浓酒精等洗涤电极，否则，电极表面会脱水而失去功能。

（3）测量极稀的酸或碱溶液（小于 0.01 mol·L$^{-1}$）pH 时，需加入 KCl 等惰性电解质，以提供足够的导电能力，保持电位计的稳定。

（4）玻璃电极长期使用后易发生"老化"现象。电极响应斜率低于 52 mV/pH 时，不宜继续使用。

（5）测定碱性溶液 pH 时，为防止空气中 $CO_2$ 的影响，应尽可能快速测定。

## 六、思考题

（1）在测量溶液的 pH 时，为什么 pH 计要用标准 pH 缓冲溶液进行定位？

（2）使用玻璃电极测量溶液 pH 时，应匹配何种类型的电位计？

（3）为什么用单标准 pH 缓冲溶液法测量溶液 pH 时，应尽量选用 pH 与它相近的标准缓冲溶液来校正 pH 计？

（4）如何确定 pH 计已校正好？

# 实验 7　乙酸的电位滴定分析及其解离常数的测定

电位滴定法是根据滴定过程中指示电极和参比电极的电位差或溶液 pH 突跃来确定终点的方法。滴定过程中，每加一次滴定剂，需测定一次 pH。在接近化学计量点时，滴定剂每次添加量要小于 0.10 mL。获得一系列滴定剂用量（$V$）和 pH 数据，作图，确定滴定终点。

## 一、目的及要求

（1）学习乙酸电位滴定的基本原理和操作技术。

（2）运用 pH-V 曲线和（$\Delta$pH/$\Delta V$)-V 曲线与二次微商法确定滴定终点。

（3）掌握测定弱酸解离常数的方法。

## 二、实验原理

乙酸（HAc）为一元弱酸，其 $pK_a$ = 4.74，当以标准碱溶液滴定乙酸试液时，在化学计量点附近可以观察到 pH 突跃。在试液中插入玻璃电极与饱和甘汞电极，即组成工作电池：

$$Ag, AgCl \mid 0.1\ mol \cdot L^{-1}\ HCl \mid 玻璃膜 \mid HAc试液 \parallel 饱和KCl \mid Hg_2Cl_2, Hg$$

该电池电势以滴定过程中的 pH 变化来表示，记录加入标准碱液的体积 $V$ 和相应待滴定液的 pH，通过 pH-$V$ 曲线或($\Delta$pH/$\Delta V$)-$V$ 曲线计算所消耗的标准碱液体积，也可通过二次微商法，在$\Delta^2 pH/\Delta V^2 = 0$处确定终点。根据标准碱溶液的浓度、消耗体积和试液体积，即可求得试液中乙酸浓度。

根据乙酸的解离平衡：$HAc \rightleftharpoons H^+ + Ac^-$，其解离常数为

$$K_a = \frac{c(H^+)c(Ac^-)}{c(HAc)}$$

当 HAc 的滴定分数为 50% 时，$c(Ac^-) = c(HAc)$，此时，$K_a = c(H^+)$，$pK_a = pH$。因此，测定 HAc 滴定分数为 50% 时溶液的 pH，即为其 $pK_a$。

# 三、实验器材和试剂

## 1. 实验器材

ZD-2 型自动电位滴定仪、玻璃电极、甘汞电极、容量瓶、移液管及微量滴定管等。

## 2. 试 剂

草酸标准溶液、NaOH 标准溶液（浓度需标定）、乙酸、邻苯二甲酸氢钾、磷酸氢二钠、磷酸二氢钠。

# 四、实验步骤

（1）校正 pH 计：打开酸度计开关，预热 30 min。利用 pH = 4.00（20 ℃）和 pH = 6.88（20 ℃）标准缓冲溶液进行两点定位，所得读数与标准 pH（$pH_s$）差值不超过 ±0.05 pH。

（2）滴定 NaOH 溶液：准确吸取草酸标准溶液 10.00 mL 于 100 mL 容量瓶中，用蒸馏水定容，混匀。准确吸取稀释后的草酸标准溶液 5.00 mL 于 100 mL 烧杯中，稀释至 30 mL 左右，加入搅拌子。将待标定 NaOH 溶液装入微量滴定管中，起始读数在 0.00 mL 处。开始粗测，即测量分别加入 0，1，2，3，4，5，6，7，8，9，10 mL NaOH 时的 pH。初步判断发生 pH 突跃所需的 NaOH 体积范围（$\Delta V_{ex}$）。随后开始细测，即在化学计量点附近取较小的等体积增量（如 0.10 mL），以增加测量点密度，记录各点的 pH。

（3）测定乙酸浓度及解离常数：吸取乙酸试液 10.00 mL，置于 100 mL 容量瓶中，加入 1 mol·$L^{-1}$ KCl 溶液 5.00 mL，稀释至刻度，摇匀。吸取稀释后的乙酸溶液 10.00 mL，置于 100 mL 烧杯中，加水至 30 mL 左右。同标定 NaOH 时粗测和细测步骤，对乙酸进行测定。在细测对应的 $1/2\Delta V_{ex}$ 处，也应适当增加测量点的密度。

# 五、数据记录及处理

## 1. NaOH 溶液浓度的标定

（1）实验数据记录及计算

168

表 8.1　粗测结果

| $V/mL$ | 0 | 1 | 2 | 3 | 4 | 5 | 6 | 7 | 8 | 9 | 10 |
|---|---|---|---|---|---|---|---|---|---|---|---|
| pH | | | | | | | | | | | |

表 8.2　细测结果

| $V/mL$ | | | |
|---|---|---|---|
| pH | | | |
| $\Delta pH/\Delta V$ | | | |
| $\Delta^2 pH/\Delta V^2$ | | | |

　　根据实验数据，计算 $\Delta pH/\Delta V$ 和化学计量点附近的 $\Delta^2 pH/\Delta V^2$，填入表 8.2 中。

（2）作 pH-$V$ 和($\Delta pH/\Delta V$)-$V$ 曲线，确定滴定终点体积 $V_{ep}$。

（3）求得 $\Delta^2 pH/\Delta V^2 = 0$ 处的 NaOH 溶液体积 $V_{ep}$。

（4）根据（2）和（3）所得的 $V_{ep}$，计算 NaOH 标准溶液的浓度。

### 2. 乙酸浓度及离解常数 $K_a$ 的测定

（1）实验数据记录及计算

表 8.3　粗测结果

| $V/mL$ | 0 | 1 | 2 | 3 | 4 | 5 | 6 | 7 | 8 | 9 | 10 |
|---|---|---|---|---|---|---|---|---|---|---|---|
| pH | | | | | | | | | | | |

表 8.4　细测结果

| $V/mL$ | | | |
|---|---|---|---|
| pH | | | |
| $\Delta pH/\Delta V$ | | | |
| $\Delta^2 pH/\Delta V^2$ | | | |

　　按照上述 NaOH 溶液浓度标定时的数据处理方法，求出终点 $V_{ep}$。

（2）计算乙酸原始试液中乙酸浓度，以 $g \cdot L^{-1}$ 表示。

（3）在 pH-$V$ 曲线上，查出体积相当于 $1/2\Delta V_{ex}$ 时的 pH，即为乙酸的 $pK_a$。

# 六、注意事项

（1）pH 复合电极使用前须在 KCl 溶液中浸泡活化 24 h；另外，电极膜很薄，易碎，使用时须小心，实验结束后须洗净。

（2）滴定起始时，滴定管中的 NaOH 应控制在零刻度，滴定剂每次均应准确放至相应刻度线上以减少误差。

（3）采用粗测和细测两个步骤以增加化学计量点确定的准确性。

## 七、思考题

（1）电位滴定法确定终点与传统的指示剂法相比，有何优缺点？
（2）醋酸完全被 NaOH 中和时，反应终点的 pH 是否等于 7？为什么？
（3）实验中为什么加入 1 mol · L⁻¹ KCl 溶液 5.00 mL？
（4）如果改变乙酸溶液的浓度，乙酸的解离常数有无变化？
（5）一般来说，电位滴定法比电位测定法误差小，为什么？

# 实验 8　库仑滴定法测定食品中的砷含量

砷，俗称砒，是一种非金属元素，广泛存在于自然界，如动物肌体、植物中都含有微量的砷，海产品也含有微量的砷。砷及其化合物被运用在农药、除草剂、杀虫剂等方面，因此它对环境的污染也越来越严重。人如果食用了砷超标的食物，容易造成中毒。当砷侵入人体后，少量通过尿液、消化道、唾液及乳腺排出，大部分蓄积于骨质疏松部、肝、肾、脾、肌肉、头发、指甲等部位。砷对心血管系统、消化系统、神经系统、呼吸系统、循环系统、生殖系统都会造成不同程度的危害，甚至具有一定的致癌性。因此，食品检测中对于砷的控制是非常必要的。

## 一、目的及要求

（1）了解食品中砷的测定意义。
（2）掌握库仑滴定法原理。
（3）掌握永停终点法指示终点的方法。

## 二、实验原理

库仑滴定法又称恒电流库仑滴定法，它指恒电流电解产生滴定剂，其与待测组分发生反应，利用电化学法或指示剂指示终点，根据电解过程中消耗的电量，按照法拉第电解定律计算组分的浓度。本实验利用微波压力密闭法将样品快速消解，用亚硫酸将五价砷还原为三价砷，用阳极电解产生的 $I_3^-$ 离子迅速把三价砷氧化成等物质的量的五价砷，根据消耗的电量计算样品中砷的质量分数。该法不需绘制标准曲线，不受外界因素的影响，使用仪器价廉，操作简单，准确度较高，因此易于推广。

## 三、实验器材与试剂

### 1. 实验器材

KLT-1 型通用库伦仪、烘箱、电子天平、台秤、量筒、移液管等。

### 2. 试　剂

碘化钾、亚砷酸钠（$Na_3AsO_3$）、碳酸氢钠等。

三价砷待测液：精确称取 0.24 g 在 105 ℃ 干燥 2 h 且冷至室温的 $Na_3AsO_3$，用去离子水定容于 250 mL 容量瓶中，摇匀。再取此溶液 10 mL，定容至 100 mL，得 0.05 g · $L^{-1}$ 作为待测液。

## 四、实验步骤

### 1. 样品消解

精确称取均匀的食品样品 0.1 ~ 2 g，置于微波溶样罐中，加入 $HNO_3$-$H_2O_2$(4：2)5 mL 后，放入消解炉中，按设定程序微波消解 50 min 至溶液呈浅绿色后，转移至加热消解管中，按程序排酸至约 1 mL，加入亚硫酸（1：1）3.00 mL，将 $As^{5+}$ 还原成 $As^{3+}$，继续加热使残余的亚硫酸挥发后，定量移入 25 mL 容量瓶中，定容，同时做空白试验。

### 2. 测　定

按照说明书打开库伦仪电源后，预热 20 min，加入 5.4 g KI 固体、0.1 g $NaHCO_3$ 和 60 mL 去离子水于电解杯中，充分搅拌溶解后，调节好搅拌器速度。调节"极化电位"值在 0.4 左右，按下"启动"键，按住"极化电位"无锁键，调节"极化电位"钟表电位器至极化电位值为 200 mV 左右，松开"极化电位"键，待表头指针稳定后，将"工作/停止"开关置于"工作"位置，按下电解按钮，指示灯灭，开始电解记数，电解至终点时表头指针开始向右面突变。红灯亮，仪器读数即为消耗的总电量 $Q$（mC）。

### 3. 计　算

按下式计算样品中砷的质量分数 $w$，同时进行平行测定和空白测定。

$$w = \frac{Q \times (74.92/2) \times N}{96487 \times m}$$

式中　$m$ ——称取样品的质量，g；

$\quad\quad$ $Q$ ——电解消耗的电量，mC；

$\quad\quad$ 74.92/2 ——砷的基本计算单元；

$\quad\quad$ $N$ ——样品的稀释倍数。

## 五、注意事项

（1）实验前电极表面要处理干净，电极的极性不能接错。

（2）测定过程中保持溶液静止。

（3）库仑滴定前必须进行预电解，以除去 KI 中比 $I^-$ 更易氧化的其他物质，保证 100%电流效率。

## 六、思考题

（1）电解液中为什么加入 KI 和 $NaHCO_3$？

（2）你认为本实验还有无可改进之处？

# 实验 9　外标法测定奶茶中胆固醇的含量

胆固醇又称胆甾醇，是一种环戊烷多氢菲的衍生物，结构如下。

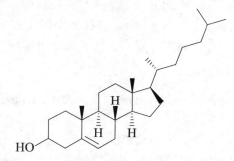

胆固醇固态时是一种无色的结晶，广泛存在于动物体内，尤以脑及神经组织中最为丰富，在肾、脾、皮肤、肝和胆汁中含量也高，同时还是合成几种重要荷尔蒙及胆酸的材料。胆固醇与人体健康有着密切的关系。若血液中胆固醇的含量过高，则发生心血管疾病的几率会增加。现代药理研究证明，动脉粥样硬化、静脉血栓的形成、高胆固醇血症及胆石症都与胆固醇含量有密切的相关性。

## 一、目的及要求

（1）熟悉外标法定量的基本原理及操作方法。

（2）掌握奶茶胆固醇含量测定的原理和方法。

（3）熟悉高效液相色谱工作站的使用和一般操作技术。

## 二、实验原理

外标法，也称标准曲线法，是将待测组分的标准物配制成一系列浓度的标准溶液，取固定体积的标准溶液在相同条件下进行气相色谱分析，并制作峰面积或峰高对组分浓度的标准曲线；然后测定待测组分的峰面积，即可求得相应的组分浓度。该法简便易用，不需要校正因子，但要求进样量准确、操作条件严格，适用于批量同种或同类物质分析。假如标准曲线的截距不为零，说明存在系统误差。

本实验采用气相色谱和外标法来测定奶茶中胆固醇的含量。

# 三、实验器材与试剂

## 1. 实验器材

TRACE 1300 气相色谱仪、HP-5 色谱柱（30 m × 0.32 mm × 0.25 μm）、氢焰离子化检测器、10 μL 微量进样针、旋转蒸发仪、分液漏斗、高速离心机。

## 2. 试　剂

胆固醇、无水硫酸钠、石油醚（沸程 30～60 ℃），奶茶（高脂、低脂）。

# 四、实验步骤

## 1. 胆固醇标准溶液的配制

（1）准确称取 100 mg 胆固醇，置于 50 mL 容量瓶中，加入石油醚定容至刻度，摇匀，即为胆固醇标准溶液的母液（2 mg · mL$^{-1}$）。

（2）用移液管分别移取 0.5，1，2.5，5 mL 胆固醇标准溶液的母液，定容于 10 mL 容量瓶中，配成 1，2，5，10 mg · mL$^{-1}$ 的胆固醇标准溶液。

## 2. 奶茶的处理

（1）取高脂奶茶 20 mL，置于烧杯中，加入 40 mL 石油醚，搅拌，加入无水硫酸钠，转移至离心管，放入离心机中高速离心。

（2）取出离心管，倒出上清液，置于旋转蒸发仪中浓缩至 3～5mL，将剩余溶液转移至 10 mL 容量瓶中，用石油醚定容。

（3）低脂奶茶处理同上。

## 3. 气相色谱检测

分别取不同浓度胆固醇标准溶液 10 μL，注入 TRACE 1300 气相色谱仪，在如下色谱条件下测定标准溶液的响应值（峰面积），以标准溶液的浓度（$c$）为横坐标、峰面积（$A$）为纵坐标，绘制标准曲线并拟合回归方程。

气相色谱条件，柱温：250 ℃，进样口温度：280 ℃；分流比：10∶1；载气：$N_2$；载气流量：1.0 mL·min⁻¹；检测器：氢焰离子化检测器；空气流速：450 mL·min⁻¹；氢气流速：45 mL·min⁻¹。

取上述制备的奶茶样品溶液 10 μL，注入 TRACE 1300 气相色谱仪，如上述标准曲线条件测定样品的响应值。

#### 4. 结果计算

利用标准曲线（或回归方程）计算样品中胆固醇含量 $X$，以 mg·100 g⁻¹ 表示，按下式计算：

$$X = \frac{c \times V}{m} \times 100 \tag{9.1}$$

式中　$X$——样品中胆固醇含量，mg·100g⁻¹；

$c$——制备的样液中胆固醇含量，mg·L⁻¹；

$V$——定容体积，mL；

$m$——样品质量，g。

求出两种奶茶中胆固醇的含量，并对结果进行比较。

## 五、注意事项

（1）利用外标法测定标准品、样品时必须在相同条件下测定，以减少误差。

（2）如奶茶处理液有浑浊现象，应进行皂化或层析纯化。

## 六、思考题

（1）与面积归一化法、内标法相比，外标法测定的适用范围和优缺点各是什么？

（2）氢焰离子化检测器的特点和适用范围是什么？

（3）你认为本实验还有什么可改进的地方吗？

# 实验10　气相色谱法测定白酒中的杂质醇含量

在白酒酿造中，必然会产生一些有害杂质醇，如异戊醇、戊醇、异丁醇、丙醇等。有些是原料带入的，有些是发酵所产生的，这些杂质醇的存在不仅影响白酒的口感，而且含量过高时，还对人体产生一定的毒害作用。在白酒生产中，可采取相关措施除去杂质醇或降低其含量，以提高白酒品质。在食品质量控制与管理中，白酒杂质醇作为一项重要指标而被严格限量。

气相色谱法是利用不同物质在固定相和载气流动相中分配系数的不同而建立的分离分析方法。它具有分离效率高、分析速度快、选择性高、灵敏度高、试样用量少等优点，广泛用于石油化工、环境监测、生物医药、农残检测等行业。而白酒中的杂质醇皆为低沸点化合物，因此可选择气相色谱法测定。

# 一、目的与要求

（1）了解气相色谱仪的基本构造、工作原理和一般操作技术。
（2）熟悉气相色谱化学工作站的使用方法。
（3）掌握气相色谱法测定白酒中杂质醇的方法。
（4）熟悉色谱内标法定量分析及其应用。

# 二、实验原理

可根据色谱图对组分进行定性、定量分析，如色谱峰的保留值用于定性分析，峰面积或峰高用于定量分析。定量分析方法主要有归一化法、内标法和外标法三种。当试样组分不能全部从色谱柱流出，或有些组分在检测器上没有信号时，不能使用归一化法，这时可用内标法。

内标法首先需选定内标物并固定其浓度，然后将其加至一系列不同浓度的标准溶液中，混匀进样，以待测组分与内标物的峰面积比（$A_{i标}/A_{s标}$）对标准溶液浓度（$c_{i标}$）线性回归。固定待测组分的量，加入相同量的内标物，测得待测组分的（$A_{i样}/A_{s样}$），则待测组分浓度（$c_{i样}$）为

$$c_{i样} = \frac{(A_{i样}/A_{s样})}{(A_{i标}/A_{s标})} \times c_{i标}$$

式中　$A_{i标}$，$A_{s标}$——标准体系中待测组分和标准品的峰面积；
　　　$A_{i样}$，$A_{s样}$——待测体系中待测组分和标准物的峰面积；
　　　$c_{i样}$，$c_{i标}$——待测组分和标准物的浓度。

该法克服了外标法受实验条件影响较大及进样量变化容易引起误差等缺陷，但同时对内标物有一定要求，如内标物须必具有化学稳定性，高纯度，不与待测试样发生化学反应等。

# 三、实验器材与试剂

## 1. 实验器材

TRACE 1300 气相色谱仪、氢火焰离子化检测器、色谱柱（HP-5 毛细管柱，30 m × 320 μm × 0.25 μm）。

## 2. 试　剂

异戊醇、戊醇、异丁醇、丙醇、乙醇（均为色谱纯），白酒。

## 四、实验步骤

### 1. 开　机

按下列条件调节色谱仪正常运行。

柱温：140 ℃；气化温度：150 ℃；检测器温度：150 ℃，氮气（载气）流速：50 mL · min$^{-1}$；氢气流速：50 mL · min$^{-1}$；空气流速：500 mL · min$^{-1}$。

### 2. 试样的制备

（1）标准溶液制备

取 10 mL 容量瓶 1 只，加入 8 mL 一定浓度的乙醇水溶液（根据白酒度数决定），再分别加入 4.0 μL 异戊醇、戊醇、异丁醇、丙醇，并用上述浓度的乙醇水溶液稀释至刻度，混匀。

（2）样品的制备（加内标物）

取 10 mL 容量瓶 1 只，用白酒润洗后，加入 4.0 μL 叔丁醇，再用白酒稀释至刻度，摇匀。

### 3. 测　定

（1）待色谱仪基线稳定后，注入 2.0 μL 标准溶液至色谱仪中，分离，记录标准溶液色谱图、各组分保留时间，再重复两次。

（2）用标准物对照，确定异戊醇、戊醇、异丁醇、丙醇在色谱图上的相应位置。标准物注入量为 0.2 μL，配以一定的衰减值。

（3）注入 2.0 μL 样品溶液至色谱仪中，分离，方法同步骤（1）并重复两次。将标准谱图与样品谱图比较，确定样品谱图中异戊醇、戊醇、异丁醇、丙醇、乙醇及叔丁醇的出峰位置，计算相对校正因子，确定样品中各杂质组分的含量。

## 五、注意事项

（1）实验前，先通入载气再通电；实验结束时应先关电，再关载气。

（2）待基线基本稳定后，试进样，看出峰分离情况和检测器灵敏度，再细调相关气体流量、温度，使其处于分析的最佳工作状态。

（3）微量注射器移取溶液时，必须注意排除液面上气泡，抽液时应缓慢上提针芯，若有气泡，可将注射器针尖向上，使气泡上浮推出。不要来回空抽。

## 六、思考题

（1）本实验中选叔丁醇作为内标，它应符合哪些条件？

（2）配制标准溶液时，把叔丁醇的浓度定为 0.04% 是任意的吗？将其他各组分的浓度也定为 0.04%，其目的是什么？

# 实验 11　液相色谱法测定奶茶、可乐中咖啡因含量

## 一、目的及要求

（1）了解高效液相色谱仪的结构，掌握其基本操作。
（2）掌握高效液相色谱法进行定性、定量分析的原理。
（3）掌握外标法定量分析的方法。

## 二、实验原理

本实验采用液相色谱中的反相分配色谱。反相色谱用非极性填料分析柱（如 ODS-C$_{18}$），流动相是极性较强的溶剂（如甲醇和水），样品根据在固定相和流动相中的分配系数不同而进行分离。通过标准样品的保留时间进行定性，以峰面积对浓度绘制的工作曲线定量。

## 三、实验器材与试剂

### 1. 实验器材

戴安 U-3000 型液相色谱仪、色谱工作站、多波长检测器、C$_{18}$柱、微量进样器、超声波清洗器、溶剂抽滤装置一套。

### 2. 试　剂

甲醇（色谱纯）、水（超纯水）、咖啡因标样，奶茶、可乐。

## 四、实验步骤

### 1. 设定实验条件

打开计算机，等计算机启动完毕后，依次打开输液泵、真空在线脱气装置、柱温箱、检测器开关。通讯完毕后，设定操作条件。流动相：甲醇-水（60∶40）；总流速 0.5 mL/min。设定在 254 nm 波长下进行检测，柱温 30 ℃，流动相的比例可以根据实验内容的需要在控制单元中修改。

### 2. 样品制备

将可乐、奶茶倒入烧杯后放在超声波仪中超声脱气，去除奶茶、可乐中溶解的空气以及大量 $CO_2$ 气体。将脱气后的可乐溶液稀释 5 倍，通过 0.45 μm 滤膜过滤，滤液转移至定量管中备用。将脱气后的奶茶溶液用甲醇稀释 5 倍后离心，取上清液通过 0.45 μm 滤膜过滤，滤液转移至定量管中备用。

准确称量 10 mg 咖啡因，用甲醇溶解于 10 mL 的容量瓶中，作为母液，再分别从母液中移取 0.25，0.5，1，2，3 mL 溶液至 10 mL 容量管中，然后分别稀释至刻度。

### 3. 样品测定

（1）流动相比例设为甲醇-水（60:40），依次将咖啡因系列标准溶液进样 5 μL（利用六通阀进样器的定量管进行准确定量），测量咖啡因在此色谱条件下的保留时间以及各浓度下咖啡因的峰面积。

（2）将未知浓度可乐、奶茶溶液进样 5 μL，测量此溶液中咖啡因的保留时间及峰面积。

### 4. 关　机

用纯甲醇冲洗色谱柱约 0.5 h，观察基线平稳后，方可在工作站上关闭输液泵、柱温箱、监测器，然后关闭工作站，再依次关闭仪器上的监测器、柱温箱、输液泵的电源开关，关闭计算机。

### 5. 结果计算

由步骤 3 获得的各标准溶液的实验结果，以浓度（$c$）为横坐标、峰面积（$A$）为纵坐标，绘制标准曲线并拟合回归方程，根据样品测得的峰面积，计算可乐、奶茶中咖啡因的含量。

## 五、注意事项

（1）不同品种的奶茶和可乐中咖啡因含量有差异，应酌情取样。
（2）为减少误差，样品和标准品的进样量应保持一致。

## 六、思考题

（1）反相分配色谱的分离原理是什么？
（2）液相色谱的优缺点各有哪些？

# 实验 12　外标法测定鲜肉类食品中肌苷酸含量

随着生活水平的提高和消费观念的转变，人们不仅注重肉产品的营养价值，对肉品品质、风味和安全的要求越来越高。研究发现，肌苷酸及其分解产物肌苷是动物组织中重要的风味物质，与畜禽肉类食品鲜味的产生密切相关，肉中肌苷酸和肌苷的累积可使肉鲜味变浓。目前，国际上已经把肌苷酸作为衡量肉质鲜味的一项重要指标。近年来，国内对鸡、猪和鱼等动物肌肉中肌苷酸的含量或影响因素的研究多有报道。

## 一、目的及要求

（1）了解生肉中肌苷酸的测定意义。
（2）掌握高效液相色谱测定肉中肌苷酸的技术。
（3）进一步熟悉高效液相色谱的一般构造和基本操作。

## 二、实验原理

肌苷酸又名次黄嘌呤核苷酸或次黄苷酸，英文简称 IMP（结构如下）。肌苷酸盐可用作增味剂。

目前用于检测肌苷酸的方法有化学滴定法、紫外分光光度法和液相色谱法。化学滴定法准确度低，误差大。紫外分光光度法也只能测定样品中的核苷酸总量。利用高效液相色谱法可以将核苷酸中的肌苷酸、肌苷和腺苷酸等分离开，它的前处理比较简单方便，测定准确，是一种易于推广的快速测定方法。

经全波长扫描发现肌苷酸在 254 nm 处有强吸收，而且吸收值受溶液 pH 影响很大。目前多用 3.5%高氯酸来抽提肌肉中的肌苷酸，用 NaOH 调至溶液 pH 为 6.5，以 5%的甲醇稀磷酸溶液作为流动相，用高效液相色谱仪来测定肉类食品中的肌苷酸。

## 三、实验器材及试剂

### 1. 实验器材

高效液相色谱仪、旋转蒸发仪、台式高速离心机、电子天平、pH 计、研钵、胶头滴管、离心管、镊子等。

### 2. 试　剂

高氯酸、氢氧化钠、磷酸、三乙胺、肌苷酸标准品等，冰箱保存的鸡肉（大腿肉和胸部肉）、猪肉。

（1）磷酸-三乙胺溶液：向适量蒸馏水中加入 3.5 mL 磷酸和 7 mL 三乙胺，摇匀，再经三乙胺调节 pH = 6.8 后，补水定容至 1 000 mL。

（2）单标储备液：准确称取肌苷酸标准品 5 mg，溶解于 5 mL 蒸馏水中，得到 $1\ mg \cdot mL^{-1}$ 标准品的储备液，0.22 μm 水系滤膜过滤，备用。

## 四、实验步骤

### 1. 样品抽提

称取 1 g 肉样，剪碎，置于预冷的研钵中，放入少许石英砂研磨，加入 3 mL 3.5%高氯酸，继续研磨，再加入 5 mL 3.5%高氯酸，充分研磨后，静置，用胶头滴管吸取上清液于小烧杯中，重复上述操作两次，合并上清液，3 000 r/min 离心 6 min，保留上清液。

### 2. 抽提液处理

将上清液用 $5\ mol \cdot L^{-1}$ NaOH（粗调）和 $0.5\ mol \cdot L^{-1}$ NaOH（细调）调 pH 至 6.5。然后转至 25 mL 容量瓶中，用蒸馏水定容至刻度。取其中 1 mL，0.22 μm 水系膜过滤，滤液直接进行 HPLC 分析。

### 3. 标准曲线制作

将肌苷酸标准品（$1\ mg \cdot mL^{-1}$）进行系列稀释（用流动相稀释），得 0.5，0.2，0.1，0.02，0.01，0.005，0.001 $mg \cdot mL^{-1}$ 标准溶液，然后进行高效液相色谱分析，用洗脱峰面积或峰高对浓度作图，得标准曲线。

### 4. 高效液相色谱条件

高效液相色谱仪：Agilent 1200LC；色谱柱：$C_{18}$ 柱（5 μm，250 mm × 46 mm）；流动相：5%甲醇（色谱纯，≥99.9%）+ 95%磷酸-三乙胺溶液，经 0.45 μm 滤膜抽滤；流速：$0.8\ mL \cdot min^{-1}$；柱温：25 ℃；紫外检测波长：254 nm；进样量：20 μL；出峰时间：约 6 min。

### 5. 实验结果

肉样品中肌苷酸含量，以每克鲜肉中含有多少毫克肌苷酸表示（$mg \cdot g^{-1}$）。

## 五、注意事项

（1）实验完毕，应反复冲洗色谱柱，以免残留物污染色谱柱。
（2）根据生鲜肉的品种和生鲜程度取样，以便进行数据比较。
（3）样品中非极性成分杂质含量高，应适时观测柱压，柱压太高影响测定时，应采取措施处理色谱柱，以免影响测定结果。

## 六、思考题

（1）抽提肌苷酸时，为什么要用高氯酸？
（2）抽提液及流动相的 pH 为什么要调至 6.5？

# 实验 13　酚氨咖敏药片中各组分的核磁共振法定量测定

当具有磁矩的原子核处于磁场中时，与磁场发生相互作用而产生核自旋能级分裂，形成不同的核自旋能级。在某些射频作用下，特定结构中的原子核可实现共振跃迁，将共振频率和强度记录下来，即可得到核磁共振谱图。

化学位移是核磁共振法直接获取的首要信息。由于受到诱导效应、磁各向异性效应、共轭效应、范德华力、浓度、温度以及溶剂效应等影响，化合物分子中各种基团都有各自的化学位移值范围，因此可以根据化学位移值粗略判断谱峰所归属的化学基团。${}^1$H NMR 中各峰的面积比与所含的氢原子个数成正比，因此可以推断各基团所对应的氢原子相对数目，还可以作为核磁共振定量分析的依据。

## 一、目的及要求

（1）了解核磁共振谱的基本原理、仪器特点和分析流程。

（2）了解核磁共振仪的操作技术。

（3）初步了解用 ${}^1$H NMR 谱图鉴定有机化合物的结构。

## 二、实验原理

酚氨咖敏药片用于治疗感冒、发热、头痛等。其主要成分有以下三种：氨基比林、对乙酰氨基酚及咖啡因，其甲基氢对应的化学位移分别为 2.2～3.1、2.1、3.2～3.8。

内标法是 NMR 进行定量测定的常用方法之一。直接在待测试样中加入一定量内标物质后，进行 NMR 光谱扫描，然后将试样中指定基团的质子吸收峰面积与内标物中指定基团的质子吸收峰面积进行比较，即可求得待测试样的含量。

以 3-三甲基硅烷-1-丙磺酸钠为内标物，利用核磁共振法测定酚氨咖敏药片中各组分的含量。

## 三、实验器材和试剂

### 1. 实验器材

核磁共振仪、电子天平、离心机、移液枪、容量瓶等。

### 2. 试　剂

氨基比林标准品、对乙酰氨基酚标准品、咖啡因标准品、3-三甲基硅烷-1-丙磺酸钠、重水，酚氨咖敏药片等。

## 四、实验步骤

### 1. 标准溶液的配制及测定

利用重水配制氨基比林、对乙酰氨基酚及咖啡因标准溶液，分别测定其 ${}^1$H NMR 谱图。

### 2. 混合标准试样的配制

准确称取氨基比林 100.0 mg、对乙酰氨基酚 100.0 mg、咖啡因 25.00 mg、内标物（3-三甲基硅烷-1-丙磺酸钠）50.00 mg，置于 10 mL 容量瓶中，用重水定容，摇匀后备用。取混合标准试样 0.5 mL，预热后进行回收率测定。

### 3. 试样预处理及测定

取酚氨咖敏药一片，准确称重，研磨成细粉状。称取细粉状药片 40 mg（$m_s$），置于 5 mL 离心管中，加重水 0.5 mL、20 mg·mL$^{-1}$ 的 3-三甲基硅烷-1-丙磺酸钠 0.2 mL，振摇，40 ℃ 水浴加热 5 min，离心分离，取其上清液，测 ${}^1$H NMR 谱图。

### 4. 数据处理

标出氨基比林、对乙酰氨基酚及咖啡因的化学位移，并进行结构解析和归属。对各内标物、氨基比林、对乙酰氨基酚及咖啡因的共振峰进行积分，求得峰面积，计算酚氨咖敏药片各组分的含量。

各组分含量计算式如下：

氨基比林（12H），$$w_A = \frac{A_{s(2.2\sim3.1)} M_A}{12} \times \frac{9}{M_R A_R} m_R$$

乙酰氨基酚（3H），$$w_B = \frac{A_{s(2.1)} M_B}{3} \times \frac{9}{M_R A_R} m_R$$

咖啡因（9H），$$w_C = \frac{A_{s(3.2\sim3.8)} M_C}{9} \times \frac{9}{M_R A_R} m_R$$

式中　$M_A$，$M_B$，$M_C$，$M_R$——氨基比林、对乙酰氨基酚、咖啡因和内标物的分子量；

$A_s$，$A_R$——试样峰面积和内标物峰面积；

$m_s$，$m_R$——所取待测药品和内标物的质量。

## 五、注意事项

（1）务必确保待测物及内标物称量的准确度相同。

（2）内标物及氘代溶剂的加入量不能太多。

## 六、思考题

（1）影响本实验准确定量分析的因素有哪些？

（2）内标物定量法对内标物有哪些要求？与外标法分析有什么区别？

# 9 综合实验

## 实验14 邻二氮菲法测定大豆中铁的含量

铁是人体内不可缺少的微量元素，它与蛋白质结合形成血红蛋白，参与血液中氧的运输，它还是肌红蛋白、细胞色素和其他酶系统的主要成分。人体每天会损失 1 mg 的铁，因此每天都必须摄入一定量的铁。当摄入的铁多于损失的铁时，多余的铁元素会被储存在骨髓、肝脏、脾脏中。铁缺乏易引起缺铁性贫血、免疫功能障碍等，对于婴幼儿及青少年，铁缺乏易引起智力发育低下，生长发育迟缓。含铁丰富的食物有动物肝脏、肾脏、瘦肉、蛋黄、鸡、鱼、虾、豆类等。

在食品分析中，铁的测定方法主要有：原子吸收光谱法、比色法等。邻二氮菲比色法由于其选择性高、干扰少、显色稳定、灵敏度和精密度都较高而被广泛使用。

## 一、目的及要求

（1）了解铁元素在人体中的生理意义。
（2）通过邻二氮菲测定铁的条件实验，学会选择和确定分光光度分析的适宜条件。
（3）掌握邻二氮菲比色法测定食品中铁元素的原理和操作方法。
（4）了解分光光度计的构造、工作原理和操作规程。

## 二、实验原理

利用比色法测定食品中的无机离子时，常需要显色剂与其生成有色配合物，进行比色测定。为使测定结果准确且灵敏度较高，应选择已优选的测定条件，如显色剂用量、溶液 pH 对显色反应有无影响，显色剂的吸收光谱对配合物吸收光谱有无影响，干扰离子的影响及消除方法等。

铁元素的显色剂很多，如硫氰酸钾、水杨酸、邻二氮菲等，其中邻二氮菲是测定铁的一种较好显色剂。邻二氮菲又称邻菲罗啉或 1,10-二氮菲，在 pH 2~9 的溶液中，二价铁离子能与邻二氮菲生成稳定的橙红色配合物，在 510 nm 有最大吸收，其吸光度与铁的含量成正比，故可比色测定。反应式如下：

pH<2 时反应进行较慢，而 pH>9 酸度过低又会引起二价铁离子水解，故应通常在 pH = 5 左右的条件下进行。而食品样品制备液中铁元素常以三价离子形式存在，故先用盐酸羟胺将其还原成二价离子，再进行反应，反应式如下：

$$4Fe^{3+} + 2NH_2OH \cdot HCl \longrightarrow 4Fe^{2+} + 6H^+ + N_2O + H_2O + 2Cl^-$$

该显色反应选择性高，生成的配合物较稳定，在还原剂存在下，配合物颜色可保持几个月不变。

# 三、实验器材与试剂

## 1. 实验器材

紫外-可见分光光度计、10 mL 具塞玻璃比色管、容量瓶、吸管、烧杯、量筒。

## 2. 试　剂

硫酸铁铵（$NH_4Fe(SO_4)_2 \cdot 12H_2O$）、盐酸羟胺（$NH_2OH \cdot HCl$）、邻二氮菲、醋酸钠、氢氧化钠、盐酸等，大豆。

铁标准储备液（100 μg/mL）：准确称取 0.864 3 g $NH_4Fe(SO_4)_2 \cdot 12H_2O$，置于烧杯中，加入 100 mL 2 mol·$L^{-1}$ HCl 溶解后，用水定容至 1 000 mL，备用。

# 四、实验步骤

## 1. 试样处理

称取大豆 20 g，置于洁净、恒重的瓷坩埚中，在电炉上炭化至无烟，再放入马弗炉灼烧至恒重，移入干燥器，冷却至室温。向残灰中加入约 10 mL 6 mol·$L^{-1}$ HCl，溶解后用水定容至 50 mL，备用。

## 2. 实验条件的优化

（1）最大吸收波长的确定

吸取一定量的铁标准储备液，稀释 10 倍，得 10.00 μg·$mL^{-1}$ 铁标准使用液。吸取 10 mL 铁标准使用液，置于 50 mL 容量瓶中，加入 1 mL 10%盐酸羟胺，充分摇匀后放置 2 min。加入 1 mL 0.15%邻二氮菲和 5 mL 1 mol·$L^{-1}$ 醋酸钠溶液，摇匀，用水稀释至刻度。放置 10 min

后，用 1 cm 吸收池，在全波长下扫描其吸收光谱，确定最大吸收波长，设为测量波长。参比溶液为以水代替铁储备液以外的上述所有试剂稀释至刻度（100 mL）。

（2）显色剂用量的确定

取 7 只 50 mL 容量瓶，各加入 10 mL 铁标准使用液、1 mL 10%盐酸羟胺充分摇匀后放置 2 min。再分别加入 0，0.5，1，1.5，2.0，2.5，3.0 mL 0.15%邻二氮菲。最后向各容量瓶中加入 5 mL 1mol·L⁻¹醋酸钠溶液，用水稀释至刻度，摇匀。以不含显色剂的溶液作为参比，在上述选定的测量波长下测定吸光度，确定显色剂的用量。

（3）pH 的确定

取 7 只 50 mL 容量瓶，各加入 10 mL 铁标准使用液、1 mL 10%盐酸羟胺、1 mL 0.15%邻二氮菲，充分摇匀。再向各容量瓶中加入 1 mol·L⁻¹ NaOH 调其 pH 分别为 1、2、3、5、7、9、12，用水稀释至刻度，摇匀。以水为参比，在选定的测量波长下测定吸光度 $A$。以 pH 为横坐标、$A$ 为纵坐标，制作 $A$-pH 曲线，确定最佳 pH 范围。

（4）配合物稳定性实验

吸取 10 mL 铁标准使用液，置于 50 mL 容量瓶，加入 1 mL 10%盐酸羟胺，充分摇匀后放置 2 min。加入 1 mL 0.15%邻二氮菲和 5 mL 1 mol·L⁻¹醋酸钠溶液，摇匀，用水稀释至刻度，作为试样。以水代替铁标准使用液同法制备一份溶液作为参比，分别放置 0，2，5，10，30，90，120 min，在选定波长下测定试样溶液的吸光度，考察生成配合物的稳定性。

### 3. 标准曲线制作

取 7 只 50 mL 容量瓶，分别加入 1 mL 10%盐酸羟胺、1 mL 0.15%邻二氮菲、5 mL 1 mol·L⁻¹醋酸钠，再向各容量瓶中依次加入 0，0.5，1.0，1.5，2.0，2.5，3.0 mL 铁标准使用液，用水稀释至刻度后，摇匀。以不含铁的溶液（第一只容量瓶）作为参比，以光径为 1 cm 比色池，在选定的测量波长下测定吸光度 $A$。

### 4. 样品测定

取上述制备好的样品溶液 1.0 mL，加入 50 mL 容量瓶中，按照标准曲线测定方法测定样品溶液的吸光度值。

### 5. 实验结果

（1）由实验条件的优化确定邻二氮菲法测定食品中铁含量的测定波长、最适宜显色剂用量、pH 和放置时间。

（2）根据标准曲线测定数据，以铁浓度 $c$ 为横坐标、$A$ 为纵坐标，制作 $A$-$c$ 标准曲线，计算回归方程和相关系数。

（3）根据样品测定吸光度值和标准曲线方程，计算大豆中铁的含量。

# 五、注意事项

（1）盐酸羟胺不稳定，易氧化，须临用前配制。

（2）在实验条件的优化测定时，应保持分光光度计测定条件（如狭缝宽度、扫描速度等）一致。

（3）为保证盐酸羟胺将三价铁全部还原为二价铁，试剂加入后应放置 2 min 以上。

## 六、思考题

（1）食品样品中含有其他离子，如铜、锌、钴等，测定铁时，如何消除干扰？

（2）实验中加入 1 mol·$L^{-1}$ 醋酸钠溶液，它的作用是什么？可否用其他试剂代替？

# 实验 15　分光光度法同时测定果蔬中
# 维生素 C 和维生素 E 的含量

维生素 C，又名抗坏血酸，是一种含有 6 个碳原子的酸性多羟基化合物（结构如下），无色无臭的片状晶体，易溶于水，不溶于大多数有机溶剂，遇空气中氧、热、光、碱性物质易被氧化而破坏。它广泛存在果蔬中，动物来源产品中也有较少量存在。它具有较多的生理功能，如帮助人体完成氧化还原反应，提高杀菌能力和解毒能力。机体若缺乏维生素 C，易得坏血病，但人类自身不能合成维生素 C，因此它作为必需营养素，需要每日摄取。维生素 C 也具有很强的还原性，可作为抗氧剂，常被广泛用作食品配料或添加剂。

维生素 E 是一种脂溶性维生素，它是生育酚和生育三烯酚的统称（结构如下），溶于脂肪和乙醇等有机溶剂中，不溶于水，对热、酸稳定，对碱不稳定，对氧敏感。它广泛存在于种子、果蔬、谷物、瘦肉等食品中，在大多动物性食品中存在的主要形式为 $\alpha$-生育酚，而在植物性食品中存在形式多样，尤其随植物品种不同差异较大。维生素 E 具有较强的抗氧化作用，能有效清除机体产生的自由基。在食品加工生产中，维生素 E 常与维生素 C 配合使用，防止油脂氧化酸败。

# 一、目的及要求

（1）理解维生素 C 和维生素 E 在食品中的生理功能。
（2）掌握紫外光谱区同时测定双组分体系的原理和方法。
（3）熟悉紫外-可见分光光度计的使用。

# 二、实验原理

分光光度法的定量依据是朗伯-比尔定律，即波长一定时被测物质的吸光度值与浓度成线性关系。若同一溶液中存在互不干扰的两种以上物质，溶液吸光度为各组分的吸光度之和，即吸光度具有加和性。假设被测溶液中有 a、b 两种组分，分别绘制其吸收光谱。若两种组分吸收光谱不重叠，可按照单组分测定方法测定；若两种组分吸收光谱有重叠，则可按照吸光度的加和性联立方程求出各组分含量。

列出方程式

$$A_{(a+b)\lambda_1} = A_{a\lambda_1} + A_{b\lambda_1} = \varepsilon_{a\lambda_1} c_a l + \varepsilon_{b\lambda_1} c_b l$$

$$A_{(a+b)\lambda_2} = A_{a\lambda_2} + A_{b\lambda_2} = \varepsilon a_{\lambda_2} c_a l + \varepsilon_{b\lambda_2} c_b l$$

$\varepsilon_{a\lambda_1}$、$\varepsilon_{b\lambda_1}$、$\varepsilon_{a\lambda_2}$ 和 $\varepsilon_{b\lambda_2}$ 可根据 a、b 的标准物分别在 $\lambda_1$ 和 $\lambda_2$ 处的工作曲线测得，即为工作曲线斜率。被测溶液的 $A_{(a+b)\lambda_1}$ 和 $A_{(a+b)\lambda_2}$ 可由实验测得，联立方程即可求出 $c_a$ 和 $c_b$。对于多组分体系，也可如此处理。

维生素 C 为水溶性的，维生素 E 为脂溶性的，但它们均可溶于无水乙醇，因此可同时测定两种组分。

# 三、实验器材与试剂

## 1. 实验器材

紫外-可见分光光度计、容量瓶、比色管。

## 2. 试　剂

偏磷酸、抗坏血酸标准品、$\alpha$-生育酚、无水乙醇，黄瓜、猕猴桃。

（1）抗坏血酸标准储备液：称取 0.0132 g 抗坏血酸，用无水乙醇定容至 1 000 mL，得浓度为 $7.5 \times 10^{-5}$ mol·L$^{-1}$ 的标准储备液。

（2）$\alpha$-生育酚标准储备液：称取 0.0488 g $\alpha$-生育酚，用无水乙醇定容至 1 000 mL，得浓度为 $1.13 \times 10^{-4}$ mol·L$^{-1}$ 的标准储备液。

## 四、实验步骤

### 1. 样品处理

取 2～10 g 黄瓜或猕猴桃果肉，用研钵研磨成匀浆，取 1.0 mL 于烧杯中，加 50% 的偏磷酸溶液溶解，定容至 250 mL，再吸取 1.00 mL 于 50 mL 容量瓶中，用无水乙醇稀释至刻度，摇匀，备用。

### 2. 扫描吸收光谱

以无水乙醇作为参比，在紫外区分别扫描抗坏血酸和 $\alpha$-生育酚标准储备液的吸收光谱，确定抗坏血酸和 $\alpha$-生育酚的最大吸收波长 $\lambda_1$ 和 $\lambda_2$。

### 3. 制作工作曲线

分别吸取抗坏血酸标准储备液 0，2.00，4.00，6.00，8.00，10.00 mL 于 6 只 50 mL 容量瓶中，用无水乙醇稀释至刻度，摇匀。以第一份溶液作为参比，分别在 $\lambda_1$ 和 $\lambda_2$ 处测定不同浓度抗坏血酸溶液的吸光度。以浓度为纵坐标、吸光度为横坐标绘制 2 条工作曲线，求出斜率，分别为 $\varepsilon_{a\lambda_1}$、$\varepsilon_{a\lambda_2}$。

分别吸取 $\alpha$-生育酚标准储备 0、2.00、4.00、6.00、8.00、10.00 mL 于 6 只 50 mL 容量瓶中，用无水乙醇稀释至刻度，摇匀。以第一份溶液作为参比，分别在 $\lambda_1$ 和 $\lambda_2$ 处测定不同浓度 $\alpha$-生育酚溶液的吸光度，以浓度为纵坐标、吸光度为横坐标绘制 2 条工作曲线，求出斜率，分别为 $\varepsilon_{b\lambda_1}$、$\varepsilon_{b\lambda_2}$。

### 4. 样品测定

取制备好的样品溶液 4 mL，置于 50 mL 容量瓶中，用无水乙醇稀释至刻度，摇匀。同上述测定工作曲线法在 $\lambda_1$ 和 $\lambda_2$ 处分别测出吸光度 $A_{(a+b)\lambda_1}$ 和 $A_{(a+b)\lambda_2}$。

### 5. 计 算

联立方程组，求解样品测定溶液中抗坏血酸和 $\alpha$-生育酚的浓度。

## 五、注意事项

（1）抗坏血酸极易被氧化，因此实验时需新鲜配制。
（2）根据取材品种、部位调整取样量，以吸光度在工作曲线范围内为宜。

## 六、思考题

（1）当测定混合物中 2 种及 2 种以上物质时，如何选择测定波长？
（2）利用分光光度法同时测定果蔬中维生素 C 和维生素 E 的含量，灵敏度如何？试解释原因。

# 实验 16 荧光分光光度法测定猕猴桃中总抗坏血酸含量

## （参考 GB/T 5009.86—2003）

维生素 C 又叫抗坏血酸，是一种己糖醛酸，具有较强的还原性，对光、热敏感，在氧化剂存在下易氧化成脱氢抗坏血酸。它广泛存在于植物组织，尤其是新鲜的果蔬中，是维持人体生理机能的一种重要活性物质，也是果蔬的一项重要营养指标。测定抗坏血酸的常用方法有苯肼比色法、靛酚滴定法、荧光法和高效液相色谱法等。靛酚滴定法测定的是还原型抗坏血酸，该法简便，较灵敏；但特异性差，样品中的其他还原性物质（如 $Fe^{2+}$、$Sn^{2+}$、$Cu^+$等）会干扰测定，测定结果往往偏高。高效液相色谱法可以同时测定抗坏血酸和脱氢抗坏血酸的含量，具有干扰少、准确度高、重现性好、灵敏、简便、快速等优点，是目前最先进的方法；但是所需的仪器昂贵。苯肼比色法和荧光光度法测得的都是抗坏血酸和脱氢抗坏血酸的总量，其中荧光法干扰因素影响较小，准确度高，因此被广泛推广。

## 一、目的及要求

（1）了解抗坏血酸对机体的生理功能；
（2）掌握荧光法测定猕猴桃中抗坏血酸含量的基本原理和方法；
（3）熟悉荧光分光光度计的构造和工作原理。

## 二、实验原理

还原性型抗坏血酸可被活性炭氧化成脱氢抗坏血酸，后者可与邻苯二胺（OPDA）反应生成荧光化合物喹喔啉。此化合物在 338 nm 激发光照射下，产生波长为 420 nm 的发射光，在较低浓度下其荧光强度与脱氢抗坏血酸的浓度成正比，故可用荧光分光光度法测定其含量。在稀溶液中，荧光强度 $F$ 与物质的浓度 $c$ 有以下关系：

$$F = 2.303 \Phi I_0 \varepsilon bc$$

当实验条件一定时，荧光强度与荧光物质的浓度成线性关系：

$$F = Kc$$

因此，可通过标准曲线法定量测定抗坏血酸含量。而硼酸可与脱氢抗坏血酸形成复合物，使其不能再与邻苯二胺作用。因此，为准确测定样品中总抗坏血酸含量，需准备两份样品：一份加入硼酸，测定荧光强度，作为荧光空白值；另一份不加硼酸，测定荧光强度，减去空白值即为样品中总抗坏血酸含量。

## 三、实验器材与试剂

### 1. 实验器材

荧光分光光度计、容量瓶、吸管、烧杯、量筒、烧瓶、冷凝管、研钵、冰箱。

### 2. 试剂

乙酸钠、硼酸、邻苯二胺、抗坏血酸标准品、冰醋酸、活性炭、硫酸，猕猴桃。

（1）活性炭的活化：取 10 g 活性炭粉末，置于 50 mL 稀盐酸（1：9）中，加热回流 1 h，过滤，用水冲洗数次至滤液中检不出铁离子为止，置于 105～110 ℃ 烘箱中，干燥至恒重。

（2）偏磷酸-乙酸溶液：称取 15 g 偏磷酸，加入 40 mL 冰乙酸及 250 mL 水，搅拌，放置过夜使之逐渐溶解，加水至 500 mL。4 ℃ 冰箱可保存 7～10 d。

（3）偏磷酸-乙酸-硫酸溶液：称取 15 g 偏磷酸，加入 40 mL 冰乙酸及 250 mL 水，搅拌，放置过夜使之逐渐溶解，加 0.15 mol·L$^{-1}$ 硫酸至 500mL。4 ℃ 冰箱可保存 7～10 d。

（4）0.04%百里酚蓝指示剂溶液：称取 0.1 g 百里酚蓝，加 0.02 mol·L$^{-1}$ 氢氧化钠溶液，在玻璃研钵中研磨至溶解，氢氧化钠的用量约为 10.75mL，磨溶后用水稀释至 250mL。变色范围：pH 1.2，红色；pH 2.8，黄色；pH>4.0，蓝色。

（5）抗坏血酸标准溶液（1 mg·mL$^{-1}$）：准确称取 50 mg 抗坏血酸，用偏磷酸-乙酸溶液溶于 50 mL 容量瓶中，并稀释至刻度。

（6）抗坏血酸标准使用液（100 μg·mL$^{-1}$）：取 10 mL 抗坏血酸标准溶液，用偏磷酸-乙酸溶液稀释至 100 mL。

## 四、实验步骤

### 1. 样品处理

（1）样品预处理：称取新鲜猕猴桃果肉 10 g，加入 50 mL 偏磷酸-乙酸溶液，研磨成匀浆，加一滴百里酚蓝指示剂，若显红色，则用偏磷酸-乙酸溶液定容至 500 mL；若呈黄色或蓝色，则用偏磷酸-乙酸-硫酸溶液定容于 500 mL，抽滤，收集滤液备用。

（2）氧化处理：分别取样品滤液及标准溶液（100 μg·mL$^{-1}$）各 100 mL，置于带盖三角瓶中，加 2 g 活化的活性炭，用力振摇 1 min，抽滤，弃去最初数毫升滤液，分别收集其余滤液，即样品氧化液和标准氧化液，备用。

### 2. 试样溶液配制

（1）空白溶液制备：取 2 个 100 mL 容量瓶，分别加入 10 mL 标准氧化液、10 mL 样品氧化液，并标为"标准空白"和"样品空白"，再分别加入 5 mL 硼酸-乙酸钠溶液，摇动反应 15 min，用水稀释至 100 mL，在 4 ℃ 冰箱中放置 2 h，取出备用。

（2）样品溶液制备：取 2 个 100 mL 容量瓶，分别加入 10 mL 标准氧化液、10 mL 样品氧化液，并标为"标准"和"样品"，再分别加入 5 mL 50%乙酸钠溶液，用水稀释至 100 mL，备用。

### 3. 荧光反应

取"标准空白"溶液、"样品空白"溶液及"样品"溶液各 2 mL，"标准"溶液 0.5，1，1.5，2.0，2.5，3.0 mL，分别置于 10 mL 带盖试管中，置于暗室，再迅速向各管加入 5 mL 邻苯二胺，混匀后，室温下反应 35 min，用激发光波长 338 nm、发射光波长 420 nm 测定荧光强度。以不同浓度标准溶液的荧光强度分别减去标准空白溶液荧光强度为纵坐标、对应的抗坏血酸含量为横坐标，绘制工作曲线，拟合回归方程。

### 4. 计　算

$$X = \frac{c \cdot V}{m} \times N \times \frac{100}{1\,000}$$

式中　$X$ ——试样中总抗坏血酸含量，$mg \cdot 100\,g^{-1}$；

　　　$c$ ——由回归方程计算出的试样溶液的浓度，$\mu g \cdot mL^{-1}$；

　　　$m$ ——试样的质量，g；

　　　$V$ ——荧光反应所用试样体积，mL；

　　　$N$ ——试样溶液的稀释倍数。

## 五、注意事项

（1）邻苯二胺溶液易被氧化而颜色加深，为使测定结果准确，需临用前配制。

（2）大多数蔬果组织内含有破坏抗坏血酸的酶，因此测定时应注意保护抗坏血酸，且尽可能用鲜样。

（3）活性炭可吸附抗坏血酸，因此用量应适当、准确。

（4）荧光分光光度计使用的石英比色池，四面都为光面，操作时应手持棱角处。

## 六、思考题

（1）如何确定未知样品的发射波长和激发波长？

（2）活性炭的作用是什么？试列举其优缺点。

# 实验 17　原子荧光光谱法测定水产品中硒元素含量

硒是人体生命中必需的重要微量元素，具有增强机体免疫能力、抵抗自由基损伤、防病和调节机体甲状腺功能等多种功能；但摄入过多又会对人体健康造成危害。硒广泛用于工业生产，如盐酸、玻璃、半导体及各种电信材料等。当工业"三废"排入水源中，会导致水产品中硒的过量富集。我国自 20 世纪 90 年代以来，为保障食品质量安全，科学控制食品中硒的摄入量，规定水产品中硒的摄入量为：鱼类低于 1 mg·kg$^{-1}$。

原子荧光光谱法是一种灵敏度高、准确、快速、操作简便的元素测定方法，它广泛用于食品、环境及工业中的痕量元素分析。

# 一、目的及要求

（1）了解水产品中硒的生理作用和测定意义。
（2）学会利用电热板加热消解食品样品。
（3）了解原子荧光光度计的基本构造和工作原理。
（4）熟悉原子荧光光度计的一般操作方法。

# 二、实验原理

食品样品经酸加热消化后，在 6 mol·L$^{-1}$ 盐酸介质中，将试样中的六价硒还原成四价硒，用硼氢化钾或硼氢化钠作还原剂，将四价硒在盐酸介质中还原成硒化氢（$H_2Se$），由载气（氩气）带入原子化器中进行原子化，在硒空心阴极灯光照射下，基态硒原子被激发至高能态，在去活化回到基态时，发射出特征波长的荧光，其荧光强度与硒含量成正比，与标准系列比较进行定量。

# 三、实验器材与试剂

## 1. 实验器材

原子荧光光度计（带硒空心阴极灯）、电热板、微波消解系统、电子天平、匀浆机、烘箱等。

## 2. 试　剂

硝酸、高氯酸、盐酸、氢氧化钠、硼氢化钠、铁氰化钾、过氧化氢等（均为分析纯），硒粉（光谱纯），带鱼、龙虾。

（1）硒标准储备液（100 μg·mL$^{-1}$）配制：精确称取 100 mg 硒粉，溶于少量硝酸中，加 2 mL 高氯酸，置沸水浴中加热 3~4 h，冷却后加 8.4 mL 盐酸，再置沸水浴中煮 2 min，准确稀释至 1 000 mL。

（2）硒标准使用液（1 μg·mL$^{-1}$）：取 100 μg·mL$^{-1}$硒标准储备液 1.0 mL，定容于 100 mL 容量瓶中。

# 四、实验步骤

## 1. 样品制备

取 5~10 g 带鱼或龙虾，带鱼剔除鱼骨，龙虾剥壳，取可食用部分，用水洗净后，用吸

192

水纸吸干净水滴，打成匀浆后备用。

### 2. 试样消解

常见的试样消解法有电热板加热消解和微波消解。下面以电热板加热消解为例。

电热板加热消解：称取 1～2 g 匀浆试样，置于消化瓶中，加 10.0 mL 混合酸及几颗玻璃珠，盖上表面皿冷消化过夜。次日于电热板上加热，并及时补加硝酸。当溶液变为清亮无色并伴有白烟时，再继续加热至剩余体积 2 mL 左右（注意不可蒸干），冷却，加 5.0 mL 6 mol·L$^{-1}$ 盐酸，继续加热至溶液变为清亮无色并伴有白烟出现，将六价硒还原成四价硒。冷却，转移至 50 mL 容量瓶中定容，混合备用。同时做空白试验。

### 3. 系列标准溶液配制

分别取 0.00，0.10，0.20，0.30，0.40，0.50 mL 硒标准使用液，置于 10 mL 比色管中，用去离子水定容至刻度，再分别加 2 mL 6 mol·L$^{-1}$ 盐酸、1.0 mL 100 g·L$^{-1}$ 铁氰化钾溶液，混匀，制成标准系列溶液，备用。

### 4. 原子吸收测定

设定好仪器测定条件，负高压：340 V；灯电流：100 mA；原子化温度：800 ℃；炉高：8 mm；载气流速：500 mL·min$^{-1}$；蔽气流速：1 000 mL·min$^{-1}$；测量方式：标准曲线法；读数方式：峰面积；延迟时间：1 s；读数时间：15 s；加液时间：8 s；进样体积：2 mL。

逐步将炉温升至所需温度，稳定 10～20 min 后开始测量。连续用系列标准的零管进样，待读数稳定以后，转入系列标准测量，绘制标准曲线。转入试样测量，分别测定试样空白和试样消化液。每次测定不同的样品前都应清洗进样器。

### 5. 结果计算

按下式计算试样中硒的含量：

$$X = \frac{(c - c_0) \times V \times 1\,000}{m \times 1\,000 \times 1\,000}$$

式中　$X$ ——试样中硒的含量，mg·kg$^{-1}$ 或 mg·L$^{-1}$；

　　　$c$ ——试样消化液测定浓度，ng·mL$^{-1}$；

　　　$c_0$ ——试样空白消化液测定浓度，ng·mL$^{-1}$；

　　　$m$ ——试样质量（体积），g·mL$^{-1}$；

　　　$V$ ——试样消化液总体积，mL；

# 五、注意事项

（1）硒的检测属于痕量分析，要求实验空白值尽量低，因此实验中要严防污染。

（2）消化时一定要小心操作，防止被浓酸灼伤皮肤。

（3）注意先开启载气，再开启仪器。

（4）实验时注意在气液分离器中不要有积液，以防溶液进入原子化器。

（5）每次测定不同的样品前，都应清洗进样器。

## 六、思考题

（1）加入铁氰化钾的作用是什么？

（2）电热板加热消解食品样品的优缺点是什么？试列举其他食品样品消解方法。

# 实验 18　火焰原子吸收分光光度法测定食品中钙含量

### （参考 GB/T 5009.92—2003）

钙是人体健康不可缺少的重要元素之一，参与人体的整个生长发育，它也是构成牙齿、骨骼的主要成分之一，可促进血液凝固，控制神经兴奋，对心脏的收缩与迟缓有重要作用。根据全国营养调查结果，我国人民钙摄入量平均每日摄入高位 405 mg，仅达到每日营养素建议摄取量（RDA）的 50% 左右，尤其是儿童、青少年及老年人缺钙比例很高。因此，钙的含量常作为食品营养分析必须检测的指标。食品中钙含量的测定通常有 EDTA 滴定法或火焰原子吸收光谱法。EDTA 滴定法操作简单；但干扰严重，终点变化不明显，指示剂在水溶液中不稳定，测定值准确度不高等。火焰原子吸收光谱法干扰小、速度快、测定结果准确度高，且可测定钙含量较低的样品，因为在食品分析中广泛使用。

## 一、目的及要求

（1）理解食品中钙元素的测定意义。

（2）掌握原子吸收分光光度法测定食品中钙元素的原理及操作技术。

（3）了解 ICE3500 原子分光光度计的基本结构及工作原理。

## 二、实验原理

将样品吸入原子吸收分光光度计的空气-乙炔火焰中，在高温下，经喷雾、浓缩、干燥、熔融、气化、解离等原子化过程，被测钙变成气态原子蒸气。在 3000 ℃ 以下的火焰中，钙气态原子以基态形式存在，而基态的钙原子蒸气对空心阴极灯发出的特征辐射产生吸收，吸收 422.7 nm 的共振线，其吸收量与其含量成正比，因此可进行定量分析。

在使用锐线光源的条件下，基态原子蒸气对共振线的吸收符合朗伯-比尔定律：

$$A = \lg \frac{I_0}{I} = KLN_0$$

式中　$K$——比例系数；

　　　$L$——吸收光程；

　　　$N_0$——基态原子总数。

在固定实验条件下，待测元素的原子总数与该元素的浓度 $c$ 成正比。因此，上式可表示为

$$A = K'c$$

这就是原子吸收定量分析的依据。


# 三、实验器材与试剂

## 1. 实验器材

ICE3500 火焰原子吸收分光光度计、容量瓶、移液管、烧杯、0.45 μm 滤膜及滤器、自动加液瓶等。

## 2. 试　剂

盐酸、硝酸、高氯酸、氧化镧、碳酸钙，各种食品样品等。

（1）氧化镧溶液（20 g·L⁻¹）：准确称取 23.56 g 氧化镧，先用少量水润湿后加入 75 mL 浓盐酸，用去离子水定容于 1 000 mL 容量瓶中。

（2）钙标准溶液（25 μg·mL⁻¹）：准确称取干燥至恒重的碳酸钙 1.248 6 g，加 5 mL 去离子水，加 1∶1 的盐酸完全溶解，煮沸除去二氧化碳，冷却后用 20 g·L⁻¹ 氧化镧溶液定容于 1 000 mL 容量瓶中，此溶液每毫升含 500 μg 钙。再用 20 g·L⁻¹ 氧化镧溶液稀释成 25 μg·mL⁻¹ 的标准使用液，储存于聚乙烯瓶内，4 ℃ 保存。


# 四、实验步骤

## 1. 试样处理

（1）试样制备

鲜样（如蔬菜、水果、鲜鱼、鲜肉）先用自来水冲洗干净，再用去离子水充分洗净。干粉类试样（如面粉、奶粉等）取样后立即装入容器密封保存，防止空气中的灰尘与水分污染。

（2）试样消化

精确称取均匀干试样 0.5～1.5 g（湿样 2.0～4.0 g，饮料等液体试样 5.0～10.0 g），置于 250 mL 高型烧杯中，加入混合酸消化液[$V$(硝酸)∶$V$(高氯酸) = 4∶1]，20～30 mL，盖上表面皿，置于电热板或沙浴上加热消化。如未消化好而酸液过少，再补加几毫升混合酸消化液，继续加热消化，直至无色透明为止。加几毫升水，加热除去多余硝酸。待烧杯中液体接近 2～3 mL 时，取下冷却。测定钙的试样，用 20 g·L⁻¹ 氧化镧溶液洗涤并转移至 10 mL 刻度试管

中，加水定容至刻度。取与消化试样相同量的混合酸消化液，按上述操作，做试剂空白试验。

## 2. 测 定

将钙标准使用液分别配制成不同浓度的系列标准稀释液（表 9.1），根据仪器操作步骤，以试剂空白作为参比，按照浓度由低到高的顺序，测定吸光度。对于钙标准稀释液，以浓度 $c$ 对吸光度 $A$ 作图，确定工作曲线方程：$A = kc + b$。再将消化好的试样液导入火焰，测定其吸光度。

仪器测定条件为波长：422.7 nm，火焰：空气-乙炔，燃烧器高度：6 mm，灯电流：2 mA，乙炔流量：2.0 mL·min$^{-1}$，空气流量：5.0 mL·min$^{-1}$。

**表 9.1  不同浓度系列标准稀释液的配制方法**

| 元素 | 使用液浓度<br>/μg·mL$^{-1}$ | 吸取使用量/mL | 稀释体积/mL | 系列标准稀释液浓度<br>/μg·mL$^{-1}$ | 稀释溶液 |
|---|---|---|---|---|---|
| 钙 | 25 | 0 | 50 | 0 | 20 g·mL$^{-1}$<br>氧化镧溶液 |
| | | 1 | | 0.5 | |
| | | 2 | | 1 | |
| | | 3 | | 1.5 | |
| | | 4 | | 2 | |
| | | 6 | | 3 | |

## 3. 结果计算

样品中的钙含量，根据下式计算：

$$X = \frac{(c_1 - c_0) \times V \times N \times 100}{m \times 1\,000}$$

式中　$X$——试样中钙元素的含量，mg·100 g$^{-1}$；
　　　$c_1$——测定用试样液中钙元素的浓度，μg·mL$^{-1}$；
　　　$c_0$——试样空白液中钙元素的浓度，μg·mL$^{-1}$；
　　　$V$——试样定容体积，mL；
　　　$N$——稀释倍数；
　　　$m$——试样质量，g。

# 五、注意事项

（1）所用玻璃仪器均用硫酸-重铬酸钾洗液浸泡数小时，再用洗衣粉充分洗刷，然后用水反复冲洗，最后用去离子水冲洗，晒干或烘干，方可使用。

（2）微量元素分析的试样制备过程中应特别注意防止各种污染，所用设备如电磨、绞肉机、匀浆器、打碎机等必须是不锈钢制品，所用容器必须使用玻璃或聚乙烯制品，做钙测定的试样不得使用石墨研钵。

## 六、思考题

（1）实验中为什么要加入氧化镧溶液？
（2）影响火焰原子吸收分光光度法测定钙的含量灵敏度的因素有哪些？
（3）试述原子吸收分光光度法测定元素含量的特点和适用范围。

# 实验 19　鱼类中有害物质铅和镉含量的测定
（参考 GB/T 5009.75—2003 和 GB/T 5009.15—2003）

在我国，由于工业的发展带来严重的水资源污染，许多有毒有害物质在水产品体内富集，给食品安全带来极大的威胁。长期食用重金属含量超标的食物，会给人体健康带来危害，甚至引发一些疾病。镉和铅是最常见的易超标重金属。过量摄入镉会导致高血压，引发心脑血管疾病，破坏骨骼，损坏消化系统；过量摄入铅危害人体的神经系统、造血系统，损坏骨骼，引起贫血，尤其是对儿童危害最大。常见的检测铅和镉的方法有分光光度法、火焰原子吸收光谱法和石墨炉原子吸收光谱法。分光光度法是二硫腙法，灵敏度较低，只适用于样品中含量较高的组分；火焰原子吸收法的原子化效率太低，试样的利用率低；石墨炉原子吸收一般比火焰原子吸收取样少，原子化彻底，灵敏度较高，因此被推广。

## 一、目的及要求

（1）了解食品中铅和镉的测定意义。
（2）掌握石墨炉原子吸收光谱法测定微量元素的方法。
（3）熟悉食品样品的处理技术。

## 二、实验原理

原子吸收光谱法是测定食品样品中金属元素的常用方法。测定痕量金属元素，首先需处理样品，使待测元素以可溶状态存在。常见的样品处理方法有干法灰化和湿法消化。干法灰化是指将试样经电炉碳化至无烟后，移入马弗炉中，在 500～700 ℃高温下灰化，再用酸溶解，制成溶液，待测；湿法消化是指利用强酸或强氧化剂消解样品，制成溶液。其次将样品溶液经高温石墨炉，充分原子化，对空心阴极灯发射的特征光谱产生吸收。对于铅和镉，分别电热原子化后吸收 283.3 和 228.8 nm 共振线，在一定浓度范围，其吸收值与铅、镉含量成正比，与系列标准溶液比较进行定量分析。

## 三、实验器材与试剂

### 1. 实验器材

原子吸收分光光度计（附石墨炉及铅空心阴极灯）、马弗炉、恒温干燥箱、瓷坩埚、压力消解器、压力消解罐或压力溶弹、可调试电热板、可调试电炉。

### 2. 试 剂

硝酸、硫酸、过氧化氢、高氯酸、金属镉、金属铅、磷酸铵、过硫酸铵，鲤鱼或黑鱼等。

（1）混合酸：硝酸-高氯酸混合溶液（4:1），取 4 份硝酸与 1 份高氯酸混合。

（2）镉标准储备液（1 mg·mL$^{-1}$）：准确称取 1.0 g 金属镉，用 1:1 的盐酸完全溶解，加两滴硝酸，用去离子水定容至 1 000 mL，混匀。此溶液每毫升含 1.0 mg 镉。

（3）镉标准使用液（100 ng·mL$^{-1}$）：吸取镉标准储备液 10.0 mL，置于 100 mL 容量瓶中，用 0.5 mol·L$^{-1}$ 硝酸定容至刻度。按上述方法经多次稀释，使制成的溶液每毫升含 100.0 ng 镉。

（4）铅标准储备液（1 mg·mL$^{-1}$）：准确称取 1.0 g 金属铅，用硝酸-水（1:1）的溶液加热溶解，用去离子水定容至 100 0 mL，混匀。此溶液每毫升含 1.0 mg 铅。

（5）铅标准使用液（100 ng·mL$^{-1}$）：吸取铅标准储备液 1.0 mL，置于 100 mL 容量瓶中，用 0.5 mol·L$^{-1}$ 硝酸定容至刻度。按上述方法经多次稀释，使制成的溶液每毫升含 100.0 ng 铅。

## 四、实验步骤

### 1. 试样预处理

取鱼类可食用部分，用匀浆机打成匀浆，储于塑料瓶中，保存备用。

### 2. 试样消解（根据实验室条件选一种）

（1）压力消解罐消解法：称取上述鱼肉匀浆 2 g，置于聚四氟乙烯罐中，加 2 mL 硝酸浸泡过夜。再加 2 mL 30% 过氧化氢（总量不能超过罐容积的 1/3）。盖好内盖，旋紧不锈钢外套，置于恒温干燥箱，于 120 ℃ 下保持 3 h，在箱内自然冷却至室温，用滴管将消化液吸入 25 mL 容量瓶中，用少量水多次洗涤罐，洗液合并于容量瓶中并定容至刻度，混合备用。同时做试剂空白。

（2）干灰化法：称取 2～5 g（视样品中铅、镉含量而定）鱼肉试样于瓷坩埚中，先小火在可调式电热板上炭化至无烟，移入马弗炉中，在约 500 ℃ 灰化 6～8 h，冷却。若个别试样灰化不彻底，则加 1 mL 硝酸-高氯酸（9∶1）混合酸，在可调式电炉上小火加热，反复多次直到消化完全，放冷，用 0.5 mol·L$^{-1}$ 硝酸将灰分溶解，用滴管将消化液吸入 25 mL 容量瓶中，用少量水多次洗涤瓷坩埚，洗液合并于容量瓶中并定容至刻度，混合备用。同时做试剂空白。

### 3. 原子吸收测定

（1）仪器条件：根据各种仪器性能调至最佳状态。参考条件，镉的波长：228.8 nm；铅的波长：283.3 nm；狭缝宽度：0.2～1.0 nm；灯电流：5～10 mA；干燥温度：120 ℃，20 s；灰化温度：350～450 ℃，持续 15～20 s；原子化温度：1 700～2 300 ℃，持续 4～5 s，背景校正：氘灯或塞曼效应。

（2）镉标准曲线绘制：吸取上述镉标准使用液 0.0，1.0，2.0，3.0，5.0，7.0，10.0 mL，置于 100 mL 容量瓶中，稀释至刻度，此系列标准溶液的浓度分别为 0.0，1.0，2.0，3.0，5.0，7.0，10.0 ng·mL$^{-1}$。分别取 10 μL 注入石墨炉，测定其吸光度，并拟合吸光度与镉浓度关系回归方程。

（3）铅标准曲线绘制：吸取上述铅标准使用液 0.0，10，20，40，60，80，100 mL，置于 100 mL 容量瓶中，稀释至刻度，此系列标准溶液的浓度分别为 0.0，10，20，40，60，80，100 ng·mL$^{-1}$。分别取 10 μL 注入石墨炉，测定其吸光度，并拟合吸光度与铅浓度关系的回归方程。

（4）试样测定：分别吸取样液和试剂空白液各 10 μL，注入石墨炉，分别在波长 228.8 和 283.3 nm 下测定吸光度，分别带入标准曲线，求得样液中铅和镉的含量。

### 4. 结果计算

试样中镉和铅的含量均可按下式计算。

$$X = \frac{(C_1 - C_2) \times V \times 1\,000}{m \times 1\,000}$$

式中　$X$——试样中铅或镉的含量，μg·kg$^{-1}$ 或 μg·L$^{-1}$；

$C_1$——试样消化液中铅或镉的含量，ng·mL$^{-1}$；

$C_2$——试样空白液中铅或镉的含量，ng·mL$^{-1}$；

$V$——试样消化液总体积，mL；

$m$——试样质量（或体积），g（mL）。

# 五、注意事项

（1）在采样和制备过程中，应注意不污染试样。

（2）对有干扰试样，注入适量的基体改进剂磷酸二氢铵溶液（20 g·L$^{-1}$）（一般<5 μL）消除干扰。

（3）仪器工作的温度为 10~30 ℃，室温过高或过低均影响仪器正常工作。

## 六、思考题

（1）与火焰原子吸收法相比，石墨炉原子吸收法的优缺点各是什么？
（2）石墨炉原子化四个阶段的目的各是什么？
（3）原子吸收分析中，如何消除化学干扰？

# 实验 20　离子选择性电极法测定饮用水中的氟含量
## （参考 GB/T 7484—1987）

氟元素是人体必需的微量元素之一，可用于坚固骨骼和牙齿，预防龋齿。天然水中的氟一般以 $F^-$ 和氟化氢根离子（$HF^{2-}$）形式存在，氟离子含量一般很低，如河流等地表水中氟的含量通常为 $10^{-2}~10^{-1}\,mg\cdot L^{-1}$ 数量级，而地下水中氟含量则可达到 $1\,mg\cdot L^{-1}$ 左右，某些矿泉水中可能含量更高。饮用水中氟含量的高低，对人体健康有一定影响。氟离子含量过低，易患齿龋病；氟离子含量过高（超过 $1\,mg\cdot L^{-1}$）时，长期饮用会患斑齿症。氟元素含量的测定主要有茜素酮比色法和氟离子选择电极法。茜素酮比色法结果准确，但使用试剂较多。氟离子选择电极法具有结构简单、使用方便、灵敏度高和响应速度快等优点，因此被推广。

## 一、目的及要求

（1）掌握氟离子选择性电极的测定原理和方法。
（2）了解离子选择性电极的结构，并掌握使用技术。
（3）掌握标准曲线法和标准加入法的适用条件。
（4）熟悉氟电极和饱和甘汞电极的结构和使用方法。

## 二、实验原理

离子选择性电极是将溶液中特定离子的活度转换为相应的电极电势的一种电化学传感器技术。氟离子选择电极对氟离子有良好的选择性响应，它是以氟化镧单晶片为指示电极的敏感膜、Ag-AgCl 为内参比电极及 NaF 内参比溶液组成，常通过加入少量 $EuF_2$ 增加其导电性。当电极插入含有 $F^-$ 的溶液时，$F^-$ 在敏感膜与溶液界面扩散及在晶格的空穴中移动产生膜电位，电极电位的能斯特方程为

$$E_{F^-} = k - 2.303\frac{RT}{F}\lg a_{F^-} = k - s\lg a_{F^-}$$

$$s = 2.303 \frac{RT}{F}$$

式中   $k$——常数；

　　　$s$——电极斜率。

氟离子选择电极（指示电极）与饱和甘汞电极 SCE（参比电极）同时插入待测溶液中组成电池，电池可表示为

$Hg \mid Hg_2Cl_2, KCl \parallel \mid F^-$ 试液 $\mid LaF_3 (10^{-3}\,mol \cdot L^{-1}), NaF (0.1\,moL \cdot L^{-1}),$
$NaCl (0.1\,mol \cdot L^{-1}), AgCl \mid Ag$

该电池的电势为

$$E = E_{SCE} - E_{F^-} = E_{SCE} - k + s\lg a_{F^-}$$

将 $E_{SCE}$ 和 $k$ 合并，用 $E_0$ 表示，即

$$E = E_0 + s\lg a_{F^-}$$

当加入惰性电解质的总离子强度调节缓冲溶液 TISAB（TISAB 可控制溶液 pH，掩蔽 $Al^{3+}$、$Fe^{2+}$ 等离子的干扰，防止氟离子与金属离子形成配合物而干扰氟离子测定，同时有助于维持离子强度的恒定）时，可近似将浓度看作活度，因此，上式可改写为

$$E = E_0' + s\lg c_{F^-}$$

25 ℃ 时，将各种常数代入上式，此时，电池电势 $E$ 为

$$E = E_0' + 0.0592\lg c_{F^-}$$

0.059 2 为 25 ℃ 时电极的理论响应斜率。由上式可知，在一定条件下，电池电势与试液中的氟离子浓度的对数成线性关系，可通过标准曲线法、标准加入法或其他方法求出待测溶液中氟离子的含量。

另外，如果根据标准加入法测定氟含量，则需要首先测定 $E_x$ 和 $E_s$，用下式计算试样中氟含量，即

$$c_x = \frac{c_s V_s}{V_x + V_s}\left(10^{\Delta E/s} - \frac{V_x}{V_x + V_s}\right)^{-1}$$

式中   $c_s$，$V_s$——加入的标准溶液的浓度和体积；

　　　$V_x$——待测溶液的体积；

$$\Delta E = E_s - E_x$$

　　　$\Delta E$——绝对值；

　　　$s$——电极响应斜率。

若加入的标准溶液体积 $V_s$ 相对于未知液体积 $V_x$ 很小，则上式可简化为

$$c_x = \frac{c_s V_s}{V_x}(10^{\Delta E/s}-1)^{-1}$$

## 三、实验器材与试剂

### 1. 实验器材

雷磁 pXSJ-226 离子计、氟离子选择电极、饱和甘汞电极、电磁搅拌器。

### 2. 试 剂

氟化钠、冰醋酸、氯化钠、柠檬酸钠、氢氧化钠等。

总离子强度调节缓冲溶液（TISAB）：在 25 mL 蒸馏水中加入 29 mL 冰醋酸、29 g NaCl 和 0.5 g 柠檬酸钠（$C_6H_5Na_3O_7$），溶解后用 NaOH 溶液调至 pH 5.0～5.5，冷却至室温，定容至 500 mL。

## 四、实验步骤

### 1. 氟离子选择电极的预处理

电极初次使用时，须用蒸馏水浸洗 1～2 d。氟离子选择电极在 $10^{-3}\,mol\cdot L^{-1}$ 的 NaF 溶液中活化 1～2 h，用去离子水清洗。氟离子选择电极接仪器负极，饱和甘汞电极接仪器正极，两个电极及溶液共同组成测量电池。在纯水中测量电池的空白电位值，此时，读数应在 +340 mV 以上，若小于此值，更换蒸馏水多次清洗，直至电动势在 +340 mV 以上（同一厂家、同一型号的电极空白电位值越大越好。空白电位值的要求因生产厂家的不同而不同，使用过程中按照厂家说明书的要求洗至某一电位值，如 340 mV 或 230 mV 以上）。经过上述各步骤的处理仍无法达到要求时，需要检查电极是否漏水或单晶片是否被玷污。

### 2. 待测试液电动势的测定

（1）氟离子标准溶液的配制及测定

准确移取 5.00 mL 0.1 mol·L$^{-1}$ 的 NaF 标准溶液，置于 50 mL 容量瓶中，加入 10 mL TISAB 溶液，用去离子水定容，并充分摇匀，即得 0.01 mol·L$^{-1}$ 的 F$^-$ 溶液。同法操作，配制 $10^{-3}$～$10^{-6}$ mol·L$^{-1}$ 的 NaF 标准溶液。

用滤纸吸干电极上的水滴，将上述配置的系列标准溶液由低浓度到高浓度依次加至 50 mL 烧杯中，加入搅拌棒，插入氟电极和饱和甘汞电极，搅拌 3 min，待读数稳定后，记录电动势数据。每隔 30 s 读数 1 次，直至 3 min 内不变为止。注意：每次更换溶液时，都要求用滤纸吸干电极上吸附的溶液，以防其对下一个溶液的测定造成干扰。

（2）待测试液的配制

准确移取 25.00 mL 湖水，置于 50 mL 容量瓶中，加入 10 mL TISAB 溶液，用去离子水定容，并充分混匀。氟电极用蒸馏水冲洗至与起始空白电位值相近，用滤纸吸干电极上的水珠，插入水样中，在与测定标准曲线相同条件下测定其电动势。

### 3. 仪器操作

测量前仪器要预热半小时。测量模式选择已知添加法。

（1）选择测量离子和手动输入温度值

选择测量离子：按"设置"→"离子模式"→"被测离子"→"确认"完成。

设置温度：按"设置"→"手动温度"→"所需温度"→"确认"完成。

（2）清洁电极

将两个电极的保护帽取下，并冲洗电极，用滤纸吸水后浸入待测试液中。

（3）标定电极斜率

按"测量"→"已知添加"→"标定"，则仪器提示将两个电极放入第 1 个标准溶液中。按"浓度"→"输入浓度"→"确认"，再按"单位"→"输入浓度单位（mmol·L$^{-1}$）"。待读数稳定后按"确认键"，记录电位值。点击"继续标定"，按"浓度"→"输入第 2 个标准溶液的浓度"。待读数稳定后按"确认键"。重复上述过程，完成所有标准溶液的测定。标准溶液测完后按"结束"键。

（4）试液测定

充分冲洗氟离子选择电极，擦干后浸入未知试液中，输入其体积（25.00 mL）、要添加的标准溶液体积（0.30 mL）和浓度（1.0 mmol·L$^{-1}$）以及浓度单位→按"确认"。待电位稳定后记录未知试液的电位值（$E_x$），按"确认"键。加入 0.30 mL  1.0 mmol·L$^{-1}$标准溶液，摇匀，记下电位值（$E_s$），按"确认"键，仪器自动显示试液的浓度。

### 4. 数据处理

（1）根据 $E$-$\lg c_F$ 标准曲线，测定试样电位值，并带入标准曲线，计算测定试样中氟的含量，再将其换算成水中的含氟量，以 mg·mL$^{-1}$ 表示。

（2）比较标准曲线法、标准加入法及仪器自动显示结果是否一致，并解释。

## 五、注意事项

（1）操作前务必清洗至电极电位稳定，一般在 340～400 mV。操作过程中也应使电位维持恒定。另外，溶液 pH 和温度也会影响测试结果。

（2）氟电极浸入待测溶液时，应确保单晶膜外不附着水泡，以免干扰读数。搅拌速率不能过快，防止形成涡旋和激流冲击电极。测定数据时搅拌速度应缓慢而稳定，以防造成实验结果不准。

（3）测定时保持从低浓度至高浓度顺序，以防止离子选择性电极的滞后响应。

（4）使用前应活化电极，使用过程中不得用手触摸电极的敏感膜。如果电极表面附有油脂等有机物，必须清洗干净后方可使用。切忌长时间在纯水中或高浓度氟溶液中浸泡。使用结束应及时清洗电极，擦干保存，以免损坏氟电极。

（5）如果试样中氟化物含量偏低，则可考虑其他含氟离子溶液进行标准加入法。

## 六、思考题

（1）简述氟电极使用前应如何处理？使用后应如何保存？

（2）加入的 TISAB 溶液有哪些组分？各组分有什么作用？测定 F⁻浓度时，为什么控制 pH 5～5.5？

（3）标准曲线法和标准加入法测定时，对溶液组成和电极响应有何要求？

（4）用氟离子选择电极能否测定其他离子，若能，请说明测试原理。

（5）标准加入法为什么要加入比待测组分浓度大很多的标准溶液？

# 实验 21　食品中有机磷农药残留量的测定
## （参考 GB/T 5009.20—2003）

食品安全关系到每个人的健康，近年来，我国食品安全事件层出不穷，其中农药残留是引发食品安全问题的一个重要原因。有机磷农药作为一种高效、广谱杀虫剂、除草剂，正被广泛用于农业生产，但其大量使用后对人、动物和环境的危害也日益严重。它可经皮肤、呼吸道及胃肠道等途径进入人体，与体内胆碱酯酶结合，导致后者丧失活性，使神经处于过度兴奋状态而出现中毒症状，严重时可威胁生命。世界各国投入大量资金，制定越来越严格的农药残留限量标准，以控制食品质量，保障食品安全。气相色谱法测定有机磷农药残留量作为一种高效、快捷、准确的检测方法而被广泛应用。

## 一、目的及要求

（1）了解食品中有机磷农药测定的意义。

（2）掌握气相色谱法测定食品中有机磷农药的原理和方法。

（3）掌握气相色谱仪的基本构造和化学工作站的一般操作方法。

## 二、实验原理

食品中残留的有机磷农药经有机溶剂提取并经净化、浓缩后，注入气相色谱仪，气化后在载气携带下于色谱柱中分离，由火焰光度检测器检测。当含有机磷的试样在富氢焰上燃烧，以 HPO 碎片的形式，放射出波长 526 nm 的特性光；这种光通过滤光片选择后，由光电倍增管接收，转换成电信号，经微电流放大器放大后被记录下来。试样的峰面积（或峰高）与标准品的峰面积（或峰高）进行比较定量。

# 三、实验器材与试剂

## 1. 实验器材

组织捣碎机、粉碎机、旋转蒸发仪、气相色谱仪[附火焰光度检测器（FPD）]、色谱柱[玻璃柱，2.6 mm × 3 mm（i.d），装填涂有 4.5% DC-200 + 2.5% OV-17 的 Chromosorb WAW DMCS（80~100 目）的担体]。

## 2. 试 剂

丙酮、二氯甲烷、无水硫酸钠、助滤剂 Celite 545、农药标准品（敌敌畏、速灭磷、久效磷、甲拌磷、巴胺磷、二嗪磷、乙嘧硫磷、甲基嘧啶磷、甲基对硫磷、稻瘟净、水胺硫磷、氧化喹硫磷、稻丰散、甲喹硫磷、克线磷、乙硫磷、乐果、喹硫磷、对硫磷、杀螟硫磷，纯度均≥99%），水果、蔬菜、谷物。

农药标准溶液的配制：分别准确称取上述标准品，用二氯甲烷为溶剂，分别配制成 1.0 mg·mL$^{-1}$ 的标准储备液，储于冰箱（4 ℃）中。使用时根据各农药品种的仪器响应情况，吸取不同量的标准储备液，用二氯甲烷稀释成混合标准使用液。

# 四、实验步骤

## 1. 试样的预处理

取粮食试样经粉碎机粉碎，过 20 目筛制成待分析试样；水果、蔬菜试样去掉非可食部分后匀浆，制成待分析试样。

## 2. 提 取

（1）水果、蔬菜

称取 50.00 g 均匀试样，置于 300 mL 烧杯中，加入 50 mL 水、100 mL 丙酮（提取液总体积为 150 mL），用组织捣碎机提取 1~2 min。匀浆液经装有两层滤纸和约 10 g Celite545 的布氏漏斗减压抽滤。取滤液 100 mL 移至 500 mL 分液漏斗中。

（2）谷物

称取 25.00 g 均匀试样，置于 300 mL 烧杯中，加入 50 mL 水和 100 mL 丙酮，同上述步骤（1）操作。

## 3. 净 化

向上述两种提取方法中制备的滤液中加入 10~15 g 氯化钠，使溶液处于饱和状态。猛烈振摇 2~3 min，静置 10 min，使丙酮与水相分层；分离出丙酮后，水相中加入 50 mL 二氯甲烷，振摇 2 min，再静置分层。将丙酮与二氯甲烷提取液合并，经装有 20~30 g 无水硫酸钠的玻璃漏斗，脱水后放入 250 mL 圆底烧瓶中，再以约 40 mL 二氯甲烷分数次洗涤容器和无水硫酸钠。洗涤液也并入烧瓶中，用旋转蒸发器浓缩至约 2 mL，浓缩液定量转移至 5~25 mL

容量瓶中，加二氯甲烷定容至刻度。

### 4．气相色谱测定

（1）色谱条件

氮气流速：50 mL·min⁻¹；氢气流速：100 mL·min⁻¹；空气流速：50 mL·min⁻¹；柱温：240 ℃；气化室温度：260 ℃；检测器温度：270 ℃。

（2）测定

吸取 2～5 μL 混合标准溶液及试样净化液，注入色谱仪中，以保留时间定性，以试样的峰高或峰面积与标准比较定量。

### 5．结果计算

样品中有机磷农药的含量按下式进行计算。

$$X_i = \frac{A_i \times V_1 \times V_3 \times m_{si} \times 1\,000}{A_{si} \times V_2 \times V_4 \times m \times 1\,000}$$

式中　$X_i$——$i$ 组分有机磷农药的含量，mg·kg⁻¹；

$A_i$——试样中 $i$ 组分的峰面积，积分单位；

$A_{si}$——混合标准液中 $i$ 组分的峰面积，积分单位；

$V_1$——试样提取液的总体积，mL；

$V_2$——净化用提取液的总体积，mL；

$V_3$——浓缩后的定容体积，mL；

$V_4$——进样体积，μL；

$m_{si}$——注入色谱仪中的 $i$ 标准组分的质量，ng；

$m$——试样的质量，ng。

# 五、注意事项

（1）为防止有些稳定性差的有机磷农药被色谱柱的担体吸附，采用降低柱温、缩短色谱柱或减小固定液涂渍厚度等措施克服。

（2）离子室温度应大于 100 ℃，待层析室温度稳定后，再点火，否则离子室易积水，影响电极绝缘而使基线不稳。

（3）通氢气后，及时点火并检测火焰，保证火焰是点着的。

# 六、思考题

（1）火焰光度检测器的原理及适用范围是什么？

（2）你对本实验的意见和建议是什么？

# 实验 22　气相色谱-质谱联用法测定维生素 E 胶囊中维生素 E 的含量

气相色谱-质谱联用技术（GC-MS）被广泛用于复杂组分的分离和鉴定，特别适合于沸点较低化合物的定性、定量分析。它是利用气相色谱将复杂成分分离，利用质谱仪作为检测器进行定性、定量分析。

## 一、目的及要求

（1）理解维生素 E 在食品分析中的测定意义。
（2）了解 GC-MS 的仪器构成、基本原理及基本操作。
（3）掌握内标法测定组分含量的方法与计算。
（4）掌握 GC-MS 分析样品的操作方法。

## 二、实验原理

维生素 E 是一种脂溶性维生素，它是生育酚和生育三烯酚的统称，溶于脂肪和乙醇等有机溶剂中，不溶于水，对热、酸稳定，对碱不稳定，对氧敏感。它广泛存在于果蔬、谷物、种子和瘦肉等食品中，在大多动物性食品中存在的主要形式为 $\alpha$-生育酚而在植物性食品中存在形式多样，随植物品种不同差异较大。维生素 E 具有较强的抗氧化作用，能有效清除机体产生的自由基，延缓衰老，对于习惯性流产和不孕症有疗效。维生素 E 分子量小、沸点低，可利用 GC-MS 定性、定量分析。

## 三、实验器材与试剂

### 1. 实验器材

Agilent 7890 A/ 5975C 气相色谱-质谱联用仪、色谱柱（DB-5MS, 30 m × 0.25 mm × 0.25 μm）、载气、氦气、微量进样器、电子天平等。

### 2. 试　剂

正三十二烷、环己烷、维生素 E 标准品，维生素 E 胶囊。

## 四、实验步骤

### 1. 溶液制备

（1）内标溶液：精确称取内标物正三十二烷 50 mg，置 50 mL 容量瓶中，加环己烷溶解，并稀释至刻度，得 1 mg·mL⁻¹ 的内标溶液。

（2）对照溶液：准确称取维生素 E 标准品 250 mg，用环己烷溶解，稀释至 50 mL，得浓度为 5 mg·mL⁻¹ 的维生素 E 对照溶液。

（3）标准溶液：准确吸取维生素 E 对照溶液 0，1，2，4，8 于 10 mL 容量瓶中，加入 2 mL 内标物，用环己烷定容，配成系列标准溶液。

（4）待测样品溶液：取一粒维生素 E 胶囊，剪开，挤入 10 mL 容量瓶中，加入 2 mL 内标物，用环己烷稀释至刻度，充分振摇至维生素 E 完全溶解，静置，取上清液作为供试溶液。

### 2. 测 定

（1）测定条件

气相色谱条件，进样口温度：300 ℃；分流比：50∶1；载气：氮气；程序性升温：初始温度 250 ℃，保持 2 min，以 10 ℃·min⁻¹ 速率升温至 300 ℃，保持 10 min；检测器：火焰离子检测器；检测器温度：280 ℃；进样量：1 μL。

质谱条件，EI 源温度：200 ℃；电子轰击能量：70 eV；扫描方式：全扫描；扫描宽度：$m/z = 45 \sim 480$；溶剂延迟：3 min。

（2）测定方法

取上述制备好的系列标准溶液、供试溶液测定峰面积，制作标准曲线，利用质谱图判断维生素 E 的结构，内标法计算供试样品中维生素 E 的含量。

## 五、注意事项

取维生素 E 胶囊，剪开后，尽量将样品全部转入容量瓶，以保证取样量的准确性。

## 六、思考题

（1）维生素 E 的测定除用气相色谱外，还有什么其他方法？比较其优缺点。
（2）与外标法、归一化法相比，试列举内标法的特点和适用范围。

# 实验 23　气相色谱-质谱联用法测定苹果的香气成分

香气成分是果品的一个重要质量指标，主要来源于各种微量的挥发性物质，它们虽然只占果实鲜重的 0.001% ~ 0.01%，但对果品的风味却起着很重要的作用。果品香气成分的形成受多种因素的影响，同一品种在不同的气候和地形条件下会产生不同的风味。目前，香气成分常采用固相微萃取技术结合气相色谱-质谱（GC-MS）联用法测定。固相微萃取技术制备样品，具有不需要有机溶剂、携带方便、操作简便、省时省力等优点，可同时完成取样、萃取和富集过程，是目前果蔬香气成分测定较为先进的技术。采用 GC-MS 联用技术，气相色谱实现各种化合物分离，各组分质谱经计算机质谱库检索及资料分析，确认香气成分，运用面积归一化法求得香气化合物的含量。

## 一、目的及要求

（1）了解 GC-MS 的基本构造和工作原理。
（2）熟悉 GC-MS 工作站的一般使用方法。
（3）了解固相微萃取技术的应用范围。
（4）掌握质谱库检索及资料分析方法。

## 二、实验原理

样品前处理采用固相微萃取技术，取样后注入气相色谱进行分离，对每一种分离的组分利用质谱进行检测，再经计算机质谱库检索及资料分析，确认香气成分，运用面积归一化法计算各组分的含量。

## 三、实验器材与试剂

### 1. 实验器材

TRACE1 300 ISQ-LT 气相色谱-质谱联用仪、手动固相微萃取进样器、PDMS/DVB 萃取头、超声波清洗器。

### 2. 实验材料

苹果。

## 四、实验步骤

### 1. 样品处理

取待测苹果，去皮去核后，迅速打成匀浆。称量 10 g 匀浆，置于 20 mL 顶空样品瓶中，密封。将固相微萃取头在气相色谱进样口 250 °C 老化 2 h，然后将萃取头插入样品瓶顶空部分，推出纤维头，室温条件下超声波萃取 20 min，去除纤维头，待分析。

### 2. GC-MS 分析

采用 TRACE1300 ISQ-LT 气相色谱-质谱联用仪进行分析，色谱柱采用 HP-5（30 m × 25 μm × 0.25 μm），载气为氦气，载气流量 0.8 mL · min$^{-1}$，不分流，程序升温 40 °C，保持

3 min，后以 5 ℃·min⁻¹升到 150 ℃；再以 10 ℃·min⁻¹升温至 240 ℃，保持。进样口温度 270 ℃。质谱接口温度 280 ℃，EI 电离源，电离电压 70 eV，离子源温度 270 ℃，全离子扫描，扫描范围为 40～400 u。

### 3. 结果分析

苹果样品经 GC-MS 分析后得总离子流图。对从样品中分离出的各种组分，经计算机质谱库检索及与标准谱图对照分析，在经资料分析，确认香气成分，运用面积归一化法进行定量。

# 五、注意事项

（1）在仪器开启和使用过程中，不能通过质谱电源开关重启质谱仪，特殊情况下可通过质谱仪后重启按钮来实现质谱仪的重启。

（2）仪器参数设置不要超过仪器最大允许值。

（3）测定完毕，要确保柱内无残留样品（一般采用高温清烧）。

# 六、思考题

（1）气-质联用相对于气相色谱有什么优势？

（2）试列举归一化法定量的应用范围和优缺点。

（3）你认为本实验还有无可改进之处？

# 实验 24　高效液相色谱法测定畜、禽肉中的土霉素、四环素和金霉素含量
## （参考 GB/T 5009.116—2003）

抗生素作为动物促生长剂和治疗用药，已被广泛应用于动物饲养业，我国允许使用的抗生素有 17 种，其中以四环素类最为普遍。四环素类主要包括土霉素、四环素、金霉素等，它们的使用不可避免地造成动物组织中含有四环素族抗生素残留，从而导致耐药性致病菌的产生和扩散，危害公共健康。世界食品法典委员会和世界各国对禽肉中四环素族抗生素残留均有严格的限量要求，国际贸易中也对其限量有严格规定。高效液相色谱法（HPLC）具有较高的灵敏度和选择性，是一种快速测定禽肉中四环素族抗生素的有效方法。

# 一、目的及要求

（1）了解测定畜、禽肉中土霉素、四环素和金霉素的意义。

（2）掌握 HPLC 测定食品中土霉素、四环素和金霉素的原理和方法。

（3）熟悉 HPLC 仪的构造、工作原理及一般操作技术。

## 二、实验原理

试样经提取，微孔滤膜过滤后直接进样，用反相色谱分离，紫外检测器检测，与标准比较定量，出峰顺序为土霉素、四环素、金霉素，利用标准加样法进行定量分析。

## 三、实验器材与试剂

### 1. 实验器材

戴安 U-3000 型液相色谱仪、色谱工作站、紫外检测器、色谱柱（ODS-$C_{18}$, 6.2 mm × 15 cm）、微量进样器、超声波清洗器、溶剂抽滤装置一套。

### 2. 试　剂

乙腈（色谱纯）、磷酸二氢钠、土霉素标准品、四环素标准品、金霉素标准品、高氯酸等。

（1）土霉素标准溶液：称取土霉素 0.010 0 g，用 0.1 mol·$L^{-1}$ 盐酸溶解并定容至 10.00 mL，此溶液每毫升含土霉素 1 mg。

（2）四环素标准溶液：称取四环素 0.010 0 g，用 0.1 mol·$L^{-1}$ 盐酸溶解并定容至 10.00 mL，此溶液每毫升含四环素 1 mg。

（3）金霉素标准溶液：称取金霉素 0.010 0 g，溶于蒸馏水并定容至 10.00 mL，此溶液每毫升含金霉素 1 mg。

（4）混合标准溶液：取土霉素、四环素标准溶液各 1.00 mL，金霉素标准溶液 2.00 mL，置于 10 mL 容量瓶中，加蒸馏水稀释至刻度。此溶液每毫升含土霉素、四环素各 0.1 mg，金霉素 0.2 mg。临用时现配。

## 四、实验步骤

### 1. 样品处理

精确称取 5.00 g 切碎的肉样（平均粒度<5 mm），置于 50 mL 锥形瓶中，加入 25.0 mL 5% 高氯酸，于振荡器上振荡提取 10 min，移入离心管中，以 2 000 r/min 离心 3 min，取上清液，经 0.45 μm 滤膜过滤，备用。

### 2. HPLC 测定

取上述制备的溶液 10 μL 进样，HPLC 检测。检测条件如下，检测波长：335 nm；灵敏度：0.002 AUFS；柱温：室温；流速：1.0 mL·$min^{-1}$；进样量：10 μL；流动相：乙腈与 0.01 mol·$L^{-1}$ 磷酸二氢钠混合液（35∶65），使用前用超声波脱气 10 min。记录峰面积，利用与标准曲线之差计算含量。

### 3. 标准曲线绘制

（1）工作曲线：分别精确称取 7 份切碎的肉样，每份 5.00 g，分别加入混合标准液 0，25，50，100，150，200，250 μL（含土霉素、四环素各为 0，2.5，5.0，10.0，15.0，20.0，25.0 μg；含金霉素 0，5.0，10.0，20.0，30.0，40.0，50.0 μg），按上述 2 的方法操作。以峰面积为纵坐标、抗生素含量为横坐标，绘制工作曲线。

### 4. 结果计算

各抗生素含量按下式计算：

$$X_i = \frac{m_i \times 1\,000}{m \times 1\,000}$$

式中　　$X$——试样中抗生素 $i$ 的含量，mg·kg$^{-1}$；

　　　　$m_i$——试样溶液测得的抗生素 $i$ 的质量，μg；

　　　　$m$——试样质量，g；

## 五、注意事项

（1）流动相必须进行超声脱气处理，脱气后冷却至室温方可使用。

（2）流动相必须用色谱纯级的试剂，使用前过滤除去其中的颗粒性杂质和其他物质。

（3）每次做完样品后应该用溶解样品的溶剂清洗进样器。

（4）堵塞导致色谱仪压力太大，按照：预柱→混合器中的过滤器→管路过滤器→单向阀检查并清洗。清洗方法：①以异丙醇做溶剂冲洗；②放在异丙醇中，用超声波清洗；③用 10% 稀硝酸清洗。

## 六、思考题

（1）试阐述反相色谱分离的原理。

（2）本实验中样品前处理的方法还有那些？

# 实验 25　高效液相色谱法测定山黧豆毒素 $\beta$-N-草酰-L-$\alpha$, $\beta$-二氨基丙酸

山黧豆是一种栽培历史悠久的豆类饲料作物，由于耐旱，抗虫害，产量高，营养丰富，澳大利亚、埃塞俄比亚以及印度等干旱地区广泛种植。但其种子含有一种有毒的氨基酸 $\beta$-N-草酰-L-$\alpha$, $\beta$-二氨基丙酸（$\beta$-N-oxalyl-$\alpha$, $\beta$-diaminopropionic acid, $\beta$-ODAP），过量食用会使人

畜中毒，导致下肢麻木甚至瘫痪，称山黧豆神经中毒。由于山黧豆种植成本低，人们常常将其混入其他豆类或作物制作的食物中，一般情况下很难发现这种掺假行为，但借助仪器分析容易检测出。目前，用高效液相色谱检测灵敏度最高。

# 一、目的及要求

（1）了解山黧豆毒素 $\beta$-ODAP 在食品分析中的测定意义。
（2）学习衍生化样品处理的方法。
（3）学习高效液相色谱仪的基本操作。

# 二、实验原理

山黧豆毒素 $\beta$-ODAP（结构如下）本身无强的紫外吸收（但有学者利用其在 210 nm 处的弱吸收，通过用高效液相色谱法来检测其含量），所以一般用分子中具有苯环的试剂与其反应后检测，把这种试剂称为衍生化试剂，如 2,4-二硝基氟苯（FDNB）。$\beta$-ODAP 与 FDNB 反应后在 360 nm 处有强吸收，从而可用紫外检测器来检测。

$$
\begin{array}{c}
\quad\quad\ \ O \\
\quad\quad\ \ \| \\
HN\!-\!C\!-\!COOH \\
\quad\ | \\
\quad\ CH_2 \\
\quad\ | \\
HC\!-\!NH_2 \\
\quad\ | \\
\quad\ COOH
\end{array}
$$

# 三、实验器材与试剂

## 1. 实验器材

安捷伦 1100 型高效液相色谱仪、水浴锅、小型高速离心机、电子分析天平、干浴器等。

## 2. 试 剂

碳酸氢钠、2,4-二硝基氟苯、$\beta$-ODAP 标样、磷酸氢二钠、磷酸二氢钠、乙酸钠、乙酸、山黧豆粉或混有山黧豆的其他作物面粉。

# 四、实验步骤

## 1. 样品处理

取 0.5 g 样品，加入 3.5 mL NaHCO$_3$（0.5 mol·L$^{-1}$，pH = 9.0），再加少许石英砂充分研磨后，静置 5 min。小心吸取上清液 1.5 mL，置于 2 mL 的 Eppendorf 离心管中，常温下 12 000 r/min 离心 10 min。取上清液 0.1 mL，置于 1.5 mL 的离心管中，准备衍生化反应。

### 2. 样品衍生化

向上述离心管中加入 100 μL FDNB（2 mg·mL$^{-1}$，用乙腈配制），盖紧离心管后充分振荡，60 ℃ 水浴 30 min。然后加入 800 μL 磷酸缓冲液（1/15 mol·L$^{-1}$，pH = 6.89）稀释到 1 mL，待用。同时做 ODAP 标准品的衍生化，以便做标准曲线。

### 3. 高效液相色谱检测

（1）色谱柱的平衡：在色谱仪的三个储液瓶（A、B、C）中分别加入乙腈、过滤的去离子水和 17%乙腈（用 0.1 mol·L$^{-1}$，pH = 4.4 的 NaAc-HAc 配制）。色谱柱先用 90%乙腈冲洗 10 min，然后逐渐调整乙腈和水的比例（仪器在线混合），使乙腈的比例达到 20%（至少需 20 min 完成），最后用 17%乙腈平衡 30 min，直到检测信号基线平直，柱压恒定。

（2）样品检测：将上述衍生好的样品用 0.45 μm 膜过滤后吸 20 μL 进行液相检测。色谱检测条件：C$_{18}$ 反向柱，柱温 40 ℃，流速 1 mL·min$^{-1}$，检测波长 360 nm，流动相 17%乙腈。

（3）标准曲线：用同样的方法做 ODAP 标准品的衍生化，并绘制标准曲线，ODAP 的原浓度一般约为 1 mg·mL$^{-1}$。

（4）柱子冲洗：按平衡色谱柱相反的方法，即纯水→20%乙腈→90%乙腈冲洗，最后一个浓度冲洗至少 30 min 后才能按顺序关机。

（5）利用山黧豆毒素衍生物的标准曲线，计算山黧豆种子粉中毒素的含量。

## 五、注意事项

（1）用注射器进样时，注意不要注入气泡。
（2）所用流动相须用 0.45 μm 的膜抽滤后方可使用。
（3）实验完毕，必须冲洗柱子。
（4）液相色谱仪的操作必须按实验步骤及仪器操作说明进行。

## 六、思考题

（1）什么是反相色谱柱？用此类柱分析时，不同极性物质被洗脱出来的顺序如何？
（2）除了本实验中的方法，氨基酸的微量分析还有哪些方法，其原理是什么？

# 实验 26  氨基酸自动分析仪法测定食品中氨基酸的含量
## （参考 GB/T 5009.124—2003）

食品中胱氨酸的测定采用过甲酸氧化-氨基酸自动分析仪法，色氨酸测定采用荧光分光光度法，其他氨基酸测定采用氨基酸自动分析仪法。食品蛋白质首先经盐酸水解成为游离氨基酸，然后经氨基酸自动分析仪的离子交换作用后，与茚三酮溶液产生颜色反应，再通过分光光度计比色测定氨基酸含量。氨基酸自动分析仪可同时测定天冬氨酸、苏氨酸、丝氨酸、谷氨酸、脯氨酸、甘氨酸、丙氨酸、缬氨酸、蛋氨酸、异亮氨酸、亮氨酸、酪氨酸、苯丙氨酸、组氨酸、赖氨酸和精氨酸 16 种氨基酸，最低检出限可达 10 pmol。该法不适用于蛋白质含量低的水果、蔬菜、饮料和淀粉类食品中氨基酸含量的测定。

## 一、目的及要求

（1）掌握氨基酸自动分析仪的分析原理。
（2）初步熟悉氨基酸自动分析仪的基本构造和一般操作方法。

## 二、实验原理

食品中的蛋白质首先进行酸水解或碱水解，得到游离氨基酸，再选用合适的衍生剂进行柱前或柱后衍生，然后进行测定。柱前衍生法是将氨基酸混合物先衍生，再用反向色谱法进行分离，测定紫外吸收或荧光强度；柱后衍生法是将氨基酸混合物用阳离子交换色谱柱分离，然后将分离的氨基酸衍生为具有可见吸收或能产生荧光的物质，再进行测定。柱前衍生技术包括 6-氨基喹啉基-$N$-羟基-琥珀酰亚氨基甲酸酯法、异硫氰酸酯法、邻苯二甲醛-巯基乙醇法、丹磺酰氯法、芴甲氧羟基氯法、二甲胺偶氮苯磺酰氯法及 2,4-二硝基氟苯法。柱后衍生方法有茚三酮法和邻苯二甲醛法。

茚三酮法的原理是氨基酸与水合茚三酮在弱酸性条件下共热，氨基酸发生氧化脱氨、脱羧反应，生成氨和还原茚三酮等，氨、还原茚三酮及水合茚三酮反应生成紫色化合物茚二酮胺，其最大光吸收在 570 nm 处（脯氨酸和羟脯氨酸则生成黄色化合物，最大光吸收在 440 nm），根据吸光度与峰面积的关系进行定性、定量分析。茚三酮柱后衍生法的优点是：程序化衍生，衍生速度快（60 s）且衍生产物稳定性好；缺点是分析柱易被试样各组分污染，衍生条件有限制，色谱峰变宽，从而分离度下降。

邻苯二甲醛法的原理是分离后的氨基酸与邻苯二甲醛混合，当存在乙硫醇或 $\beta$-巯基乙醇时生成一种强荧光物质。该荧光物质激发波长为 340 nm，发射波长为 455 nm，因此，可用荧光分光光谱法进行测定（脯氨酸和羟脯氨酸需在氧化剂 NaClO 作用下，开环生成一级胺，然后再与邻苯二甲醛反应）。

## 三、实验器材与试剂

### 1. 实验器材

真空泵、恒温干燥箱、水解管（耐压螺盖玻璃管或硬质玻璃管，体积 20～30 mL，去离子水洗净并烘干）、真空干燥箱及氨基酸自动分析仪（图 9.1）。

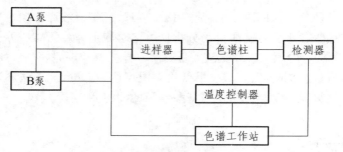

图 9.1 氨基酸分析仪结构

## 2. 试 剂

浓盐酸、重蒸苯酚、高纯氮气、冷冻剂（食盐与冰按 1 : 3 混合）。

（1）0.002 5 mol·L⁻¹混合氨基酸标准液（仪器制造公司出售）。

（2）pH 2.2 柠檬酸钠缓冲液：称取 19.6 g 二水柠檬酸钠，加入 16.5 mL 浓盐酸，加水稀释到 1 000 mL，调节 pH 至 2.2。

（3）pH 3.3 柠檬酸钠缓冲液：称取 19.6 g 二水柠檬酸钠，加入 12 mL 浓盐酸，加水稀释到 1 000 mL，调节至 pH 至 3.3。

（4）pH 4.0 柠檬酸钠缓冲液：称取 19.6 g 二水柠檬酸钠，加入 9 mL 浓盐酸，加水稀释到 1 000 mL，调节 pH 至 4.0。

（5）pH 6.4 柠檬酸钠缓冲液：称取 19.6 g 二水柠檬酸钠，加入 46.8 g 氯化钠，加水稀释到 1 000 mL，调节 pH 至 6.4。

（6）pH 5.2 乙酸锂溶液：称取一水氢氧化锂 168 g，加入 279 mL 冰乙酸，加水稀释到 1 000 mL，调 pH 至 5.2。

（7）茚三酮溶液：取 150 mL 二甲基亚砜和乙酸锂溶液 50 mL，加入 4 g 水合茚三酮、0.12 g 还原茚三酮，搅拌至完全溶解。

# 四、实验步骤

## 1. 样品处理

样品采集后用匀浆机打成匀浆或将样品尽量粉碎，于低温冰箱中冷冻保存。

## 2. 称 样

称取一定量粉末样品，如奶粉等，使蛋白质含量保持在 10～20 mg，置于水解管中。鲜肉等均匀性差的样品，可适当增大称样量，测定前再进行稀释。

## 3. 水 解

水解管内加 10～15 mL 6 mol·L⁻¹盐酸（含水量高的试样，如牛奶等可加入等体积浓盐酸），加入 3～4 滴重蒸苯酚，再将水解管放入冷冻剂中，冷冻 3～5 min，抽真空，然后充入高纯氮气；再抽真空，充氮气，重复 3 次。在氮气保护下封口或拧紧螺丝盖，将已封口的水解管置于(110±1)℃的恒温干燥箱内，水解22 h后，取出冷却。

将水解液过滤后，用去离子水多次冲洗水解管，将水解液全部转移到50 mL容量瓶内，用去离子水定容。吸取滤液1 mL，置于5 mL容量瓶内，40~50℃真空干燥，用少量水溶解，再干燥，反复进行2次。最后蒸干，并用1 mL pH 2.2的柠檬酸酸钠缓冲液溶解，备用。

### 4. 测 定

用移液枪准确吸取0.200 mL混合氨基酸标准液，用pH 2.2的柠檬酸钠缓冲液稀释到5 mL，即为0.100 nmol·μL$^{-1}$，利用氨基酸自动分析仪以外标法测定试液中氨基酸含量。

### 5. 计 算

按下式计算试样中各氨基酸含量：

$$X = \frac{c \times \frac{1}{50} \times N \times V \times M}{m \times 10^9} \times 100$$

式中 $X$——试样中氨基酸含量，g·100g$^{-1}$；

$c$——试液中氨基酸含量，nmol·50 μL$^{-1}$；

$N$——稀释倍数；

$V$——水解后试样定容体积，mL；

$M$——氨基酸分子量；

$m$——试样质量，g；

1/50——折算成每毫升试样测定的氨基酸含量，μmol·L$^{-1}$；

10$^9$——试样由纳克（ng）折算成克（g）的系数。

### 6. 氨基酸出峰顺序和保留时间（表9.2）

表9.2 各氨基酸的出峰顺序和保留时间

| 出峰顺序 | | 保留时间/min | 出峰顺序 | | 保留时间/min |
|---|---|---|---|---|---|
| 1 | 天冬氨酸 | 5.55 | 9 | 蛋氨酸 | 19.63 |
| 2 | 苏氨酸 | 6.60 | 10 | 异亮氨酸 | 21.24 |
| 3 | 丝氨酸 | 7.09 | 11 | 亮氨酸 | 22.06 |
| 4 | 谷氨酸 | 8.72 | 12 | 酪氨酸 | 24.52 |
| 5 | 脯氨酸 | 9.63 | 13 | 苯丙氨酸 | 25.76 |
| 6 | 甘氨酸 | 12.24 | 14 | 组氨酸 | 30.41 |
| 7 | 丙氨酸 | 13.10 | 15 | 赖氨酸 | 32.57 |
| 8 | 缬氨酸 | 16.65 | 16 | 精氨酸 | 40.75 |

## 五、注意事项

（1）全自动氨基酸分析仪需要的压力为 0.05～0.1 MPa，压力过高会损坏仪器。

（2）为避免堵塞，注意泵的打开顺序。

（3）进样浓度保持在 0.4～10 nmol·$L^{-1}$，浓度过高不仅影响分析结果，且易堵塞反应柱。

（4）每批试样分析完毕后，进行一次或两次清洗程序。

## 六、思考题

（1）简述氨基酸自动分析仪测定氨基酸的原理。

（2）还有哪些氨基酸分离分析方法？与氨基酸自动分析仪法相比，其各有什么优缺点？

# 实验 27　基于羰基价的检测鉴别地沟油
## （参考 GB/T 5009.37—2003）

地沟油是生活中各类劣质油的统称，主要包括餐厨废油及废弃食品或残渣中提炼出的油。地沟油的最大来源为城市下水道流淌的餐厨废油，不法者对其进行加工提炼，摇身变为消费者餐桌上的"食用油"。专家指出，地沟油对人体健康尤其是肠胃健康，有着不可估量的破坏力。因为炼制地沟油的过程中，植物油经污染后发生酸败、氧化和分解等一系列变化，产生多种对人体有毒害的物质，如砷、汞、细菌、真菌、黄曲霉等。其中重金属超标会引起头痛、头晕、失眠、乏力等症状；细菌、真菌、黄曲霉等有害微生物还会破坏白细胞和消化道黏膜，引起食物中毒，甚至致癌。化学分析表明，羰基价可作为检测地沟油的一个重要指标。它是油脂酸败时产生的含有醛基和酮基的脂肪酸或甘油酯及其聚合物的总量。在食品分析中，羰基价的测定方法主要为 2,4-二硝基苯肼比色法。

## 一、目的及要求

（1）了解羰基价在植物油品质检测中的意义。

（2）掌握 2,4-二硝基苯肼比色法测定植物油中羰基价的原理和操作方法。

（3）掌握紫外分光光度计的构造、工作原理和操作规程。

## 二、实验原理

羰基化合物和 2,4-二硝基苯肼作用生成苯腙，在碱性条件下形成醌离子，呈褐红色或葡萄酒红色，在 440 nm 处有最大吸收，测定吸光度，与标准比较定量，即可计算羰基价。

## 三、实验器材与试剂

### 1. 实验器材

紫外-可见分光光度计、10 mL 具塞玻璃比色管、容量瓶、25 mL 具塞试管、分液漏斗。

### 2. 试　剂

2,4-二硝基苯肼、氢氧化钾、乙醇、三氯乙酸、苯等。

（1）精制乙醇：取 1 000 mL 无水乙醇，置于 2 000 mL 圆底烧瓶中，加入 5 g 铝粉、10 g 氢氧化钠，接到标准磨口的回流冷凝管，水浴加热回流 1 h，用全玻璃蒸馏装置，蒸馏并收集馏液。

（2）精制苯：取 500 mL 苯，置于 1 000 mL 分液漏斗中，加入 50 mL 硫酸，小心振摇 5 min，振摇时注意放气。静置分层后，弃除硫酸层，再加入 50 mL 硫酸重复一次，将苯层移入另一分液漏斗中，用水冲洗三次，后经无水硫酸钠脱水，用全玻璃蒸馏装置，蒸馏并收集馏液。

## 四、实验步骤

### 1. 样品吸光度的测定

精密称取 0.025 ~ 0.5 g 样品，置于 25 mL 容量瓶中，加精制苯溶解样品并稀释至刻度。取 5.0 mL 上述溶液于 25 mL 具塞试管中，加 3 mL 三氯乙酸溶液和 5 mL 2,4-二硝基苯肼溶液，振摇均匀。60 ℃ 水浴加热 30 min，冷却后，沿试管壁缓慢加入 10 mL 氢氧化钠-乙醇溶液，使之成为两层液，盖上帽塞，剧烈振摇混匀，静置 10 min。用试剂空白做参比溶液，于 440 nm 处测定吸光度。

### 2. 结果计算

样品的羰基价按下式进行计算：

$$X = \frac{A}{854 \times m \times V_2 / V_1} \times 1\,000$$

式中　$X$——样品的羰基价，$meq \cdot kg^{-1}$（毫克当量每千克）；

　　　$A$——测定时样液吸光度；

　　　$m$——样品质量，g；

　　　$V_1$——样品稀释后的总体，mL；

　　　$V_2$——测定用样品稀释液的体积，mL；

　　　854——各种醛的毫克当量吸光系数的平均值。

## 五、注意事项

（1）苯可燃，且毒性较大，实验中注意通风，防护自己。

（2）注意把握水浴温度和时间，否则影响测定。

## 六、思考题

（1）实验中为什么要对乙醇和苯进行精制处理？
（2）试说明实验中加入三氯乙酸溶液的作用。
（3）实验中水浴温度和时间可否更改？为什么？

# 实验 28　植物油中苯并芘的检测
## （参考 GB/T 5009.27—2003）

苯并（a）芘是苯与芘稠合而成的一类多环芳烃（结构如下），具有强致癌作用的物质。

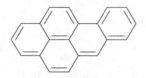

植物油中的苯并（a）芘来源主要包括以下几个方面：① 原料植物在种植过程中的空气污染；② 原料翻晒在沥青路面、有关化工容器装载的污染；③ 原料在压榨预处理时采用高温烘干翻炒；④ 毛油无真空保护下的高温加热；⑤ 餐饮上高温油炸处理。其中通过饮食摄入的苯并（a）芘主要来源于多次使用高温油炸的食品。当油温达到 270 ℃ 时，产生的油烟中含有苯并（a）芘化合物，吸入人体可损伤细胞染色体，诱发肿瘤，且煎炸时油温越高，产生的苯并（a）芘越多。食品检测工作中，针对苯并（a）芘常用的检测方法有薄层层析法、荧光分光光度法、气相色谱法和液相色谱法。其中荧光分光光度法因操作简单、结果精确，被广泛应用于苯并（a）芘的检测。

## 一、目的及要求

（1）了解苯并（a）芘检测在植物油品质检测中的意义。
（2）掌握荧光分光光度法检测苯并（a）芘的原理和操作方法。
（3）了解荧光分光光度计的构造、工作原理和操作规程。

## 二、实验原理

利用适当的有机溶剂将苯并（a）芘从植物油脂中提取出来，并用碱将提取液中的脂肪类物质皂化，然后提取液经液-液分配、柱层析、纸层析等分离纯化。利用苯并（a）芘在紫外光下产生蓝色荧光，剪下荧光斑点，用丙酮洗下待测物，利用基线法进行定量。

## 三、实验器材与试剂

### 1. 实验器材

层析柱（内径 10～15 mm，长 350 mm）、层析缸、K-D 全玻璃浓缩器、紫外光灯（带有波长为 365 nm 或 254 nm 的滤光片）、回流皂化装置（锥形瓶磨口处连接冷凝管）、振荡器、微量注射器、荧光分光光度计。

### 2. 试　剂

重蒸苯、环己烷（或石油醚，沸程 30～60 ℃）、二甲基甲酰胺或二甲基亚砜、重蒸无水乙醇、乙醇（95%）、氢氧化钾、重蒸丙酮、无水硫酸钠、硅镁型吸附剂、层析用氧化铝（中性）、苯并（a）芘标准品，植物油等。

（1）展开剂：乙醇（95%）-二氯甲烷（2∶1）。

（2）苯并（a）芘标准溶液：精密称取 10.0 mg 苯并（a）芘，用苯溶解后移入 100 mL 棕色容量瓶中，用苯稀释至刻度，备用，此苯并（a）芘溶液浓度为 100 μg·mL$^{-1}$，放置冰箱中备用。

（3）苯并（a）芘标准使用液：吸取 1.00 mL 苯并（a）芘标准溶液，置于 10 mL 容量瓶中，稀释至刻度，同法依次用苯稀释，最后配成每毫升含 1.0 μg 及 0.1 μg 苯并（a）芘的两种标准使用液，备用。

## 四、实验步骤

### 1. 样品处理

称取 20.0～25.0 g 混匀的植物油样品，取 100 mL 环己烷分次洗入 250 mL 分液漏斗中，以环己烷饱和过的二甲基甲酰胺提取 3 次，每次 40 mL，振摇 1 min，合并 3 次二甲基甲酰胺提取液。用 40 mL 经二甲基甲酰胺饱和过的环己烷提取一次，并弃去环己烷液层。将二甲基甲酰胺提取液加入已装有 240 mL 20 g·L$^{-1}$硫酸钠溶液的 500 mL 分液漏斗中，混匀，静置几分钟后，再用环己烷提取 2 次，每次 100 mL，并振摇 3 min，最后将环己烷提取液合并于第一个 500 mL 分液漏斗中。实验中也可用二甲基亚砜代替二甲基甲酰胺。

将环己烷提取液用 40～50 ℃ 温水洗涤 2 次，每次 100 mL，并振摇 0.5 min，直到分层，分层后弃去水层，收集环己烷层，在 50～60 ℃ 水浴上减压并浓缩至 40 mL，可加适量的无水硫酸钠进行脱水。

### 2. 净　化

（1）先在层析柱下端填入适量玻璃棉，并装入 5～6 cm 氧化铝，轻轻敲击层析柱管壁，使氧化铝层顶面平齐，填实。按照上述操作，再同样装入 5 cm～6 cm 硅镁型吸附剂，接着上面再装入 5~6 cm 无水硫酸钠，最后用 30 mL 环己烷冲淋填充好的层析柱，直到环己烷液面流至无水硫酸钠层时关闭密封活塞。

（2）将处理的样品环己烷提取液注入层析柱中，打开密封活塞，并调节流速为 $1\ mL\cdot min^{-1}$，必要时可适当加压，待环己烷液面流下至无水硫酸钠层时，用 30 mL 苯洗脱，同时在紫外光灯下观察，至蓝紫色荧光物质完全从氧化铝层被洗下为止。如果 30 mL 苯不足，可适当增加苯量。收集层析出的苯液，于 50~60 ℃ 水浴上减压浓缩至 0.1~0.5 mL（具体体积可根据样品中苯并（a）芘含量而定，应注意不可蒸干）。

（3）分离：在乙酰化滤纸条一端 5 cm 处，用铅笔画一横线作为起始线。吸取一定量浓缩液，点于滤纸条上，从滤纸条背面用电吹风吹冷风，使溶剂挥发，同时点 20 μL 苯并（a）芘的标准使用液（$1\ \mu g\cdot mL^{-1}$），点样直径不超过 3 mm。滤纸条下端浸入层析缸内展开剂中约 1 cm，展开剂前沿上升至约 20 cm 时取出阴干。

在 365 nm 或 254 nm 处紫外光灯下观察滤纸条，用铅笔画出苯并（a）芘标准液及同一位置样品的蓝紫色样点，剪下斑点，分别放入比色管中，各加 4 mL 苯，加盖密封，50~60 ℃ 水浴中浸泡 15 min，并不时振摇。

（4）测定：将标准品及样品斑点的苯浸出液加到荧光分光光度计的石英杯中，设定激发波长 365 nm，365~460 nm 波长进行荧光扫描，得到的荧光光谱与苯并（a）芘标准品的荧光光谱进行比较定性。

同时做试剂空白，包括处理样品所用的全部试剂同样操作，分别读取试剂空白、标准品及样品于波长 406 nm、（406＋5）nm、（406－5）nm 处的荧光强度，按基线法计算所得的数值，即为定量计算的荧光强度。

### 3. 结果计算

样品中苯并（a）芘的含量按下式进行计算。

$$X = \frac{S\times(F_1-F_2)\times1000}{F}\div\frac{m\times V_2}{V_1}$$

式中　$X$——样品中苯并（a）芘的含量，$\mu g\cdot kg^{-1}$；

　　　$S$——苯并（a）芘标准斑点的质量，μg；

　　　$F$——标准品的斑点浸出液荧光强度，mm；

　　　$F_1$——样品斑点浸出液荧光强度，mm；

　　　$F_2$——试剂空白浸出液荧光强度，mm；

　　　$V_1$——样品浓缩液体积，mL；

　　　$V_2$——点样体积，mL；

　　　$m$——样品质量，g。

# 五、注意事项

（1）丙酮、环己烷、二甲基亚砜等均为有毒试剂，实验中注意通风，防护自己。
（2）薄层板点样时点样大小尽量一致。

## 六、思考题

（1）乙酰化滤纸时为什么要过夜处理？
（2）环己烷、氧化铝在实验中的作用是什么？

# 实验 29　原料乳及乳制品中三聚氰胺的检测

（参考 GB/T 22388—2008）

　　牛乳是自然界最古老的天然饮品之一，营养价值高，保健功效显著，常喝牛奶对身体非常有益。研究显示，每 100 g 牛乳中营养成分为蛋白质 2.9 g、脂肪 3.1 g、乳糖 4.5 g、矿物质 0.7 g、水分 88 g。同时，牛乳还包括人体生长代谢所需的全部氨基酸，其消化率可高达 98%，为完全蛋白质，是其他食物无法比拟的，因而深受消费者的喜爱。

　　但不良商家和个体，为了使品质不达标的牛乳蛋白质含量增高，质量过关，而在牛奶中添加三聚氰胺。因为蛋白质平均含氮量在 16% 左右，而三聚氰胺含氮量为 66% 左右。通用的"凯氏定氮法"是通过检测含氮量来估算蛋白质的含量，所以向牛乳中添加三聚氰胺会使牛乳蛋白质测定值增高。而三聚氰胺是一类化工原料，不可用于食品加工中。婴幼儿食用了添加三聚氰胺的乳品后会出现恶心、呕吐，严重的有排尿障碍、尿潴留、遗血尿及反复尿急和发热等症状，甚至死亡。为了杜绝此类不安全事件的发生，必须加强牛乳和牛乳制品中三聚氰胺的检测。常用的检测方法有高效液相色谱法、液相色谱-质谱联用、气相色谱法、气相色谱-质谱联用等，最常用的是高效液相色谱法（HPLC），因其方法简单、快速、重现性好，且平均回收率高，而被推广。

## 一、目的及要求

（1）了解三聚氰胺检测在牛乳及其制品检测中的意义。
（2）掌握 HPLC 测定牛乳及其制品中三聚氰胺的原理和操作方法。
（3）了解 HPLC 仪器的构造、工作原理和操作规程。

## 二、实验原理

　　样品经过三氯乙酸-乙腈溶液提取，通过阳离子交换固相萃取柱净化后，用高效液相色谱法测定样品中的三聚氰胺，并利用外标法进行定量分析。

# 三、实验器材与试剂

## 1. 实验器材

高效液相色谱仪（配紫外检测器）、色谱柱（$C_{18}$液相色谱柱，4.6 mm × 250 mm，5 μm）、电子天平、小烧杯、超声波清洗器、离心机、50 mL 具塞刻度试管、涡旋混合器、氮气吹干仪、定性滤纸、微孔滤膜（有机相，0.2 μm）。

## 2. 试 剂

乙腈（色谱纯）、氨水、柠檬酸、辛烷磺酸钠（色谱纯）、三聚氰胺标准品、氮气、海沙、甲醇，市售牛乳。

（1）1%三氯乙酸溶液：准确称取 10 g 三氯乙酸，置于 1 000 mL 容量瓶中，用水溶解并稀释至刻度，混匀，备用。

（2）5%氨化甲醇溶液：准确量取 5 mL 氨水、95 mL 甲醇，混匀，备用。

（3）离子对试剂缓冲液：准确称取 2.10 g 柠檬酸、2.16 g 辛烷磺酸钠，加入 980 mL 水溶解，调节 pH 至 3.0 后，定容至 1 000 mL，备用。

（4）三聚氰胺标准储备液：准确称取 100 mg 三聚氰胺标准品，置于 100 mL 容量瓶中，用配制好的甲醇水溶液溶解并定容，配制成浓度为 1 mg·mL$^{-1}$ 的标准储备液，于 4 ℃ 冰箱避光保存，备用。

（5）甲醇水溶液（色谱纯）：准确量取 50 mL 甲醇、50 mL 水，混匀，备用。

# 四、实验步骤

## 1. 提 取

精确称取 2 g 牛乳样品，置于 50 mL 具塞塑料离心管中，加 15 mL 三氯乙酸溶液、5 mL 乙腈，用超声波提取器提取 10 min，接着振荡提取 10 min，4 000 r/min 离心 10 min。取上清液，用三氯乙酸溶液浸湿的滤纸过滤，用三氯乙酸溶液定容至 25 mL，取 5 mL 滤液，加 5 mL 水混匀后，待净化。

## 2. 净 化

将上述待净化液加入固相萃取柱中，依次用 3 mL 水、3 mL 甲醇淋洗，再抽至近干，加 6 mL 氨化甲醇溶液洗脱。萃取过程中流速不超过 1 mL·min$^{-1}$。将洗脱出的液体在 50 ℃ 下用氮气吹干。吹干后的残留物加 1 mL 流动相定容，并涡旋混合 1 min，微孔滤膜过滤，以备 HPLC 测定。

## 3. HPLC 测定

（1）色谱条件，流动相：离子对试剂缓冲液-乙腈（9∶1，*V/V*）；波长：240 nm；柱温：40 ℃；流速：1.0 mL·min$^{-1}$；进样量：20 μL。

（2）标准曲线的绘制：用流动相逐级稀释三聚氰胺标准储备液，配制成一系列标准工作溶液，浓度分别为 0.8，2，20，40，80 μg·mL$^{-1}$。按浓度由低到高进样检测，以峰面积（$A$）对浓度（$c$）作图，拟合得标准曲线回归方程。

（3）定量测定：以标准曲线法测定样品的峰面积，带入回归方程计算样品溶液中三聚氰胺的含量。

#### 4. 结果计算

样品中三聚氰胺的含量按下式计算：

$$X = \frac{A \times c \times V \times 1000}{A_s \times m \times 1000} \times f$$

式中　$X$——样品中三聚氰胺的含量，mg·kg$^{-1}$；

　　　$A$——样液中三聚氰胺的峰面积；

　　　$c$——标准溶液中三聚氰胺的浓度，μg·kg$^{-1}$；

　　　$V$——样液最终定容总体积，mL；

　　　$A_s$——标准溶液中三聚氰胺的峰面积；

　　　$m$——样品的质量，g；

　　　$N$——稀释倍数。

# 五、注意事项

（1）取样量视待测物含量而定。

（2）高效液相色谱测定样液时，若响应值超出标准曲线范围，则应稀释后重新测定。

# 六、思考题

（1）实验中提取时为什么用超声法？

（2）试说明实验中加入三氯乙酸溶液的作用。

（3）你觉得本实验有无改进之处？

# 10  自主设计实验

自主设计实验是仪器分析实验教学的重要组成部分，是在完成基础实验和综合实验的基础上，锻炼学生的分析问题、解决问题能力，提高学生的动手能力，进一步发挥学生的自主创新能力，培养学生的探索精神、科学研究的精神。我们将安排 30% 的教学时数来完成自主设计实验，实验题目可根据个人兴趣自行拟定，也可从老师给定的题目中选择。要求自主实验学生必须根据实验要求，正确选择实验方法和实验仪器，自行设计实验方案，合理安排实验步骤，独立操作，完成整个实验过程，自行解决实验中遇到的一切问题，独立完成实验报告。从近几年的教学实践来看，大多数学生均可自行拟定题目，独立查阅资料，自主设计实验方案，并与同学、老师讨论后，完善实验方案，自主完成实验过程，写出实验报告。下面列出近两年来我们设计过的部分实验，供同学们参考。

（1）原子吸收分光光度法测定天水湖水样中的钙和镁

（2）气相色谱-质谱联用法分析大樱桃的香气成分

（3）高效液相色谱法测定奶糖中的三聚氰胺

（4）果醋中山梨酸和苯甲酸的测定

（5）蜂蜜掺伪检测

（6）石墨炉原子吸收法测定农田中痕量的铅

（7）紫外-可见分光光度法测定大樱桃中的花色苷含量

（8）大樱桃花色苷的提取和吸收谱线绘制

（9）荧光分光光度法测定肉肠中的亚硝酸钠含量

（10）果蔬中的氨基甲酸酯类农药的检测

（11）气相色谱-质谱联用法测定油炸食品中的丙烯酰胺

（12）动物性食品中的磺胺类药物测定

（13）饮料中的人工合成色素的检测

（14）强化营养盐中铁、钠、钙、锌、硒、碘多种元素的测定

（15）几种氨基酸的红外光谱分析

# 第三部分

## 仪器操作规程

# 11 岛津 UV-1800 型紫外-可见分光光度计操作规程

## 一、建立通信

（1）打开 UV-1800 主机开关，仪器自动进行开机自检。

（2）开启计算机，并运行 UV Probe 软件，单击工具栏中的"连接"，计算机将监测仪器自检状况。

（3）当所有自检顺利通过后，单击计算机屏幕上的"确认"，连接仪器和计算机，建立通信。

## 二、光谱测定

（1）单击工具栏中的"光谱"，进入光谱测定模块。

（2）点击菜单栏的"编辑"→"方法"，进入"光谱方法"对话框。在"测定"选项卡中设定"波长范围""扫描速度"等项目；"仪器参数"中选择"测定方式"等项目；"附件"（6连池）确定使用的"池数目"，单击"初始化"，初始化过程结束后，单击"确定"。

（3）执行"基线校正"和"自动调零"。

（4）将参比、样品比色皿插入对应的池架，盖好样品室盖，单击"开始"，进入光谱扫描。

（5）扫描结束后，单击"文件"→"另存为"，将文件保存为".spc"（光谱文件），实验方法"另存为"".smd"（方法文件）。

## 三、光度测定

（1）单击工具栏中的"光度测定"，进入光度测定模块。

（2）点击菜单栏"编辑"→"方法"，打开"光度测定方法向导"对话框。设置"波长类型"并添加使用"波长"，单击"下一步"。选择"标准曲线"的"类型""定量法"和激活的"WL"选项，设置曲线"参数"，单击"下一步"。设置"光度测定方法向导"→"测定参数（标准）"，单击"下一步"。设置"光度测定方法向导"→"测定参数（样品）"，单击"下一步"。确认"光度测定方法向导"→"文件属性"后，单击"完成"。单击工具栏"方法"，在"光度测定方法"中确认"仪器参数"中的"测定方式"等项目，在"附件"选项卡中，确认

6 连池的使用 "池数目"，进行 "初始化"，结束后 "关闭"。

（3）执行 "自动调零" 和 "池空白" 后，将参比和标准品比色皿放入对应的池架。

（4）激活<标准表>，依次输入 "样品 ID" 和对应的 "浓度""权重因子" 等内容。

（5）单击光度计按键栏 "读取 Std."，进行标准样的光度测定。

（6）测定后通过 "文件" → "另存为" 保存。

（7）使用已保存的方法或新建光度测定方法后，执行 "自动调零" 和 "池空白"，再将参比和样品比色皿放入对应的池架。

（8）激活 "样品表"，输入 "样品 ID" 等信息。单击光度计按键栏 "读取 Unk."，进行样品的光度测定。

（9）从 "文件" → "打开""打开光度测定文件" 对话框，选择所要使用的 ".std"（标准文件），将标准曲线引入，从而自动得到样品的浓度。

（10）保存相应的光度测定文件、方法等信息。

# 四、关 机

断开 UV Probe 和仪器的连接，关闭仪器主机开关，退出 UV Probe 操作界面。

注：此仪器还可对图谱及数据进行处理，具体操作见说明书。

# 12　岛津 UV-2450 型紫外-可见
# 分光光度计操作规程

## 一、建立通信

（1）开启计算机电源，打开光度计主机电源。双击"UV Probe"快捷图标或在"开始"下选择"程序"→"Shimadzu"→"UV Probe"，即可启动 UV-2450 的控制程序。

（2）在 UV Probe 窗口中，点击"connect"键，进入光度自检，自检过程中勿打开样品室门。当所有按钮全为绿灯后，自检结束，点击"OK"键，进入检测界面。

## 二、光度测定

单击工具条的"Photomatric"按钮，进入光度测量窗口。

### 1. 设定测量参数

单击工具条"M"按钮（或选择"Edit"菜单"Method"项），弹出光度测量参数设置对话框。

对话框"Wavelength"窗口，在复选框"Wavelength Type"中，选择"Point"点波长类型；在"Wavelength（nm）"项下设置测量波长数、测量波长值，单击"Add"键，使所设波长值添加于"Entries"项中。单击"下一步"，弹出对话框"Calibration"，在复选择框"Type"中选择"Raw Data"原始数据测定类型。单击"下一步"，弹出对话框"Measurement Parameter"，在复选框"Data Acquired"下选择"Instrument"仪器获得数据；在"Sample"项下输入设定次数，在复选框中选择"None"。单击"下一步"，弹出对话框"File properties"，在"File Name"项下输入文件名。

单击"完成"键，在对话框"Photometric Method"窗口中，单击"Measurement Parameter"选项标签，在复选框"Measuring Mode"项下选择"Absorbance"吸光度测光模式，在"Slit Width"项下选择狭缝宽度。单击"Close"键，进入光度测定界面。

### 2. 空白校正

在样品池及参比池中盛空白溶液，分别置于光路中，单击命令条"Auto Zero"按钮，进行空白校正。输入待测样品名称，在测试表格的"Sample ID"项下输入待测样品的名称，单击测试栏的任一项，命令条"Read Unk"按钮被激活。

### 3. 样品测量

在样品池中盛对照品或待测样品溶液，单击"Read Unk"按钮，分别对对照品或待测样品进行测定。单击鼠标右键，在弹出的菜单中选择"Print"，或选择菜单"File"→"Print"功能，或单击工具栏"打印"，打印测量结果。也可单击工具栏"Report Generator"报告生成程序按钮，选择打印模式，打印测量结果。

## 三、光谱测量

单击工具条的光谱测量按钮（或选择菜单"Window"→"Spectrum"项，打开光谱测量窗口。

### 1. 设定测量参数

单击工具条"M"按钮（或选择"Edit"菜单"Method"项），弹出光谱测量参数设置对话框。单击"Measurement"选项标签，在"Wavelength Range（nm）"波长范围项，设置扫描起始波长、结束波长；在复选框"Scan Speed"项下选择扫描速度，在复选框中选择扫描时间间隔，在复选框"Scan Mode"中选择扫描模式，在"File Name"项下输入文件名称。单击"Measurement Parameter"选项标签，在复选框"Measuring Mode"选测光模式，在"Slit Width（nm）"项下选择狭缝宽度。单击"Sample Preparation"选项标签，在"Additional"项下，设置待测样品名及操作者，设置好后，单击"OK"键，进入光谱测定界面。

### 2. 空白基线校正

在样品池及参比池中均盛空白溶液，分别置于光路中，单击命令条按钮，弹出基线校正的波长范围窗口（一般基线校正的波长范围应与扫描参数设定的波长范围一致），单击"OK"键，进行基线校正。

### 3. 待测样品测量

在样品池中盛对照品或待测样品溶液，单击命令条的"Start"按钮，分别对对照品或待测样品进行测量。单击曲线图框上按钮，显示曲线图效果。单击鼠标右键，在弹出的菜单中选择"Print"，或选择菜单"File"→"Print"功能或单击工具栏"打印"按钮，打印测量结果。也可单击工具栏"Report Generator"报告生成程序按钮，选择打印模式，打印测量结果。

## 四、定量测定

单击工具条的光谱测量按钮（或选择菜单"Window"→"Spectrum"项，打开光谱测量窗口及定量测定窗口。

## 1. 设定测量参数

单击工具条"M"按钮（或选择"Edit"菜单"Method"项），弹出光谱测量参数设置对话框。对话框"Wavelength"窗口，在复选框"Wavelength Type"中选择"Point"点波长类型，在"Wavelength( nm )"项下设置测量波长值，单击"Add"键，使所设波长值添加于"Entries"项中。单击"下一步"，弹出对话框"Calibration"，在复选框"Type"中选择"Multi Point"多点测定类型；在复选框"Formula"项下选择"Fixed Wavelength"固定波长计算式，在"WL1."项下填入测量波长值；在复选框"Parameters"中，选择"Con = （ Abs ）"公式。单击"下一步"，弹出对话框"Measurement Parameter"；在复选框"Data Acquired"项下选择"Instrument"仪器获得数据；在"Sample"项下输入测定次数；在复选框中选择"None"。单击"下一步"，直至弹出"File Properties"对话框窗口，在"File Name"项下输入文件名。单击"完成"键；弹出"Photometric Method"对话框窗口，单击"Measurement Parameter"选项标签；在复选框"Measuring Mode"项下选择"Absorbance"吸光度测光模式，在"Slit Width"项下选择狭缝宽度。单击"Calibration"选项标签，在"Type"复选框中选择测定灯型，在复选框"Formula"中选择计算式；在"WL1."项下填入测量波长值，在"Parameters"复选框中，选择公式形式。在"Older Of Curve"项下填入拟和次数；"Zero Interception"项，是否插入零点。设置好后，单击"Close"键，进入光度测定界面。

## 2. 空白校正

在样品池及参比池中均盛空白溶液，分别置于光路中，单击命令条"Auto Zero"按钮，进行空白校正。

## 3. 标准品测量

单击"Standard Table"表格任意处，激活标准品表，在表格的"Sample ID"项下输入标准品名称，在"Cone"位置输入标准品浓度，命令条"Read Std"按钮被激活。

在样品池中分别盛各浓度标准品溶液，单击"Read Std"按钮，测量标准品。

## 4. 待测样品测量

单击"Standard Table"表格任意处，激活样品表，在表格的"Sample ID"项下输入待测样品名称。右键单击测试表的任一项，工具条按钮被激活。在样品池中分别盛待测样品溶液，单击"Read Unk"按钮，对待测样品进行测量。单击鼠标右键，在弹出的菜单中选择"Print"，或选择菜单"File"→"Print"功能，或单击工具栏"打印"按钮，打印测量结果。也可单击工具栏"Report Generator"报告生成程序按钮，选择打印模式，打印测量结果。

# 五、时间扫描

单击工具条的时间扫描按钮（或选择菜单中"Window"→"Kinetics"项），打开时间扫描窗口。

### 1. 设置测量参数

单击工具条"M"按钮（或选择"Edit"菜单"Method"项），弹出时间扫描参数设置对话框。单击"Measurement"选项标签 在复选框"Time Mode"选择时间扫描模式，在"Total Time"项下设置扫描时间，在"Activity Region"项下设置记录起始范围，在复选框"Type"中选择"Single Wavelength"时间扫描单一的波长类型；在"WL1."项下填入测量波长值。单击"Instrument Parameters"选项标签，在复选框"Measuring Mode"项下选择"Absorbance"测光模式，在"Slit Width"项下选择狭缝宽度。单击"Sample Preparation"选项标签，输入待测样品名称及操作者，设置好后，单击"OK"键。

### 2. 空白校正

在样品池及参比池中均盛空白溶液，分别置于光路中，单击命令条"Auto Zero"按钮，进行空白校正。

### 3. 待测样品测定

在样品池中盛对照品或待测样品溶液，单击命令条"Start"按钮，分别对对照品或待测样品进行测定。记录待测样品的测定值随时间的变化曲线。测量完毕，弹出"New Data Set"新建数据设定窗口，在"File Name"项下输入文件名，单击"完成"键。

### 4. 打印结果

将鼠标指向表格，单击鼠标右键，在弹出窗口中选择"Print"，或选择菜单"File"→"Print"功能，或单击工具栏"打印"按钮，打印测量结果。也可单击标准工具栏"Report"→"Generator"按钮，单击标准工具栏"Open File"，在弹出的窗口中，选择打印模式，打印测量结果。

# 六、关 机

仪器使用完毕，取出样品室内吸收池，退出 UV Probe 软件系统，关闭光度计电源，关闭计算机，按要求做好仪器使用登记。

# 13 RF5301荧光分光光度计操作规程

## 一、建立通信

### 1. 软件的设置

第一次进入软件，在菜单中选择"Configure PC Configuration"，在出现的对话框中设置数据以及导出路径，指定连接的通信口、指定文本以及图形的打印机。在菜单栏中，选择"Configure"→"Save Parameters"，以"RFPC"为文件名保留。

### 2. 仪器的连接

接通仪器和氙灯电源，在菜单栏中选择"Configure"→"Instrument"，在弹出对话框中的"Fluorometer"选择"On"，则仪器开始初始化，初始化进行一系列检测和初置，如一切顺利通过，对话框中各项目亮起，则可进行测定。

## 二、光谱测定

### 1. 参数设定

在菜单栏中，选择"Acquire Mode"→"Spectrum"，进入光谱模式，选择"Configure"→"Parameters"，弹出光谱参数对话框，设置要测量的光谱类型以及合适的激发光发射的波长或范围、显示范围、扫描速度、采样间隔、激发发射狭缝宽度、灵敏度、反应时间，点击"OK"确定。

若样品的激发光谱最大波长和发射光谱的最大波长都未知，则在上述对话框中设置合适的激发发射狭缝宽度、灵敏度，放置样品，在荧光分光光度计按键中，点击 ，在弹出的对话框中选择激发光和发射光的范围以及激发光的波长间隔，点击"Search"，等一段时间，由仪器给出最优波长。

### 2. 数据采集

放置样品，点击 开始测定，测定完后在弹出的对话框中输入文件名称，点击"Save"。

### 3. 数据的保存和通道的删除

菜单栏中选择"File"→"Channel"→"Save Channel"，在弹出的对话框中勾选要保存的通道，点击"OK"后，数据写入计算机硬盘。菜单中选择"File"→"Channel"→"Erase

Channel"，在弹出的对话框中勾选要删除的通道，点击"OK"。

### 4．结果处理

（1）寻峰

在菜单栏中选择"Manipulate"→"Peak Pick"，弹出寻峰结果并在图中标识峰号。若需改变寻峰条件，可在结果对话框中选择"Options"→"Change Threshold"，在弹出的对话框中设置域值。

（2）面积的计算

在菜单栏中选择"Manipulate"→"Peak Area"，拖动读数条或输入数值，选择需要计算的波长范围，点击"Recalc"，点击"Output"，选择输出方式。

（3）选点检测

在菜单栏中选择"Manipulate"→"Point Pick"，拖动读数条或输入波长值，点击"OK"，弹出结果，并在图中标识波长的位置。

# 三、定　量

### 1．参数设定

在菜单栏中选择"Acquire Mode"→"Quantitative"，进入定量模式，选择"Configure"→"Parameters"，在弹出的参数对话框中选择方法、激发发射光波长、激发发射光狭缝、灵敏度、反应时间、单位、浓度以及强度范围。

### 2．制作工作曲线

以多点工作曲线为例，在如上"Quantitative Parameters"对话框中，点击"Method"下拉菜单，选择"Multipoint Working Curve"后，弹出对话框，选择工作曲线的次数，是否过原点（此处为 1 次，过原点），点击"OK"，再设置激发发射光波长、激发发射光狭缝、灵敏度、反应时间、单位、浓度以及强度范围，点击"OK"，在光度计按键中点击"〔Standard〕"，进入标准曲线制作界面。放入空白溶剂，点击"〔0.00 Auto Zero〕"，放入标准样品，点击"〔Read〕"，弹出"Edit"对话框，输入标准样品浓度，点击"OK"，以此类推得到剩余标准样品数据，软件显示工作曲线并给出工作曲线方程（勾选"Presentation""Display Equation"）。

### 3．测定样品浓度

在荧光光度计按键中，点击〔? Unknown〕，依次逐个放入样品，点击〔Read〕，不同浓度样品的荧光强度被测定出来并显示在屏幕上。

### 4．数据的保存和通道的删除

菜单栏中选择"File"→"Channel"→"Save Channel"，在弹出的对话框中选择要保存的通道（Standard Unknown），输入文件名，点击"OK"。

236

# 四、动力学

### 1. 参数设置

菜单栏中选择"Acquire Mode"→"Time Course",进入定量模式,选择"Configure"→"Parameters",在弹出的参数对话框中选择激发发射波长、激发发射狭缝宽度、灵敏度、反应时间、强度范围以及计时方式。计时方式可选择"Auto"或"Manual","Auto"方式下,给定时间总量后,采样间隔和采样点自动设定;"Manual"方式下,需设置采样间隔和采样点并指明时间单位。

### 2. 数据采集

放入空白溶剂,点击 ，放入样品,点击 ，开始采集数据。

### 3. 数据的保存和通道的删除

与光谱测定模式下方法相同。

### 4. 活度计算

选择"Manipulate"→"Data Print",在弹出的对话框菜单栏中选择"Act. Calc",在出现的对话框中点击"Recalc."。

# 五、打  印

菜单栏中点击"Presentation",在弹出的对话框选择打印的内容以及象限(位置),其中象限是指将纸张划分为 的四个部分,点击"Print",打印报告。

# 14  Nicolet iS5 型傅里叶变换红外光谱仪操作规程

## 一、开  机

开启电源稳压器，打开计算、打印机及仪器电源。在操作仪器采集谱图前，先让仪器稳定 20 分钟以上。

## 二、仪器自检

在 Windows 桌面上双击"OMNIC"，打开软件后，仪器将自动检测并在右上角出现绿色对勾，表示计算和仪器通信正常。如不正常，显示红叉，通过下拉菜单"采集"→"实验设置"→"诊断"或"采集"→"Advanced Diagnostics…"查找原因或调整仪器。

## 三、软件操作

### 1. 参数设置

点击"采集"→"实验设置"→"采集"对采集参数包括扫描次数、分辨率、Y 轴格式、谱图修正、文件管理、背景处理、实验标题、实验描述等进行设定。可点击"光学台"，检查干涉图是否正常，有问题时点击"诊断"进行检查、调整。保存实验参数。

### 2. 采集背景光谱

将背景样品放入样品仓或以空气为背景，按"采集背景"按钮，出现提示"背景 请准备背景采集"，点击"确定"，开始采集背景光谱（背景采集的顺序要同采集参数中"背景处理"一致）。

### 3. 采集样品光谱

制备样品压片，点击图标"采集样品"按钮，出现对话框，输入谱图标题，点"确定"，出现提示"样品 请准备样品采集"，插入样品压片，点击"确定"，开始采集样品光谱。

238

### 4. 文件保存

点击菜单"文件"→"保存"（或"另存为"），选择保持的路径、文件类型、文件名，保存。

### 5. 光谱图的显示与处理

使用菜单"显示"项中的有关命令，可以查看比较多个光谱图，可以分层显示、满刻度显示、同一刻度显示，可以隐藏光谱图；使用菜单"编辑"中的剪切、拷贝、粘贴命令，可对谱图在不同窗口之间进行复制、粘贴等，以及对工具栏进行编辑；点击菜单"窗口"可建立新窗口，选中某窗口，平铺或层叠窗口；使用菜单"数据处理"中有关命令，可对谱图进行各种处理，如将%透过率图转化为吸光度图，或将吸光度图转化为%透过率图，其他转换、自动基线校正、高级 ATR 校正、差谱、平滑、导数谱图等；使用菜单"谱图分析"的有关命令，可对谱图进行标峰、谱图检索、谱库管理、加谱图入库、定量分析等。

### 6. 打　印

可以对选中的光谱图直接打印，点击按钮"打印"或菜单"文件"→"打印"；也可以按照报告模板打印，点击菜单"报告"→"报告模板"，可选择已有的报告模板，也可新建报告模板，可生成报告集或加入报告集，显示报告集，打印报告。

# 四、关　机

点击"关闭"按钮或点击菜单"文件"→"退出"，退出"Omnic"软件，关闭红外光谱仪电源。

# 15　U3000高效液相色谱仪操作规程

## 一、操作前准备

### 1. 流动相的配制

（1）根据待测样品的性质、相关的文献资料、工作经验等按比例配制流动相。

（2）根据流动相的性质确定采用有机膜（0.45 μm）还是水相膜（0.45 μm）对流动相进行过滤。

（3）将过滤后的流动相进行超声脱气10~15分钟。

### 2. 对照品、待测样品处理

（1）称取或量取适量的对照品或待测样品，用适当的溶剂（最好采用流动相或流动相的主成分）充分溶解（也可借助超声波进行超声溶解），使其浓度为 0.1~1 mg·mL$^{-1}$（根据检测结果再适当调节溶液的浓度）。

（2）根据对照品或待测样品的性质确定采用有机针头滤膜（0.45 μm）还是水相针头滤膜（0.45 μm）进行过滤。

### 3. 色谱柱的选择

根据样品的性质选择适当的色谱柱。

## 二、开　机

（1）打开UPS（不间断）电源，打开仪器接线板电源。

（2）打开计算机显示器电源，打开计算机主机电源，启动计算机。

（3）依次打开泵、自动进样器、柱温箱、检测器的电源。

（4）选择"开始"→"程序"→"Chromeleon"→"Sever Monitor"或双击屏幕右下角快捷图标，出现对话界面后点击"Start"启动，等Dongle序号出来以后（表示Sever Monitor程序运行正常），可以点击"Close"来关闭界面。

（5）打开"开始"→"程序"→"Chromel"→"Chromeleon"或双击桌面上的Chromeleon图标（工作站主程序），打开HPLC软件系统主界面。

（6）在左窗口中单击根目录，此时会在右边的窗口中出现一个"hplc.pan"文件，双击此文件，打开HPLC控制面板程序。

（7）在控制面板"Pump"控制框中选中"connect"选框，Purge流路中气泡，设置总流速为适当的数值（建议从 0.2 mL/min 逐渐增加到适当的流速）后按回车键（"Enter"）以示确定。此时泵自动以设置的流速运行。若是多元梯度泵，可以分别设置 B、C、D 等流动相的流速所占总流速的比例。

（8）在控制面板"自动进样器"控制框中，点击"注满注射器"按钮，排除注射器中的气泡。

（9）在控制面板"柱温箱"控制框中，设置准备分析样品所使用的柱温箱温度。

## 三、样品分析

（1）建立新程序（依具体实验而定）。

（2）建立方法（依具体实验而定）。

（3）建立样品表（依具体实验而定）。

（4）打开氘灯（待系统压力稳定后约 20min 再开灯）：在控制面板"Detector"控制框中选中"lamp on"选框，打开紫外检测器的氘灯。

（5）查看基线：氘灯打开 10 分钟后，点击"●"设置所要查看波长，点击"确定"。

（6）关闭基线：待基线稳定后，点击"●"，点击"确定"，关闭查看基线。

（7）启动样品表进行分析（依具体实验而定）。

（8）自动进样器开始自动进样分析。

（9）样品全部检测结束后，如果不再分析样品，应立即关掉氘灯，延长氘灯使用寿命。

## 四、数据处理

（1）处理标准曲线。

（2）打印标准曲线。

（3）打印样品报告。

## 五、关　机

（1）冲洗并保存色谱柱及系统。

（2）关闭泵流速，检测器氘灯，断开连接，关闭工作站。

（4）关闭检测器、柱温箱、自动进样器、泵的电源。

（5）关闭计算机和 UPS 电源。

# 16 Thermo Fisher Trace 1300
## 气相色谱仪操作规程

## 一、开机前的准备工作

（1）开机前，先检查氮气压力是否满足分析要求，氢气发生器的水位是否正常。

（2）根据被分析样品的性质确定毛细管色谱柱的类型（极性、弱极性或非极性）、进样方式（液体自动进样器或顶空进样）、进样口是否采用分流模式（分流衬管或不分流衬管），以及检测器的类型（FID 检测器或 ECD 检测器）。分流进样模式适用于高浓度样品分析、顶空分析和等温分析，不分流进样模式适用于低浓度样品的分析。

（3）在进样口安装好所选用的衬管。打开主机箱，安装毛细管柱。先安装进口端，色谱柱超出石墨垫圈顶部的长度由进样器是否分流决定。分流模式下为 10 mm，不分流模式下为 5 mm。装好进口端后，先不装出口端，即进入检测器的一端，进行泄露检查。此时，切记用死堵将检测器的端口堵住。打开氮气瓶总阀，调节分压表至 0.5 MPa，打开 Trace1300 主机开关及计算机，进行"Leak Check"操作。当 Leak Check 通过后，将色谱柱的出口端接入检测器。若选用 FID 检测器，毛细管色谱柱超出石墨垫圈顶部的长度为顶至检测器再回拉 5 mm；若选用 ECD 检测器，毛细管色谱柱超出石墨垫圈顶部的长度为 23 mm。至此，毛细管安装完毕。

## 二、开 机

### 1. 开机顺序

在仪器的硬件配置没有改动的情况下，可以直接开机。先打开氮气表、氢气发生器和空气发生器，再依次打开气相色谱仪主机开关、自动进样器开关及计算机，选择用户。

### 2. 配置仪器

首先在计算机内对气相色谱仪进行配置。选择"所有程序"→"Chromeleon 7"→"Instrument configuration manager"，点击菜单栏中带"＋"号的钟表按钮，添加仪器，并对仪器进行命名后点击"OK"。在刚添加的仪器中，点击鼠标右键菜单中的"Add module"，添加模块找到相应仪器，如 Thermofisher 的 GC1300 系列，点"OK"添加完成。仪器配置结束，关闭页面前保存配置并命名。

### 3. 数据仓的建立

选择"所有程序"→"Chromeleon 7"→"Data"。给数据仓命名，并保存，最后点击"Finish"完成。系统默认的数据仓保存路径是放在 C 盘。为不使数据丢失，强烈建议将数据仓放在非系统盘。

### 4. 仪器参数的设定

（1）设定毛细管色谱柱参数。在"Thermo Scientific GC Home"中，点击"Column Setup"，分别在"Column length""Column ID"和"Film thickness"中输入柱子的长度、内径和膜的厚度。

（2）设定气体流量。选择"Instrument control"，然后选择"Front Inlet"，若仪器选用自动液体进样器，在"Column Flow"中设定色谱柱流速，若实际值与设定值一致，表示色谱柱中有良好的载气流速。选择"Back Inlet"，不做任何设置；打开"Channel 1"设置 FID 检测器气体尾吹气为多少 mL/min。打开 Channel 2 设置 ECD 检测器气体流量，设定 Makeup gas 流量为多少 mL/min，并将该选项勾选。

注意：气相色谱仪即使不使用 ECD 进行检测，在 ECD 已安装的情况下，也需要设定 Makeup gas 流量。

（3）在保证有保护气进入柱子的条件下，设定仪器的温度，包括炉箱的温度、FID 的温度和进样器的温度。炉箱温度可以设定为程序升温，也可以设定为恒温。如设定 FID 温度，当基础温度达到 150 ℃ 以上时，最好等 FID 达到设定温度并且稳定后，设定空气流量为 350 mL/min、氢气流量为 35 mL/min，启用"Flame On"参数点火；并观察仪器的信号值。若信号值仍维持在 0 左右，表明氢气没有点燃，需要重新点火；信号值有明显的突跃，表明氢气已点燃。可以用冷的金属表面在 FID 处，检验是否有水汽产生，即仪器是否已经点火成功。

（4）设置进样器的其他参数，包括分流或不分流进样模式、不分流时间及分流流速等参数。

## 三、方法及序列的设定

### 1. 设定分析方法

首先设定仪器方法。点击桌面"Chromeleon 7"图标，进入工作站主界面，在左侧导航图中选择"Instrument"。在上面工作栏中的"Create"中，选择"Instrument Method"。设定"Run time"，此时间为自动进样器默认的分析一个样品所需的时间，若该时间大于柱温的程序升温时间，则分析完一个样品的时间以"Run time"中的值为标准；若该时间小于柱温的程序升温时间，则分析完一个样品的时间以柱温的程序升温时间为标准。接着点"Next"进入烘箱设置界面。设置程序升温参数，点"＋"号添加阶乘。分别设定每一阶烘箱最高温度、升温速率、到达温度后运行时间等，视具体情况进行更改。点击"Next"进入前进样口页面。分别设定"S/SL mode"（分流 split 或不分流 splitless 模式）、"Carrier mode"（载气类型，一般选择 Constant Flow 恒流模式）、进样口温度（Temperature）、分流流速（Split flow）和分流比（split ratio）等参数。再点击"Next"进入后进样口设置。再点击"Next"进入前检测器 FID 设置。勾选"Flame On"选项,"Temperature"为 FID 检测器温度,气体流量分别设为空气 350 mL/min、氢气 35 mL/min、尾吹气 40 mL/min,并勾选"Acquire Date"选项,设定完后点击"Finish"。运行"Check Method",若方法设定成功,则完成方法设定,点左上角"保存"按钮保存,将方法文件保存于数据仓中的文件夹内。

接着设定处理方法。回到"Instrument"中,在左上角工具栏中的"Creat"中创建处理方法(Processing method)。选择"Quanititive",点击"Next",保存并命名。然后设定报告模板,选择"Default"模版,点击"Next",保存并命名。

### 2. 设定分析序列

设定好仪器分析方法、数据处理方法和报告模板的条件下,设定分析序列。先回到 Chromeleon 7,点击"Create"中创建序列"Sequence",选中自己的仪器,点击"Next",进入进样器设置。在"Patterns for injection name"中输入分析样品的名称,"Number of vials"中设定分析样品的数目,"Injections per vial"中设定每个样品进的针数,"Start position"中设定初始分析样品的位置,"Injection volume"中设定进样量,点击"Next"进入下一步。在"Instrument method"中调入自己刚刚新建的仪器方法,"Processing method"中调用建立的数据处理方法,在"Report template"中调用报告模版。最后选择通道,若选用检测器(FID)就选择"Channel 1",检测器(ECD)就选择"Channel 2",再次进入"Next/Finish",最后保存在自己的路径里,并命名,点击"OK"后就会进入序列运行界面。

## 四、样品分析

点击序列运行界面的"Start",仪器开始运行序列。

## 五、关  机

(1)关机时先关闭 FID 检测器的"Flame On",关闭氢气和空气流量。将 FID 和进样口的温度分别设为"Off",将炉箱的温度设为 30 ℃。

(2)等进样口和检测器的温度降低到 100 ℃ 以下,仪器冷却后,先退出气相色谱仪的化学工作站软件,再关闭气相色谱的电源。

(3)退出计算机系统,关闭计算机电源。

(4)关闭空气、氮气和氢气等气源的总阀。

# 17 日立 L-8900 全自动氨基酸分析仪操作规程

## 一、联　机

打开计算机，打开主机电源。双击桌面图标"EZchrom"，进入画面后，单击"L-8900"图标，进入程序。在菜单栏中依次点击"Control"和"Instrument Status"，进入后，单击"Connect"联机。大约两分钟，初始化完毕。

## 二、手动各组件控制操作

### 1. 泵 1 与泵 2 操作

点击泵 1 后设置泵 1，设置流量，B1 为 100%，点击"Pump1 SW"，打开泵 1。泵打开后，泵的背景颜色由灰色变成黄色。点击泵 2 后设置泵 2，设置流量，B2 为 100%，点击"Pump2 SW"，打开泵 2。泵打开后，泵的背景颜色由灰色变成黄色。

### 2. 自动进样器

点击自动进样器图标后，设置"sampler wash"不少于 3 次。

### 3. 反应柱柱温箱

点击柱温箱图标后，设置柱温，点击"ON"打开柱温箱，柱温箱打开后背景颜色由灰色变成黄色。

## 三、编辑方法

依次点击"File"→"Method"→"Open"，出现"Open"→"Method"→"File"对话框。选择 189_ph 4.6 × 60-2622.met，单击"打开"，再依次点击"Method"→"Instrument"→"Setup"。将方法另存为 L9800 分析法，文件名及路径均可自选。

注意：不要覆盖原来的方法，一定得另存。

## 四、编辑 Sequence

依次点击 "File" → "Sequence" → "sequence wizard"，进入后选中 "For acquisition"。其余参数默认。依次点击进入序列表后，通过复制、编辑，最终编辑好 sequence，第一行为再生程序（RG），进样体积为 0，Run Type 是 Unknown，第二行为标样，第三行起是未知样。另存 sequence。

## 五、采集数据

点击 "Control Single Run"，运行 "Standard-By" 方法，进样体积为 0，点击 "Control Single Run"，运行 "Test"。数据采集完后，机器自动进入清洗程序，清洗一个小时，自动关泵，关灯，关柱温箱。

## 六、关　机

点击 "Disconnect"，断开连接，关闭程序，关闭主机电源。

# 18 ICE3500 原子吸收光谱仪
## 标准操作规程

## 一、开 机

打开光谱仪电源开关，绿色指示灯亮。打开计算机，双击"SOLAAR"图标，仪器发出"嗡嗡"声进行自检。待图标全部变亮后，自检结束，单击"灯"图标，选择使用灯的灯座位置代码，"状态"为"开"。如需要氘灯进行背景校正，选择"氘灯开"。

## 二、编辑方法

单击"显示方法"图标进行方法编辑。在"概述"项下输入"方法名称"与"操作者"，"技术"项下选择"火焰"，点击"新建"建立新方法。如方法已建立，在"载入"中寻找此方法，打开即可。如要保存此方法，点击"保存"。在"序列"项下添加待测样品，右键单击"动作"可增加、改变或删除样品批次、校正、空白及试样空白等信息。"光谱仪"项下的"测量吸收"选择"吸收"，在"重复测样次数"中选择检测次数，如需要氘灯，在"背景校正"中选择"四线氘灯"。"火焰"项下的"火焰类型"选择"空气-乙炔"。在"校正"项下设置标准曲线的相关信息，包括"方法""标准浓度"等。进样管置于空气中或插入水中，调整光路，预热空心阴极灯约 10 分钟。打开乙炔气瓶，调节分压约为 0.07 MPa。打开空压机，先开风机开关，再开工作开关，调节压力约为 0.21 MPa。打开通风装置，将进样管插入水中，此时点火按钮处于闪烁状态，按住点火，预热燃烧头约 5 分钟。

## 三、检 测

准备工作结束后，单击"分析"启动分析方法，根据提示进行检测。

## 四、关 机

实验结束后，用水冲洗管路约 10 分钟，熄灭火焰。关闭空压机的工作开关，关闭乙炔气，摁住关闭火焰的按钮几秒钟，将管路内余气放掉。关闭通风装置，关闭空压机的风机开关，压力显示变为 0，长按放水口，将水放净。依次关闭空心阴极灯、软件、主机，移走试样并盖好防尘布。

# 19 ICS-1100型离子色谱仪操作规程

## 一、开机和进入工作站

### 1. 开 机

开启氮气瓶总开关，分压表调至 0.3MPa 左右，淋洗液瓶上减压阀调至 41.4～62.1 kPa（6～9 psi）；抑制器再生液储液瓶分压调至 34.5 kPa（5 psi）。打开稳压电源开关，待稳压电源稳定后，再打开仪器电源开关、计算机开关。

### 2. 启动变色龙软件

计算机屏幕下方出现仪器连接成功的图标后，双击桌面上"变色龙软件"快捷键进入工作站，进入仪器的"控制面板"。

## 二、运行前的准备工作

### 1. 联 机

在上边的左右"联接"方框前打"√"，使软件与仪器之间建立起连接。若已经打上"√"，则不需要重新打"√"。

### 2. 准备泵

反时针旋松右泵头上的快速冲洗阀（约拧松 2 圈左右），用 10 mL 注射器或小烧杯接废液，再点击控制面板左边"淋洗阀开关"模块下的"打开"键，排除管路中存在的气泡，约排除 2 注射器体积的废液，管路气泡排除完毕，旋紧右泵头快速冲洗阀（注意不要拧得太紧，防止损坏密封圈）。反时针旋松左泵头上的快速冲洗阀（约拧松 2 圈左右），点击控制面板左模块中的"注满"，排除泵头里残留的气泡，20 秒左右等泵头气泡排完后，旋紧左泵头快速冲洗阀（注意不要拧得太紧，防止损坏密封圈）。

### 3. 设置测定方法

设定淋洗液流速，打开泵，点击"RFC ON"→"AXP ON"，设置柱加热器温度、池温箱温度，输入抑制器类型（ASRS，4 mm），SRS 模式选择"ON"。

### 4. 基线采集

点击工具栏中的蓝色圆点图标"采集开始→停止"，在弹出窗口中的"ECD_Total"和

"ECD_1"前打"√",然后按"确定"键即可采集基线。

### 5. 准备分析溶液

准备好需要分析的标液和待测样品溶液。

注意:测量第一标样或第一个样品前需用超纯水清洗定量环,最后一个样品结束后也需要清洗定量环。

# 三、进 样

待基线平稳(20 min 内的基线漂移应≤0.1 μS)后,且总电导在正常范围内(阴离子系统总电导值在 15~20 μS),停止基线的采集。

### 1. 设置保存文件

在"文件"中点击"浏览器",找到上次做过的序列文件,单击选中后,点击"文件"中的"另存为",改名,则保存为正准备测试的系列名。更改样品表中需要进样的标液和待测液的样品名,更改后,按工具栏中的"保存"键重新保存。若仅测样品,不做标样(即需要使用上次的标样线性测含量),则在"保存原始数据"前打"√"。

### 2. 测 试

转换至测试窗口,点击工具栏中的快捷键"开始→停止批处理",弹出需要运行的序列表。如果列表中有其他系列,则选中后点击右边的"删除"。点"添加"加入要测的序列名。若需要在做完样后自动停机,则另外添加一个停机的序列。所需要运行的序列全部添加完毕后,按"就绪检查"进行检查,如果无错误,则按左下边的"开始",开始运行系列,进行样品分析。

# 四、谱图数据处理

在"文件"中找到并点击"浏览器",选择需处理的样品系列,点击右上方的方法文件(方法文件.qnt),打开并进行数据处理。在"检测参数"项下,逐个检查标样或样品的积分情况,若积分不正确,可使用手动积分工具("定界符工具"和"插入峰工具")重新进行积分并分别保存。在"峰表"选项中,根据谱图中各个离子的实际保留时间,在"保留时间"列中进行相应的修改。在"数量表"项下,输入各标样中各个离子的浓度值。在"校准"项下,检查各离子的线性是否正常,若某个点偏离线性较远,则将相应的点去掉,不参与线性校正。以上各项处理正确后,点击工具栏或菜单中的"保存"键保存方法文件。

# 五、打印结果报告

在快捷栏中按"打印机布局"进入打印报告界面。根据需要进入想要打印的界面,如"结果统计表”中可看各个离子的测定结果的统计表，“校准”可看各个离子的曲线线性关系等，“积分”中可看每个样品的色谱图。按工具栏中或菜单中的“打印”键即可打印当前界面。

## 六、关机及关机后处理

分析样品结束后，用淋洗液冲洗流路约 20 分钟后，关抑制器电流、柱温、池温，然后关泵、冲洗泵，关主机电源，最后关压力表、气瓶主阀、气瓶减压阀、稳压电源。

# 20  Agilent1100 高效液相色谱仪
# 操作规程

## 一、仪器组成及开机

### 1. 仪器组成

Agilent1100 高效液相色谱系统主要由工作站、在线脱气机、柱温箱、输液泵、自动进样器、检测器等部件组成。

### 2. 开　机

接通电源，打开计算机及工作站其他各部件开关，约 30 秒钟后，各部件进入待机状态，指示灯为黄色或无色。打开 "HP ChemStations"，进入 "Instrument 1 online" 状态，约 30 秒钟后，计算机进入工作站的操作页面。

该页面主要由以下几部分组成：最上方为命令栏,依次为 "File" "Run Control" "Instrument" 等；命令栏下方为快捷操作图标，有多个样品连续进样分析、单个样品进样分析、调用文件、保存文件等；左边为样品信息栏；中部为工作站各部件的工作流程示意图，依次为进样器 → 输液泵 → 柱温箱 → 检测器 → 数据处理 → 报告；中下部为动态监测信号；右下部为色谱工作参数：进样体积、流速、分析停止时间、流动相比例、柱温、检测波长等。

## 二、色谱条件的设定（可通过下列几种方法实现）

### 1. 直接设定

在操作页面的右下部色谱工作参数中设定。将鼠标移至要设定的参数，如进样体积、流速、分析停止时间、流动相比例、柱温、检测波长等，单击一下，即可显示该参数的设置页面，键入设定值后，单击 "OK"，即完成。

### 2. 调用已设置好的文件

在命令栏 "Method" 下，选择 "Load Method"，或直接单击快捷键操作的 "Load Method" 图标，选定文件名，单击 "OK"，此时，工作站即调用所选用文件中设定的参数。若要进行修改，则可如上述 1 项下，在色谱工作参数中修改；也可在命令栏 "Method" 下，选择 "Edit Entire Method"，在每个页面中键入设定值，单击 "OK"，即完成。

### 3. 编辑新文件

先在命令栏"Method"下选择"New Method"，之后再在命令栏"Method"下选择"Edit Entire Method"，在每个页面中键入设定值，完成后，"Save Method"，先在命令栏"Method"下选择"Save Method"，给新文件命名，单击"OK"，即完成。

## 三、仪器的运行

当色谱参数设置完成后，单击工作站流程图右下角的"on"，仪器开始运行。此时，画面颜色由灰色变成黄色或绿色，当各部件达到所设定的参数时，画面均变为绿色，左上角红色的"not ready"变为绿色的"ready"，表明可以进样分析。

## 四、进样分析（有单个样品分析和多个样品连续分析两种）

### 1. 单个样品分析

如无自动进样器，在命令栏"Run Control"下，选择"Sample Info……"可输入操作者（Operator Name）、数据存储通道（Subdirectory）、样品名（Sample Name）等信息，单击"OK"，然后即可用手动进样器进样。如有自动进样器，在命令栏"Run Control"下，选择"Sample Info……"，或点击快捷操作的"一个小瓶"图标，之后单击样品信息栏内的小瓶，选择"Sample Info……"即打开了样品信息页面，可输入操作者（Operator Name）、数据存储通道（Subdirectory）、进样瓶号（Vial）、样品名（Sample Name）等信息，单击"OK"，即完成。

### 2. 多个样品连续分析

单击快捷操作的"三个小瓶"图标，之后单击样品信息栏内的样品盘，选择"Sequence Table"，即进入连续样品序列表的编辑，可输入进样瓶号、样品名、进样次数、进样体积等信息，单击"OK"，即完成。否则仪器将运行至色谱参数设置中所设定的分析停止时间方结束分析。单击信息栏上方绿色的"Start"，自动进样器则按以上方法设置的程序进行分析，若要终止分析，单击信息栏上方绿色的"Stop"，否则仪器将运行至色谱参数设置中所设定的分析停止时间方结束分析。

## 五、数据分析

在命令栏"View"下选择"Data Analysis"，则进入数据处理页面。该页面最上方为命令栏，依次为"File""Graphics""Integration"等，命令栏下方为快捷操作图标，如积分、校正、色谱图、单一色谱图调用、多色谱图调用、调用方法、保存方法等。

### 1. 调用色谱图

在命令栏"File"下，选择"Load Signal"或单击快捷操作的"单一色谱图调用"图标，选择色谱图文件名，单击"OK"，画面中即可出现所调用的色谱图。

　　2. 积　分

　　先调用所要分析的图谱，在命令栏"Integration"下选择"Integration"或单击快捷键操作的"积分"图标，此时仪器按内置的积分参数给出积分结果。如欲对其中参数进行修改，可在命令栏"Integration"下选择"Integration Events"或单击快捷键操作的"编辑/设定积分表"图标，此时，在屏幕下方左侧出现积分参数表，右侧为积分结果，在积分参数表中按实际要求输入修改的参数，如斜率、峰宽、最小峰面积、最低峰高等。在命令栏"Integration"下选择"Integration"或单击快捷键操作的"对现有色谱图积分"图标，仪器即按照新设定的积分参数重新积分，完成后，单击积分参数表中"取消积分参数"的快捷图标，保存所作的参数修改，单击"OK"，即可退出。

# 六、打印分析报告

　　在命令栏"Report"下，选择"Specify Report"或单击最右侧快捷键操作的"定义报告及打印格"（右下角带叉的报告画面）图标，根据实际要求选择报告的格式和输出形式等，单击"OK"，即完成。例如，可在"Destination"项下选择"Screen"；在"Quantitative Result"项下，对"Calculate"选"Percent"，对"Based On"选"Area"，对"Sorted By"选"Signal"；在"Style"项下，对"Report Style"选"Short"，再依次选择"Sample into on each page""Add chromatogram output"之后，选择快捷键操作的"报告预览"图标，可预览报告的全貌，单击"Print"，即可进行报告的打印。最后，单击"close"退出此操作页面。

# 七、关　机

　　在命令栏"View"下，选择"Method and Run Control"，回到主控制页面，在命令栏"File"下，选择"Exit"，单击"Yes"，关闭"Instrument 1 online"，再单击"Yes"，关闭输液泵、柱温箱及检测器氘灯。在化学工作站页面，在"File"下选"Close"，退出"HP ChemStation"。关闭计算机及所有工作站各部件电源开关。

# 21　Agilent 7890 A/ 5975C 气相色谱-质谱联用仪操作规程

## 一、联　机

### 1. 开　机

打开载气钢瓶控制阀，设置分压阀压力至 0.5 MPa。打开计算机，登录，进入 Windows XP 系统，初次开机时使用 5975C 的小键盘 LCP 输入 IP 地址和子网掩码，并使用新地址重启，否则安装并运行 Bootp Service。依次打开 7890AGC、5975MSD 电源，等待仪器自检完毕。

### 2. 连接化学工作站

桌面双击 "GC-MS" 图标，进入 MSD 化学工作站。在仪器控制界面下，单击 "视图" 菜单，选择 "调谐及真空控制" 进入调谐与真空控制界面，在真空菜单中选择真空状态，观察真空泵运行状态，此仪器真空泵配置为分子涡轮泵，状态显示涡轮泵转速。涡轮泵转速应很快达到 100%，否则，说明系统漏气，应检查侧板是否压正、放空阀是否拧紧、柱子是否接好。

## 二、调　谐

调谐应在仪器至少开机 2 个小时后方可进行，若仪器长时间未开机，为得到好的调谐结果，将时间延长至 4 小时。

在仪器控制界面下，单击 "视图" 菜单，选择 "调谐及真空控制" 进入调谐与真空控制界面。单击 "调谐" 菜单，选择 "自动调谐调谐 MSD"，进行自动调谐，调谐结果自动打印。如果要手动保存或另存调谐参数，将调谐文件保存到 atune.u 中。然后点击 "视图"，选择 "仪器控制" 返回仪器控制界面。

## 三、样品测定

### 1. 方法建立

（1）7890A 配置编辑

点击 "仪器" 菜单，选择 "编辑 GC 配置" 进入画面。在连接画面下，输入 GC Name：

254

GC 7890A；可在"Notes"处输入 7890A 的配置：7890A GC with 5975C MSD。点击"获得 GC 配置"按钮，获取 7890A 的配置。

（2）柱模式设定

点击 图标，进入柱模式设定画面，在画面中，点击鼠标右键，选择"从 GC 下载方法"，再用同样的方法选择"从 GC 上传方法"；点击 1 处进行柱 1 设定，然后选中"On"左边方框；选择控制模式、流速或压力。

（3）分流、不分流进样口参数设定

点击 图标，进入进样口设定画面。点击"SSL-后"按钮进入毛细柱进样口设定画面。点击模式右方的下拉式箭头，选择进样方式为不分流方式，分流比为 50∶1，在空白框内输入进样口的温度：220 ℃，然后选中左边的所有方框。选择"隔垫吹扫流量模式标准"，输入隔垫吹扫流量：3 mL/min。对于特殊应用，也可选择可切换的，关闭。

（4）柱温箱温度参数设定

点击 图标，进入柱温参数设定。选中柱箱温度为 K 左边的方框；输入柱子的平衡时间：0.25 分钟。

（5）数据采集方法编辑

从方法菜单中选择"编辑完整方法"项，选中除数据分析外的三项，点击"确定"。编辑关于该方法的注释，然后点击"确定"。

## 2. 编辑扫描方式质谱参数

点击 图标，编辑溶剂延迟时间以保护灯丝，调整倍增器电压模式（此仪器选用增益系数），选择要使用的数据采集模式，如全扫描、选择离子扫描等。编辑 SIM 方式参数，点击"参数编辑"选择离子参数，驻留时间和分辨率参数，适用于组里的每一个离子。在驻留列中输入的时间是消耗在选择离子的采样时间，它的缺省值是 100 毫秒，适用于在一般毛细管 GC 峰中选择 2~3 个离子的情况；如果多于 3 个离子，稍缩短时间（如 30 或 50 毫秒）。加入所选离子后点击"添加新组"，编辑完 SIM 参数后关闭。

## 3. 采集数据

点击 GC-MS 图标，在方法文件夹中选择所需的方法。选好方法后，点击 图标，依次输入文件名、操作者、样品名等相关信息，完成后按"确定"键，待仪器准备好后进样的同时按 GC 面板上的"Start"键，以完成数据的采集。当工作站询问是否取消溶剂延迟时，回答"NO"或"不选择"。如果回答"YES"，则质谱开始采集，容易损坏灯丝。

# 四、数据分析

## 1. 得到质谱图

点击"GC-MS 数据分析"图标，点击"文件"，调入数据文件。在全扫描方法中要得到某化合物的名称，先右键双击此峰的峰高，然后在右键双击峰附近基线的位置得到本底的质谱图，然后在菜单文件下选择背景扣除，即可得到扣除本底后该化合物的质谱图，最后右键双击该质谱图，便得到此化合物的名称。用鼠标右键在目标化合物 TIC 谱图区域内拖拽，可得到该化合物在所选时间范围内的平均质谱图，右键双击则得到单点的质谱图。在选择离子扫描方法中不需要背景扣除操作。

### 2. 定　量

定量是通过将来自未知量化合物的响应与已测定化合物的响应进行比较来进行的。

手动设置定量数据库：选择"校正/设置定量访问定量数据库"全局设置页。手动检查由测定样品数据文件生成的色谱图。通过单击色谱图中化合物的峰来分别选择每种化合物。在显示的谱图中选择目标离子。选择此化合物的限定离子。给化合物命名，如果此化合物是内标，则应标识。将此化合物的谱图保存至定量数据库中。对希望添加到定量数据库的每种化合物，重复以上步骤。如果已添加完需要的所有化合物，则选择校正/编辑化合物以查看完整列表。

# 五、关　机

在操作系统桌面双击"GC-MS"图标，进入工作站系统，进入"调谐和真空控制"界面，选择"放空"，在跳出的画面中点击"确定"，进入放空程序。

本仪器采用的是涡轮泵系统，需要等到涡轮泵转速降至 10% 以下，同时离子源和四极杆温度降至 100 ℃ 以下，大概 40 分钟后退出工作站软件，并依次关闭 MSD、GC 电源，最后关掉载气。

# 参考文献

[ 1 ]　朱明华，胡坪. 仪器分析[M]. 北京：高等教育出版社，2007.

[ 2 ]　叶宪曾，张新祥. 仪器分析教程[M]. 北京：北京大学出版社，2006.

[ 3 ]　杜一平. 现代仪器分析方法[M]. 上海：华东理工大学出版社，2008.

[ 4 ]　武汉大学化学系. 仪器分析[M]. 北京：北京大学出版社，2001.

[ 5 ]　林树昌，曾泳淮. 分析化学（仪器分析部分）[M]. 北京：北京大学出版社，2002.

[ 6 ]　华彤文，陈景祖，等. 普通化学原理[M]. 3 版. 北京：北京大学出版社，2005.

[ 7 ]　武汉大学. 分析化学上册[M]. 5 版. 北京：高等教育出版社，2010.

[ 8 ]　刘珍. 化验员读本仪器分析[M]. 4 版. 北京：化学工业出版社，2005.

[ 9 ]　加藤俊二，等. 仪器分析导论[M]. 2 版. 刘振海，李春鸿，等，译. 北京：化学工业出版社，2005.

[10]　吴性良，朱万森，马林. 分析化学原理[M]. 北京：化学工业出版社，2004.

[11]　周先碗，胡晓倩. 生物化学仪器分析与实验技术[M]. 北京：化学工业出版社，2003.

[12]　刘约权. 现代仪器分析[M]. 2 版. 北京：高等教育出版社，2006.

[13]　古练权，汪波，黄志纾. 有机化学[M]. 北京：高等教育出版社，2008.

[14]　李艳梅，赵圣印，王兰英. 有机化学[M]. 北京：清华大学出版社，2011.

[15]　汪小兰. 有机化学[M]. 4 版. 北京：高等教育出版社，2005.

[16]　高向阳. 新编仪器分析[M]. 北京：科学出版社，2008.

[17]　方慧群，于俊生，史坚. 仪器分析[M]. 北京：科学出版社，2002.

[18]　北京大学化学系仪器分析教学组. 仪器分析教程[M]. 北京：北京大学出版社，1997.

[19]　刘密新，罗国安，张新荣，等. 仪器分析[M]. 北京：清华大学出版社，2002.

[20]　陈集，饶小桐. 仪器分析[M]. 重庆：重庆大学出版社，2002.

[21]　张德权，胡晓丹. 食品超临界 $CO_2$ 流体加工技术[M]. 北京：化学工业出版社，2005.

[22]　孙尔康，张剑荣. 仪器分析实验[M]. 南京：南京大学出版社，2008.

[23]　陈培荣，李景虹，邓勃. 现代仪器分析实验与技术[M]. 2 版. 北京：清华大学出版社，2006.

[24]　杨万龙，李文友. 仪器分析实验[M]. 北京：科学出版社，2008.

[25]　高向阳. 新编仪器分析[M]. 4 版. 北京：科学出版社，2008.

[26]　高向阳. 新编仪器分析实验[M]. 北京：科学出版社，2009.

[27]　中国科学技术大学化学与材料科学学院实验中心. 仪器分析实验[M]. 合肥：中国科技大学出版社，2011.

[28]　张剑荣，戚苓，方惠群. 仪器分析实验[M]. 北京：科学出版社，2002.

[29] 罗燕,李志远,邵永斌,等. 中草药添加剂对绵羊肉品质和肌苷酸含量的影响研究[J]. 动物保健,2014,50（3）：70-74.

[30] ]蔡海峰,余秋兰,喻理. 不同鸡龄泰和乌鸡肌苷酸的含量变化[J]. 江西中医学院学报,2004,16（3）：56.

[31] 中国标准出版社. 中华人民共和国国家标准　食品卫生检验方法理化部分（一）[S]. 北京：中国标准出版社,2012.

[32] 中国标准出版社. 中华人民共和国国家标准　食品卫生检验方法理化部分（二）[S]. 北京：中国标准出版社,2012.

[33] 中国标准出版社. 中华人民共和国国家标准　食品卫生检验方法理化部分（三）[S]. 北京：中国标准出版社,2012.

# 附　录

## 附录A　气相色谱相对质量校正因子（f）

| 物质名称 | 热导 | 氢火焰 | 物质名称 | 热导 | 氢火焰 |
|---|---|---|---|---|---|
| 一、正构烷 | | | 四、不饱和烃 | | |
| 甲烷 | 0.58 | 1.03 | 乙烯 | 0.75 | 0.98 |
| 乙烷 | 0.75 | 1.03 | 丙烯 | 0.83 | |
| 丙烷 | 0.86 | 1.02 | 异丁烯 | 0.88 | |
| 丁烷 | 0.87 | 0.91 | 1-正丁烯 | 0.88 | |
| 戊烷 | 0.88 | 0.96 | 1-戊烯 | 0.91 | |
| 己烷 | 0.89 | 0.97 | 1-己烯 | | 1.01 |
| 庚烷* | 0.89 | 1.00* | 乙炔 | | 0.94 |
| 辛烷 | 0.92 | 1.03 | 五、芳香烃 | | |
| 壬烷 | 0.93 | 1.02 | 苯* | 1.00* | 0.89 |
| 二、异构烷 | | | 甲苯 | 1.02 | 0.94 |
| 异丁烷 | 0.91 | | 乙苯 | 1.05 | 0.97 |
| 异戊烷 | 0.91 | 0.95 | 间二甲苯 | 1.04 | 0.96 |
| 2,2-二甲基丁烷 | 0.95 | 0.96 | 对二甲苯 | 1.04 | 1.00 |
| 2,3-二甲基丁烷 | 0.95 | 0.97 | 邻二甲苯 | 1.08 | 0.93 |
| 2-甲基戊烷 | 0.92 | 0.95 | 异丙苯 | 1.09 | 1.03 |
| 3-甲基戊烷 | 0.93 | 0.96 | 正丙苯 | 1.05 | 0.99 |
| 2-甲基己烷 | 0.94 | 0.98 | 联苯 | 1.16 | |
| 3-甲基己烷 | 0.96 | 0.98 | 萘 | 1.19 | |
| 三、环烷 | | | 四氢萘 | 1.16 | |
| 环戊烷 | 0.92 | 0.96 | 六、醇 | | |
| 甲基环戊烷 | 0.93 | 0.99 | 甲醇 | 0.75 | 4.35 |
| 环己烷 | 0.94 | 0.99 | 乙醇 | 0.82 | 2.18 |
| 甲基环己烷 | 1.05 | 0.99 | 正丙醇 | 0.92 | 1.67 |
| 1,1-二甲基环己烷 | 1.02 | 0.99 | 异丙醇 | 0.91 | 1.89 |
| 乙基环己烷 | 0.99 | 0.97 | 正丁醇 | 1.00 | 1.52 |
| 环庚烷 | | 0.99 | 异丁醇 | 0.98 | 1.47 |

| 物质名称 | 热导 | 氢火焰 | 物质名称 | 热导 | 氢火焰 |
|---|---|---|---|---|---|
| 仲丁醇 | 0.97 | 1.59 | 乙酸乙酯 | 1.01 | 2.64 |
| 叔丁醇 | 0.98 | 1.35 | 乙酸异丙酯 | 1.08 | 2.04 |
| 正戊醇 | | 1.39 | 乙酸正丁酯 | 1.10 | 1.81 |
| 2-戊醇 | 1.02 | | 乙酸异丁酯 | | 1.85 |
| 正己醇 | 1.11 | 1.35 | 乙酸异戊酯 | 1.10 | 1.61 |
| 正庚醇 | 1.16 | | 乙酸正戊酯 | 1.14 | |
| 正辛醇 | | 1.17 | 乙酸正庚酯 | 1.19 | |
| 正癸醇 | | 1.19 | 十一、醚 | | |
| 环己醇 | 1.14 | | 乙醚 | 0.86 | |
| 七、醛 | | | 异丙醚 | 1.01 | |
| 乙醛 | 0.87 | | 正丙醚 | 1.00 | |
| 丁醛 | | 1.61 | 乙基正丁基醚 | 1.01 | |
| 庚醛 | | 1.30 | 正丁醚 | 1.04 | |
| 辛醛 | | 1.28 | 正戊醚 | 1.10 | |
| 癸醛 | | 1.25 | 十二、胺与腈 | | |
| 八、酮 | | | 正丁胺 | 0.82 | |
| 丙酮 | 0.87 | 2.04 | 正戊胺 | 0.73 | |
| 甲乙酮 | 0.95 | 1.64 | 正己胺 | 1.25 | |
| 二乙基酮 | 1.00 | | 二乙胺 | | 1.64 |
| 3-己酮 | 1.04 | | 乙腈 | 0.68 | |
| 2-己酮 | 0.98 | | 正丁腈 | 0.84 | |
| 甲基正戊酮 | 1.10 | | 苯胺 | 1.05 | 1.03 |
| 环戊酮 | 1.01 | | 十三、卤素化合物 | | |
| 环己酮 | 1.01 | | 二氯甲烷 | 1.14 | |
| 九、酸 | | | 氯仿 | 1.41 | |
| 乙酸 | | 4.17 | 四氯化碳 | 1.64 | |
| 丙酸 | | 2.50 | 1,1-二氯乙烷 | 1.23 | |
| 丁酸 | | 2.09 | 1,2-二氯乙烷 | 1.30 | |
| 己酸 | | 1.58 | 三氯乙烯 | 1.45 | |
| 庚酸 | | 1.64 | 1-氯丁烷 | 1.10 | |
| 辛酸 | | 1.54 | 1-氯戊烷 | 1.10 | |
| 十、酯 | | | 1-氯己烷 | 1.14 | |
| 乙酸甲酯 | | 5.0 | 氯苯 | 1.25 | |

260

| 物质名称 | 热导 | 氢火焰 | 物质名称 | 热导 | 氢火焰 |
|---|---|---|---|---|---|
| 邻氯甲苯 | 1.27 | | 四氢吡咯 | 1.00 | |
| 氯代环己烷 | 1.27 | | 喹啉 | 0.86 | |
| 溴乙烷 | 1.43 | | 哌啶 | 1.06 | |
| 1-溴丙烷 | 1.47 | | 十五、其他 | | |
| 1-溴丁烷 | 1.47 | | 硫化氢 | 1.14 | 氢火焰无信号 |
| 2-溴戊烷 | 1.52 | | 氨 | 0.54 | 氢火焰无信号 |
| 碘甲烷 | 1.89 | | 二氧化碳 | 1.18 | 氢火焰无信号 |
| 碘乙烷 | 1.89 | | 一氧化碳 | 0.86 | 氢火焰无信号 |
| 十四、杂环化合物 | | | 氢 | 0.22 | 氢火焰无信号 |
| 四氢呋喃 | 1.11 | | 氮 | 0.86 | 氢火焰无信号 |
| 吡咯 | 1.00 | | 氧 | 1.02 | 氢火焰无信号 |
| 吡啶 | 1.01 | | | | |

注：*基准；载气为氦气。

说明：校正因子各书使用符号不一致，通常用校正因子校准时，峰面积与校正因子相乘；用灵敏度（$S$）校准时，峰面积除以灵敏度。

引自：顾蕙详编，《气相色谱实用手册》（第二版）。

# 附录 B　红外光谱的九个重要区段

| 波数/cm$^{-1}$ | 波长/μm | 振动类型 |
|---|---|---|
| 3 750 ~ 3 000 | 2.7 ~ 3.3 | |
| 3 300 ~ 3 000 | 3.0 ~ 3.4 | |
| 3 000 ~ 2 700 | 3.3 ~ 3.7 | —CH₃，饱和 CH₂ 及 CH，—CHO |
| 2 400 ~ 2 100 | 4.2 ~ 4.9 | |
| 1 900 ~ 1 650 | 5.3 ~ 6.1 | 酸酐、酰氯、酯、醛、酮、羧酸、酰胺 |
| 1 675 ~ 1 500 | 5.9 ~ 6.2 | |
| 1 475 ~ 1 300 | 6.8 ~ 7.7 | 各种面内弯曲振动 |
| 1 300 ~ 1 000 | 7.7 ~ 10.0 | 酚、醇、醚、酯、羧酸 |
| 1 000 ~ 650 | 10.0 ~ 15.4 | 不饱和碳-氢面外弯曲振动 |

# 附录 C  一些物理和化学的基本常数

| 量 | 符号 | 数值 | 单位 | 相对不确定度（$1 \times 10^6$） |
|---|---|---|---|---|
| 光速 | $c$ | 299792458 | $m \cdot s^{-1}$ | 定义值 |
| 真空磁导率 | $\mu_0$ | $4\pi$ | $10^{-7} N \cdot A^{-2}$ | 定义值 |
| 真空电容率，$1/(\mu_0 C^2)$ | $\varepsilon_0$ | 8.854187817… | $10^{-12} F \cdot m^{-1}$ | 定义值 |
| 牛顿引力常数 | $G$ | 6.67259（85） | $10^{-11} m^3 \cdot kg^{-1} \cdot s^{-2}$ | 128 |
| 普朗克常数 | $h$ | 6.6260755（40） | $10^{-34} J \cdot s$ | 0.60 |
| $h/2\pi$ | $\hbar$ | 1.05457266（63） | $10^{-34} J \cdot s$ | 0.60 |
| 基本电荷 | $e$ | 1.60217733（49） | $10^{-19} C$ | 0.30 |
| 电子质量 | $m_e$ | 0.91093897（54） | $10^{-30} kg$ | 0.59 |
| 质子质量 | $m_p$ | 1.6726231（10） | $10^{-27} kg$ | 0.59 |
| 质子-电子质量比 | $m_p/m_e$ | 1836.152701（37） | | 0.020 |
| 精细结构常数 | $\alpha$ | 7.29735308（33） | $10^{-3}$ | 0.045 |
| 精细结构常数的倒数 | $\alpha^{-1}$ | 137.0359895（61） | | 0.045 |
| 里德伯常数 | $R_\infty$ | 10973731.534（13） | $m^{-1}$ | 0.0012 |
| 阿伏伽德罗常数 | $L$，$N_A$ | 6.0221367（36） | $10^{23} mol^{-1}$ | 0.59 |
| 法拉第常数 | $F$ | 96485.309（29） | $C \cdot mol^{-1}$ | 0.30 |
| 摩尔气体常数 | $R$ | 8.314510（70） | $J \cdot mol^{-1} \cdot K^{-1}$ | 8.4 |
| 玻尔兹曼常数，$R/N_A$ | $k$ | 1.380658（12） | $10^{-23} J \cdot K^{-1}$ | 8.5 |
| 斯特藩-玻尔兹曼常数 $\pi^2 k^4/60 h^3 c^2$ | $\sigma$ | 5.67051（12） | $10^{-8} W \cdot m^{-2} \cdot K^{-4}$ | 34 |
| 电子伏，$(e/C) J = \{e\}J$ （统一）原子质量单位 | eV | 1.60217733（49） | $10^{-19} J$ | 0.30 |
| 原子质量常数，$1/12 m(^{12}C)$ | $u$ | 1.6605402（10） | $10^{-27} kg$ | 0.59 |

# 附录 D  原子量表

| 序数 | 名称 | 符号 | 原子量 | 序数 | 名称 | 符号 | 原子量 | 序数 | 名称 | 符号 | 原子量 |
|---|---|---|---|---|---|---|---|---|---|---|---|
| 1 | 氢 | H | 1.008 | 11 | 钠 | Na | 22.99 | 21 | 钪 | Sc | 44.96 |
| 2 | 氦 | He | 4.003 | 12 | 镁 | Mg | 24.31 | 22 | 钛 | Ti | 47.88±3 |
| 3 | 锂 | Li | 6.941±2 | 13 | 铝 | Al | 26.98 | 23 | 钒 | V | 50.94 |
| 4 | 铍 | Be | 9.012 | 14 | 硅 | Si | 28.09 | 24 | 铬 | Cr | 52.00 |
| 5 | 硼 | B | 10.81 | 15 | 磷 | P | 30.97 | 25 | 锰 | Mn | 54.94 |
| 6 | 碳 | C | 12.01 | 16 | 硫 | S | 32.07 | 26 | 铁 | Fe | 55.85 |
| 7 | 氮 | N | 14.01 | 17 | 氯 | Cl | 35.45 | 27 | 钴 | Co | 58.93 |
| 8 | 氧 | O | 16.00 | 18 | 氩 | Ar | 39.95 | 28 | 镍 | Ni | 58.69 |
| 9 | 氟 | F | 19.00 | 19 | 钾 | K | 39.10 | 29 | 铜 | Cu | 63.55 |
| 10 | 氖 | Ne | 20.18 | 20 | 钙 | Ca | 40.08 | 30 | 锌 | Zn | 65.39±2 |

| 序数 | 名称 | 符号 | 原子量 | 序数 | 名称 | 符号 | 原子量 | 序数 | 名称 | 符号 | 原子量 |
|---|---|---|---|---|---|---|---|---|---|---|---|
| 31 | 镓 | Ga | 69.72 | 56 | 钡 | Ba | 137.33 | 81 | 铊 | Ti | 204.4 |
| 32 | 锗 | Ge | 72.61±3 | 57 | 镧 | La | 138.91 | 82 | 铅 | Pb | 207.2 |
| 33 | 砷 | As | 74.92 | 58 | 铈 | Ce | 140.12 | 83 | 铋 | Bi | 209.0 |
| 34 | 硒 | Se | 78.96±3 | 59 | 镨 | Pr | 140.9 | 84 | 钋 | Po | 209.0 |
| 35 | 溴 | Br | 79.90 | 60 | 钕 | Nd | 144.2 | 85 | 砹 | At | 210.0 |
| 36 | 氪 | Kr | 83.80 | 61 | 钷 | $^{145}$Pm | 144.9 | 86 | 氡 | Rn | 222.0 |
| 37 | 铷 | Rb | 85.47 | 62 | 钐 | Sm | 150.4 | 87 | 钫 | Fr | 223.0 |
| 38 | 锶 | Sr | 87.62 | 63 | 铕 | Eu | 152.0 | 88 | 镭 | Ra | 226.0 |
| 39 | 钇 | Y | 88.91 | 64 | 钆 | Gd | 157.3 | 89 | 锕 | Ac | 227.0 |
| 40 | 锆 | Zr | 91.22 | 65 | 铽 | Td | 158.9 | 90 | 钍 | Th | 232.0 |
| 41 | 铌 | Nb | 92.91 | 66 | 镝 | Dy | 162.5 | 91 | 镤 | Pa | 231.0 |
| 42 | 钼 | Mo | 95.94 | 67 | 钬 | Ho | 164.9 | 92 | 铀 | U | 238.0 |
| 43 | 锝 | Tc | 97.91 | 68 | 铒 | Er | 167.3 | 93 | 镎 | Np | 237.0 |
| 44 | 钌 | Ru | 101.07 | 69 | 铥 | Tm | 168.9 | 94 | 钚 | Pu | 239.1 |
| 45 | 铑 | Rh | 102.91 | 70 | 镱 | Yb | 173.0 | 95 | 镅 | Am | 243.0 |
| 46 | 钯 | Pd | 106.4 | 71 | 镥 | Lu | 175.0 | 96 | 锔 | Cm | 247.1 |
| 47 | 银 | Ag | 107.87 | 72 | 铪 | Hf | 178.5 | 97 | 锫 | Bk | 247.1 |
| 48 | 镉 | Cd | 112.41 | 73 | 钽 | Ta | 180.9 | 98 | 锎 | Cf | 251.1 |
| 49 | 铟 | In | 114.82 | 74 | 钨 | W | 183.85 | 99 | 锿 | Es | 252.1 |
| 50 | 锡 | Sn | 118.7 | 75 | 铼 | Re | 186.2 | 100 | 镄 | Fm | 257.1 |
| 51 | 锑 | Sb | 121.75 | 76 | 锇 | Os | 190.2 | 101 | 钔 | Md | 258.0 |
| 52 | 碲 | Te | 127.60 | 77 | 铱 | Ir | 192.2 | 102 | 锘 | No | 259.1 |
| 53 | 碘 | I | 126.90 | 78 | 铂 | Pt | 195.08 | 103 | 铹 | Lr | 262.1 |
| 54 | 氙 | Xe | 131.3 | 79 | 金 | Au | 196.97 | | | | |
| 55 | 铯 | Cs | 132.91 | 80 | 汞 | Hg | 200.59 | | | | |

注：以 $A_r(^{12}C) = 12$ 作为原子量标准。

引自：高向阳编，《新编仪器分析实验》。

## 附录 E　常用酸碱浓度

| 名称 | 分子式 | 分子量/g·mol⁻¹ | 相对密度/g·mL⁻¹ | 质量分数/% | 摩尔浓度/mol·L⁻¹ |
|------|--------|---------------|----------------|-----------|-----------------|
| 盐酸 | HCl | 36.47 | 1.19 | 37.2 | 12.0 |
| | | | 1.18 | 35.4 | 11.8 |
| | | | 1.10 | 20.00 | 6.0 |
| 硫酸 | H₂SO₄ | 98.09 | 1.84 | 95.6 | 18.0 |
| | | | 1.18 | 24.8 | 6.0 |
| 硝酸 | HNO₃ | 63.01 | 1.42 | 70.98 | 16.0 |
| | | | 1.40 | 65.3 | 14.5 |
| | | | 1.20 | 32.36 | 6.1 |
| 冰醋酸 | CH₃COOH | 60.05 | 1.05 | 99.5 | 17.4 |
| 乙酸 | CH₃COOH | 60.05 | 1.04 | 36 | 6 |
| 磷酸 | H₃PO₄ | 98.00 | 1.7 | 85 | 15 |
| 氨水 | NH₃·H₂O | 35.05 | 0.91 | 28 | 15 |
| | | | 0.96 | 11 | 6 |
| | | | 1.0 | 3.5 | 2 |
| 甲酸 | HCOOH | 46.02 | 1.20 | 90 | 23 |
| 高氯酸 | HClO₄ | 100.5 | 1.67 | 70 | 12 |

## 附录 F　常见有机化合物紫外吸收特性

| 化合物 | 生色团 | 代表化合物 | 跃迁类型 | 波长 λ_max/nm | 最大摩尔吸收系数 ε | 溶剂 |
|--------|--------|-----------|----------|---------------|-------------------|------|
| 烯烃 | C=C | 乙烯 | $\pi \rightarrow \pi^*$ | 171 | 15 000 | 正己烷 |
| 炔烃 | C≡C | 乙炔 | $\pi \rightarrow \pi^*$ | 180 | 10 000 | 正己烷 |
| 醛 | RCHO | 乙醛 | $n \rightarrow \sigma^*$ | 180 | 10 000 | 气体 |
| | | | $n \rightarrow \pi^*$ | 290 | 17 | 正己烷 |
| 酮 | C=O | 丙酮 | $n \rightarrow \pi^*$ | 279 | 15 | 正己烷 |
| | | | $n \rightarrow \sigma^*$ | 189 | 900 | 正己烷 |
| 硝基化合物 | R—NO₂ | 硝基甲烷 | $n \rightarrow \pi^*$ | 290 | 15 | 正己烷 |
| | | | $\pi \rightarrow \pi^*$ | 200 | 5 000 | 乙醇 |

| 化合物 | 生色团 | 代表化合物 | 跃迁类型 | 波长 $\lambda_{max}$/nm | 最大摩尔吸收系数 $\varepsilon$ | 溶剂 |
|---|---|---|---|---|---|---|
| 亚硝基化合物 | R—N=O | 亚硝基丁烷 | $n \rightarrow \pi^*$ | 300 | 100 | 乙醇 |
| 卤代烷 | C—X（X=Br） | 一溴代烷 | $n \rightarrow \sigma^*$ | 205 | 200 | 正己烷 |
| | C—X（X=I） | 一碘代烷 | $n \rightarrow \sigma^*$ | 255 | 360 | 正己烷 |
| 羧酸 | R—COOH | $CH_3COOH$ | $n \rightarrow \pi^*$ | 208 | 32 | 95%乙醇 |
| 酰胺 | $RCONH_2$ | $CH_3CH_2CONH_2$ | $n \rightarrow \pi^*$ | 220 | 63 | 水 |
| 腈 | R—CN | $CH_3CN$ | $n \rightarrow \pi^*$ | 338 | 126 | 四氯乙烷 |
| 重氮化合物 | R—N≡N 或 R—N≡N—X（X≠C） | 重氮甲烷 | $\pi \rightarrow \pi^*$ | 338 | 4 | 95%乙醇 |
| 共轭烯烃 | $(CH=CH)_n$ | $(CH=CH)_2$ | $\pi \rightarrow \pi^*$ | 217 | 21 000 | 环己烷 |
| | | $(CH=CH)_3$ | $\pi \rightarrow \pi^*$ | 268 | 34 000 | 异辛烷 |
| | | $(CH=CH)_4$ | $\pi \rightarrow \pi^*$ | 304 | 64 000 | 环己烷 |
| | | $(CH=CH)_5$ | $\pi \rightarrow \pi^*$ | 334 | 121 000 | 异辛烷 |
| 酯 | RCOOR′ | 乙酸乙酯 | $n \rightarrow \pi^*$ | 207 | 69 | 石油醚 |
| 芳香化合物 | $C_6H_6$ | 苯 | $\pi \rightarrow \pi^*$ | 184 | 47 000 | 异辛烷 |
| | | | $\pi \rightarrow \pi^*$ | 204 | 7 400 | 异辛烷 |
| | | | $\pi \rightarrow \pi^*$ | 254 | 230 | 异辛烷 |
| 硝酸酯 | $RONO_2$ | 硝酸乙烷 | $n \rightarrow \pi^*$ | 270 | 12 | 二氧六环 |
| 亚硝酸酯 | RONO | 亚硝酸戊烷 | $\pi \rightarrow \pi^*$ | 219 | 1 120 | 石油醚 |

# 附录 G  ICP-AES 常用谱线及检出限

| 序数 | 元素 | 波长（谱线）/nm | 检出限 DL/$10^{-6}$ | 主要光谱干扰 |
|---|---|---|---|---|
| 1 | Ag | 328.07* | 0.003 | |
| | | 396.15 | 0.01 | Mo、Ca |
| | | 237.34 | 0.01 | Mn |
| 2 | Al | 309.27 | 0.008 | V、Fe、Mg |
| | | 396.15 | 0.01 | Mo、Ca |
| | | 237.34 | 0.01 | Mn |
| | | 308.22* | 0.025 | |
| 3 | As[①] | 189.04* | 0.03 | |
| | | 193.76 | 0.04 | Al |
| | | 267.6 | 0.02 | Ta |
| | | 208.21 | 0.03 | |

| 序数 | 元素 | 波长（谱线）/nm | 检出限 DL/$10^{-6}$ | 主要光谱干扰 |
|---|---|---|---|---|
| 4 | Au | 242.80* | 0.008 | Mn |
|  |  | 267.60 | 0.02 | Ta |
|  |  | 208.21 | 0.03 |  |
| 5 | B | 249.77 | 0.002 | Fe |
|  |  | 249.68* | 0.004 |  |
|  |  | 208.96 | 0.008 | Mo |
|  |  | （182.59） | 0.01 |  |
| 6 | Ba | 455.40* | 0.0002 |  |
| 7 | Be | 313.04* | 0.0001 | V |
|  |  | 234.86* | 0.0002 |  |
| 8 | Bi | 223.06 | 0.04 |  |
| 9 | Ca | 393.37 | 0.000 02 |  |
|  |  | 317.93* | 0.003 |  |
| 10 | Cd | 214.44 | 0.002 | Pt |
|  |  | 228.80* | 0.002 | As |
|  |  | 226.50* | 0.003 | Ni |
| 11 | Ce | 413.76* | 0.02 |  |
| 12 | Co | 238.89 | 0.004 | Fe |
|  |  | 228.62* | 0.005 |  |
| 13 | Cr | 205.55* | 0.003 |  |
|  |  | 206.15 | 0.004 | Bi、Zn、Pt |
|  |  | 267.72* | 0.004 | Pt |
|  |  | 283.56 | 0.004 | Fe |
| 14 | Cu | 324.75* | 0.002 |  |
|  |  | 224.70 | 0.004 |  |
|  |  | 327.40 | 0.005 |  |
| 15 | Dy | 353.17* | 0.008 |  |
| 16 | Er | 337.27* | 0.005 | Ti |
| 17 | Eu | 381.97* | 0.001 |  |

| 序数 | 元素 | 波长（谱线）/nm | 检出限 DL/$10^{-6}$ | 主要光谱干扰 |
|---|---|---|---|---|
| 18 | Fe | 238.20 | 0.002 | |
| | | 239.56 | 0.002 | |
| | | 259.94* | 0.002 | |
| 19 | Ga | 294.36 | 0.02 | |
| 20 | Gd | 342.05 | 0.007 | |
| | | 335.05* | 0.01 | |
| 21 | Ge① | 209.43* | 0.02 | |
| | | 265.12 | 0.03 | Ta、Hf |
| 22 | Hf | 277.34 | 0.008 | Cr、Fe |
| | | 273.88 | 0.008 | Ti、Mo、Fe |
| | | 264.14 | 0.01 | Fe、Mo |
| | | 232.25* | 0.01 | Mo |
| 23 | Hg① | 194.23* | 0.02 | V |
| | | （187.05*） | 0.02 | |
| | | 253.65 | 0.05 | Fe |
| 24 | Ho | 345.60* | 0.004 | Er |
| 25 | I | （178.28*） | 0.008 | |
| | | （183.04） | 0.02 | |
| | | 206.24 | 0.1 | Cu、Zn |
| 26 | In | 230.61* | 0.04 | |
| 27 | Ir | 224.27* | 0.02 | Cu |
| 28 | K | 766.49* | 0.06 | Cu |
| | | 769.90 | 0.15 | |
| 29 | La | 394.91 | 0.002 | Ar |
| | | 379.48* | 0.005 | Fe |
| 30 | Li | 670.78* | 0.002 | |
| 31 | Lu | 261.54 | 0.000 8 | Er、Fe、V、Ni |
| | | 291.14 | 0.003 | Er、V |
| | | 219.55* | 0.004 | |
| 32 | Mg | 279.55 | 0.000 05 | |
| | | 279.08* | 0.02 | Ti |

| 序数 | 元素 | 波长（谱线）/nm | 检出限 DL/10⁻⁶ | 主要光谱干扰 |
|---|---|---|---|---|
| 33 | Mn | 257.61* | 0.000 5 | |
| | | 259.37 | 0.000 8 | Fe、Mo、Nb、Ta |
| 34 | Mo | 202.03* | 0.004 | Fe |
| 35 | Na | 589.00 | 0.02 | Ar |
| | | 589.59* | 0.02 | |
| 36 | Nb | 309.42 | 0.005 | V |
| | | 316.34 | 0.005 | |
| 37 | Nd | 401.23 | 0.03 | Ce、Nb、Ti |
| | | 430.36 | 0.04 | Pr |
| | | 406.11* | 0.05 | |
| | | 415.61* | 0.06 | |
| 38 | Ni | 221.65 | 0.008 | Co、W |
| | | 232.00 | 0.009 | Cr、Pt |
| | | 231.60* | 0.009 | |
| 39 | Os | 225.59* | 0.000 4 | Fe |
| 40 | P | 213.62 | 0.05 | Cu |
| | | 214.91 | 0.05 | Cu |
| | | （178.29*） | 0.1 | I |
| 41 | Pb① | 220.35* | 0.03 | Pd、Sn |
| 42 | Pd | 340.46 | 0.02 | V、Fe、Mo、Zr |
| | | 363.47* | 0.03 | Co |
| 43 | Pr | 390.84 | 0.02 | Ce、U |
| | | 422.30* | 0.025 | |
| 44 | Pt | 214.42 | 0.02 | Cd |
| | | 203.65 | 0.03 | Rh、Co |
| | | 204.94 | 0.04 | |
| | | 265.95* | 0.04 | |
| 45 | Rb | 780.02* | 0.3 | |
| 46 | Re | 221.43 | 0.006 | Os、Pt、Pd |
| | | 227.53* | 0.006 | Ag |

| 序数 | 元素 | 波长（谱线）/nm | 检出限 DL/10⁻⁶ | 主要光谱干扰 |
|---|---|---|---|---|
| 47 | Rh | 233.48 | 0.02 | Sn |
| | | 249.08 | 0.03 | Fe |
| | | 343.49* | 0.03 | |
| 48 | Ru | 240.27* | 0.02 | Fe |
| 49 | S | （180.73*） | 0.04 | Al |
| 50 | Sb① | 206.83 | 0.03 | Cr、Ge、Mo |
| | | 217.59* | 0.04 | Co |
| 51 | Sc | 361.38* | 0.000 8 | |
| 52 | Se① | 196.09* | 0.06 | Pd |
| 53 | Si | 251.61 | 0.008 | V、Mo |
| | | 212.41 | 0.01 | Mo |
| | | 288.16* | 0.015 | |
| 54 | Sm | 359.26 | 0.02 | Nd、Gd、V |
| | | 428.08* | 0.04 | Nd |
| 55 | Sn① | 189.98* | 0.02 | Ti |
| 56 | Sr | 407.77* | 0.000 08 | La |
| 57 | Ta | 226.23* | 0.03 | Pd |
| | | 240.06* | 0.03 | Pt、Rh、Hf |
| 58 | Tb | 350.92* | 0.02 | Ru、V |
| 59 | Te① | 214.28* | 0.04 | |
| 60 | Th | 283.73* | 0.04 | Fe |
| 61 | Ti | 334.94 | 0.002 | Cr、Nb |
| | | 336.12* | 0.003 | |
| 62 | Tl | 190.86* | 0.04 | Mo、V |
| 63 | Tm | 313.13 | 0.004 | Be |
| 64 | U | 385.96 | 0.08 | Nd、Fe |
| | | 409.01* | 0.1 | |
| | | 424.17* | 0.1 | |

| 序数 | 元素 | 波长（谱线）/nm | 检出限 DL/$10^{-6}$ | 主要光谱干扰 |
|---|---|---|---|---|
| 65 | V | 309.31* | 0.003 | Al |
| | | 310.23 | 0.003 | Ni |
| | | 292.40* | 0.004 | |
| 66 | W | 207.91 | 0.015 | Ni、Cu |
| | | 239.71* | 0.03 | |
| 67 | Y | 371.03* | 0.001 | |
| 68 | Yb | 328.94 | 0.001 | Fe、V |
| | | 211.67* | 0.005 | Mo、Rh |
| | | 212.67 | 0.005 | Ir、Ni、Pd |
| 69 | Zn | 202.55 | 0.002 | Mg、Cu |
| | | 206.19 | 0.003 | Cr、Bi |
| | | 213.86* | 0.005 | Ni、V |
| 70 | Zr | 343.82* | 0.002 | Hf |
| | | 339.20* | 0.002 | Er、Th、Fe、Cr |
| | | 349.62 | 0.003 | Yt、Mn |

注：波长加*者为最佳波长；波长加（ ）需要真空光路。
①该元素可用氢化法测定，检出限比表中列出的检出限低 100~200 倍。

# 附录 H  pH 标准缓冲溶液

| 名称 | 配制 | 不同温度时的 pH | | | | | | | | |
|---|---|---|---|---|---|---|---|---|---|---|
| 草酸盐标准缓冲溶液 | 称取 12.71 g $KH_3(C_2O_4)_2 \cdot 2H_2O$ 溶于无 $CO_2$ 的蒸馏中，稀释至 1 000 mL。$c[KH_3(C_2O_4)_2 \cdot 2H_2O] = 0.05$ mol·$L^{-1}$ | 0 ℃ | 5 ℃ | 10 ℃ | 15 ℃ | 20 ℃ | 25 ℃ | 30 ℃ | 35 ℃ | 40 ℃ |
| | | 1.67 | 1.67 | 1.67 | 1.67 | 1.68 | 1.68 | 1.69 | 1.69 | 1.69 |
| | | 45 ℃ | 50 ℃ | 55 ℃ | 60 ℃ | 70 ℃ | 80 ℃ | 90 ℃ | 95 ℃ | |
| | | 1.70 | 1.71 | 1.72 | 1.72 | 1.74 | 1.77 | 1.79 | 1.81 | |
| 酒石酸盐标准缓冲溶液 | 在 25 ℃ 时，用无 $CO_2$ 的蒸馏水溶解外消旋 $KHC_4H_4O_6$，剧烈振摇至成饱和溶液 | 0 ℃ | 5 ℃ | 10 ℃ | 15 ℃ | 20 ℃ | 25 ℃ | 30 ℃ | 35 ℃ | 40 ℃ |
| | | — | — | — | — | — | 3.56 | 3.55 | 3.55 | 3.55 |
| | | 45 ℃ | 50 ℃ | 55 ℃ | 60 ℃ | 70 ℃ | 80 ℃ | 90 ℃ | 95 ℃ | |
| | | 3.55 | 3.55 | 3.55 | 3.56 | 3.58 | 3.61 | 3.65 | 3.67 | |

| 名称 | 配 制 | 不同温度时的 pH | | | | | | | | |
|---|---|---|---|---|---|---|---|---|---|---|
| 邻苯二甲酸氢盐标准缓冲溶液 | 称取 (115.0±5.0) ℃ 干燥 2～3 h 的 10.21 g $KHC_8H_4O_4$，溶于无 $CO_2$ 的蒸馏水中，稀释至 1 000 mL。$c(C_6H_4CO_2HCO_2K) = 0.05\ mol \cdot L^{-1}$。（可用于酸度计校准） | 0 ℃ | 5 ℃ | 10 ℃ | 15 ℃ | 20 ℃ | 25 ℃ | 30 ℃ | 35 ℃ | 40 ℃ |
| | | 4.00 | 4.00 | 4.00 | 4.00 | 4.00 | 4.01 | 4.01 | 4.02 | 4.04 |
| | | 45 ℃ | 50 ℃ | 55 ℃ | 60 ℃ | 70 ℃ | 80 ℃ | 90 ℃ | 95 ℃ | |
| | | 4.05 | 4.06 | 4.08 | 4.09 | 4.13 | 4.16 | 4.21 | 4.23 | |
| 磷酸盐标准缓冲溶液 | 分别称取 (115.0±5.0) ℃ 干燥 2～3 h 的 $Na_2HPO_4$ (3.53±0.01) g 和 $KH_2PO_4$ (3.39±0.01) g，溶于煮沸 15～30 min 并迅速冷却的蒸馏水中，稀释至 1 000 mL（可用于酸度计校准） | 0 ℃ | 5 ℃ | 10 ℃ | 15 ℃ | 20 ℃ | 25 ℃ | 30 ℃ | 35 ℃ | 40 ℃ |
| | | 6.98 | 6.95 | 6.92 | 6.90 | 6.88 | 6.86 | 6.85 | 6.84 | 6.84 |
| | | 45 ℃ | 50 ℃ | 55 ℃ | 60 ℃ | 70 ℃ | 80 ℃ | 90 ℃ | 95 ℃ | |
| | | 6.83 | 6.83 | 6.83 | 6.84 | 6.85 | 6.86 | 6.88 | 6.89 | |
| 硼酸盐标准缓冲溶液 | 称取 $Na_2B_4O_7 \cdot 10H_2O$ (3.80±0.01) g（注意：不能烘），溶于煮沸 15～30 min 并迅速冷却的蒸馏水中，稀释至 1 000 mL。置于聚乙烯塑料瓶中密闭保存，存放时要防止空气中的 $CO_2$ 的进入（可用于酸度计校准） | 0 ℃ | 5 ℃ | 10 ℃ | 15 ℃ | 20 ℃ | 25 ℃ | 30 ℃ | 35 ℃ | 40 ℃ |
| | | 9.46 | 9.40 | 9.33 | 9.27 | 9.22 | 9.18 | 9.14 | 9.10 | 9.06 |
| | | 45 ℃ | 50 ℃ | 55 ℃ | 60 ℃ | 70 ℃ | 80 ℃ | 90 ℃ | 95 ℃ | |
| | | 9.04 | 9.01 | 8.99 | 8.96 | 8.92 | 8.89 | 8.85 | 8.83 | |
| 氢氧化钙标准缓冲溶液 | 在 25℃，用无 $CO_2$ 蒸馏水制备氢氧化钙饱和溶液。$c\left[\frac{1}{2}Ca(OH)_2\right] = (0.0400 \sim 0.0412)\ mol \cdot L^{-1}$。以酚红为指示剂，用 $c(HCl) = 0.1\ mol \cdot L^{-1}$ 滴定。存放时防止空气中的 $CO_2$ 进入，出现浑浊应弃去重新配制 | 0 ℃ | 5 ℃ | 10 ℃ | 15 ℃ | 20 ℃ | 25 ℃ | 30 ℃ | 35 ℃ | 40 ℃ |
| | | 13.42 | 13.21 | 13.00 | 12.81 | 12.63 | 12.45 | 12.30 | 12.14 | 11.98 |
| | | 45 ℃ | 50 ℃ | 55 ℃ | 60 ℃ | 70 ℃ | 80 ℃ | 90 ℃ | 95 ℃ | |
| | | 11.84 | 11.71 | 11.57 | 11.45 | — | — | — | — | |

注：为保证 pH 的准确，上述标准缓冲溶液必须使用 pH 基准试剂配制。